Stefan Deschauer

»Das macht nach Adam Riese«

hynden zu behmischen groß: Als dan nim dem fordern hynwegk eynen behmischen groß: des gleychen dem mitteln stett also

·80· ·4 Reynisch ·2160·

Gewant

Item eyner kaufft zwen seum gewant zu pruck in flandern / kost ein tuch 13 flo: ein halben / helt 1 seum 22 tuch: kosten mit furlohnn piß ghenn Preßburgk in Vngernn 34 flo: Alda gibt er ein tuch fur 12 flo: vierdthalben ort vngerisch / vnd 100 vngerisch / thun 136 flo: ein ort reynisch / facit gewin am reynischen golt 143 flo: 17 ß / vnd anderhalben heller · Ader am vngerischen goldt gewint er 105 vngerisch: 15 ß / 10 heller / vnd eyn halben // machs also rechen zum ersten was die tůcher kosten / zum selbigen addir das furlohnn vnnd vorzeychen es // ein weyl darnach rechen wieuil er vnngerisch darauß kaufft // das selbig mach zu reynischen: vnd nym ab was dich die tůcher gekost habē: so pleybt dir reynisch gewin: den mach zu vngerisch / wie angezeyt: so kōmet das facit wie oben gesatzt

Eussi

Item eyner kaufft zcu Venedig ein sagk mit ne-

Stefan Deschauer

»Das macht nach Adam Riese«

Die praktische Rechenkunst
des berühmten Meisters Adam Ries

Anaconda

Die Deutsche Nationalbibliothek verzeichnet diese Publikation in der Deutschen Nationalbibliografie; detaillierte bibliografische Daten sind im Internet unter http://dnb.d-nb.de abrufbar.

Umschlagmotive: Thinkstock / Henry Gan (Abakus) – iStockphoto.com (Zahlen auf Papier)
Umschlaggestaltung: pecher und soiron, Köln
Satz und Layout: paquémedia, Ebergötzen
Printed in Czech Republic 2012
ISBN 978-3-86647-731-5
www.anacondaverlag.de
info@anacondaverlag.de

Aus dem Vorwort (1991)

Das zweite Rechenbuch von Adam Ries. Eine moderne Textfassung mit Kommentar und metrologischem Anhang und einer Einführung in Leben und Werk des Rechenmeisters. Vieweg Braunschweig / Wiesbaden 1992

Eine der bedeutendsten kulturellen Leistungen der Menschheit ist die Erfindung des dezimalen Stellenwertsystems zur Darstellung von Zahlen. Zwar hatten einige antike Hochkulturen (z. B. die Ägypter) Zahlensysteme entwickelt, in denen in Anlehnung an die Zehnzahl der Finger das Prinzip der Zehnerbündelung realisiert war, aber nur in der Weise, daß jeweils zehn Einheiten durch eine neue ersetzt und mit einem neuen Zahlzeichen geschrieben wurden; andererseits kannten die Babylonier bereits eine primitive Stellenwertschreibweise. Doch blieb es den Indern in den ersten nachchristlichen Jahrhunderten vorbehalten, Zehnerbündelung und Positionsschreibweise miteinander zu kombinieren, wobei neben den Zeichen für 1 bis 9 besonders die konsequente Verwendung eines positionellen Leerzeichens – der Null – hervorzuheben ist.

Im 8. Jahrhundert wurde das dezimale Positionssystem bei den Arabern bekannt, und in einer spanischen Klosterhandschrift aus dem 10. Jahrhundert findet sich der früheste Nachweis für das neue System im Abendland. Von dieser Zeit an verbreiteten sich die neuen Kenntnisse allmählich in europäischen Gelehrtenkreisen, zunächst in Italien, doch dauerte es noch Jahrhunderte, bis sie zum Allgemeingut der abendländischen Völker wurden.

Eine so grundlegende Veränderung der Zahlenschreibweise und der Rechentechnik in allen Bevölkerungsschichten konnte sich nur unter dem Einfluß schwerwiegender äußerer Umstände anbahnen. Vor allem waren es der glanzvolle Aufschwung von Handwerk und Gewerbe, die Ausbeutung neu entdeckter reicher Lagerstätten von Silbererz und der aufblühende Handel in Europa und mit dem Orient seit dem 15. Jahrhundert, für die die Möglichkeiten der althergebrachten römischen Zahlenschreibweise und des Rechnens auf dem Rechenbrett bei weitem nicht mehr ausreichten. Auch die Entwicklung der Technik machte in der Renaissancezeit bedeutende Fortschritte: Hier ist in erster Linie die Erfindung des Buchdrucks mit beweglichen Bleilettern zu nennen, die Johann Gutenberg um 1445 gelang. Eine bisher ungeahnte Dimension der Wissens- und Informationsvermittlung war damit eröffnet, und die ständig wachsende Zahl der Druckereien bezeugte, daß das neue Gewerbe seine Marktchancen erkannte und zu nutzen verstand.

Der Boden für eine »mathematische Bildungsoffensive« war also bereitet, doch für ihren Erfolg im deutschen Sprachraum bedurfte es der besonderen pädagogischen Intuition und des außergewöhnlichen didaktischen Talents eines Adam Ries. Zwar schrieben damals viele Rechenmeister auch Rechenbücher, die über den engeren Schülerkreis hinaus eine gewisse Verbreitung fanden. Doch als der dreißigjährige Ries erstmals sein zweites Rechenbuch vorlegte, begann eine Entwicklung, an deren Ende ganz Deutschland zur Rechenschule des Franken geworden war. Wohl niemals sonst ist die »Republikanisierung« (nach einem Wort von Heinrich Winter) einer Kulturtechnik in Deutschland so sehr dem Verdienst eines einzigen Mannes zuzuschreiben, so daß sich die Verbindung von Sache und Person dem Volksbewußtsein zu Recht so tief eingeprägt hat: … macht nach Adam Riese …

Zur 500. Wiederkehr des Geburtsjahres von Adam Ries im Jahr 1992 lag es nahe, das zweite Rechenbuch, auf das sich die populäre Redensart ursprünglich bezog, als Nachdruck erscheinen zu lassen; dementsprechend liegt inzwischen erstmals eine Faksimile-Ausgabe der 1. Auflage von 1522 vor.

Der Verfasser hat sich jedoch von der Überlegung leiten lassen, daß ein Nachdruck allein nicht genügt, um dieses einmalige Kulturdokument heute einer breiteren Öffentlichkeit zugänglich zu machen.

Es ist einerseits die sprachliche Barriere, die es zu überwinden gilt.

Der Text ist, vereinfachend gesagt, in einer frühneuhochdeutschen Sprache verfaßt, die an der damaligen Umgangssprache orientiert ist und zahlreiche idiomatische Wendungen enthält. Die Nähe zur Umgangssprache kann nicht verwundern, da das Neuhochdeutsche – nach dem jahrhundertelangen Gebrauch des Lateinischen als Gelehrtensprache – erst am Anfang seiner Entwicklung zur Schriftsprache stand. Man bedenke, daß um 1520 noch 90% aller in Deutschland erschienenen Bücher lateinisch abgefaßt waren! Die deutsche Schriftsprache wurde vor allem von der zeitgenössischen Lutherbibel, aber auch von Textzeugnissen wie den Riesschen Rechenbüchern beeinflußt. (Riesens Beitrag zur Sprachentwicklung ist von der Deutschen Sprachwissenschaft bislang nicht einmal ansatzweise untersucht worden, und in keiner mir bekannten deutschen Literaturgeschichte wird sein Name erwähnt.) Da mathematische Texte heute in einer hochentwickelten, abstrakten Fach- und Formelsprache geschrieben sind, die jeder Schüler zusammen mit den fachlichen Inhalten erlernen muß, bereitet eine eher umgangssprachliche Formulierung mathematischer Sachverhalte Schwierigkeiten, die zu den Problemen, einen frühneuhochdeutschen Text zu verstehen, noch hinzukommen.

Heute veraltete arithmetische und algebraische Techniken, z. B. das Linienrechnen und der doppelte falsche Ansatz, sowie überholte Kaufmannspraktiken wie etwa der Warentausch bilden eine zweite, methodische Barriere, die das Verständnis erschweren. Darüber hinaus stiftet die Fülle der verschiedenen, nichtdezimal strukturierten Geldwerte, Gewichte, Hohlmaße und anderen Größenbereiche zunächst Verwirrung und führt zu ungewohnten rechnerischen Komplikationen.

In zahlreichen Gesprächen mit Fachkollegen aus der Didaktik und der Geschichte der Mathematik entstand daher aus Anlaß der bevorstehenden 500-Jahr-Feier die Idee, dem zweiten Rechenbuch von Adam Ries (Erstausgabe 1522) eine modernisierte Textfassung zu geben, einen ausführlichen Kommentar zu schreiben und eine vollständige Metrologie zu erstellen, die auch warenkundliche Angaben und die Preise der Waren enthält.

Ich möchte hier kurz auf Kriterien eingehen, die der Übertragung des Originaltextes aus der Erstausgabe von 1522 in die moderne Fassung zugrunde lagen. Diese Modernisierung mußte behutsam durchgeführt werden, wenn man dem Riesschen Text keine Gewalt antun wollte. Dazu gehörte, die obenerwähnte umgangssprachliche Diktion weitgehend zu belassen und moderne Fachausdrücke, die Ries noch nicht geläufig waren, nach Möglichkeit zu vermeiden.

Z. B. wurde »tausend tausend mal tausend« (aus dem Kapitel »Numerieren«, in modernisierter Schreibweise) nicht mit »Milliarde«, »die Zahl, von der du nehmen willst« (aus dem Abschnitt »Subtrahieren« zum Linienrechnen) nicht mit »Minuend« und »die Zahl, die beim Dividieren herausgekommen ist« (aus dem Abschnitt »Dividieren«) nicht mit »Quotient« übersetzt. Auch die Formulierung »7 Gulden an 100« (Nr. 103) zur Bezeichnung eines 7%igen Gewinns wurde beibehalten – Ries kannte das Wort »Prozent« noch nicht. Andererseits mußte z. B. der Begriff *figur* (für »Ziffer«) aufgegeben werden, da die heutige Bedeutung unweigerlich zu Mißverständnissen geführt hätte. Wenn Ries im Originaltext schreibt, daß die Nullen *zur obersten zal forn* anzusetzen sind (vgl. den Abschnitt »Multiplizieren« bei den schriftlichen Rechenarten), so ist aufgrund unserer Orientierung von links nach rechts *forn* mit dem

Gegenbegriff »hinten« wiederzugeben. Entsprechend habe ich die *letzte figur* bei einer mehrzifferigen Zahl sinngemäß mit »Ziffer des höchsten Stellenwerts« übersetzt (vgl. den Abschnitt »Multiplizieren« zum Linienrechnen).

An dem letzten Beispiel wird deutlich, daß nicht immer eine konsequente Anwendung des obengenannten Kriteriums möglich war, denn der moderne Begriff »Stellenwert« gehört nicht zur Riesschen Terminologie. In solchen Fällen – vgl. auch »Wachstumszahl« anstelle von *vbertretung* im Kapitel »Progression« und »Vertausche die Diagonalzahlen spiegelbildlich« anstelle von *Vorwechssel außwendigk vñ inwendig* im Abschnitt über die magischen Quadrate (Nr. 7) – mußte die Verständlichkeit bei der Übertragung des Textes im Vordergrund stehen.

Wesentlich einfacher war es, ein anderes sinnvolles Prinzip zu berücksichtigen und weitestgehend durchzuhalten: die gleichförmige Übertragung jeweils identischer Begriffe und Redewendungen aus dem Originaltext. So habe ich etwa *resoluirn* stets mit »auflösen« und die Rechenvorschrift *mach schilling* (aus dem Kapitel »Vom Geldwechsel«) mit »Wandle in Schillinge um« wiedergegeben – ebenso bei anderen Münz- und Maßeinheiten. Andererseits sah ich bei anderen, teilweise ähnlichen umgangssprachlichen Wendungen wie »Mache die Groschen zu Gulden« (modernisierte Schreibweise) keinen Anlaß zu einer Umformulierung, da sie auch heute noch gut verständlich sind.

Veraltete Latinismen wie *mensur* und *species* habe ich durch die heute geläufigen Begriffe »Maß« und »Vermessung« bzw. »Rechenart(en)« ersetzt – vgl. auch das bereits zitierte Verb *resoluirn* –, bei den Rechenoperationen *Duplirn* und *Medirn* aber notwendigerweise eine Ausnahme gemacht, da Ries sie definiert. Aus ähnlichem Grund mußte auch »vielmachen« (modernisierte Schreibweise) stehenbleiben, das jeweils bei der Definition des Multiplizierens vorkommt.

Für weitere Detailfragen zur Fachsprache des Originaltextes sei auf den entsprechenden Abschnitt in der genannten Faksimile-Ausgabe verwiesen.

Ich hoffe somit, dem Leser einen verständlichen Text vorlegen zu können, der dennoch den Riesschen »Originalton« weitgehend bewahrt hat. Dabei bin ich mir bewußt, daß man sich in manchen Zweifelsfällen mit guten Gründen auch zu anderen Formulierungen hätte entschließen können. Die Ideallösung einer Textübertragung aber kann es nicht geben, zahlreiche, nicht immer befriedigende Kompromisse mußten in Kauf genommen werden, und letztlich entscheidet auch der persönliche Geschmack darüber, ob das schwierige Unterfangen der Modernisierung des Textes gelungen ist.

Notwendige oder wünschenswerte Textergänzungen sind durch runde Klammern, Texttilgungen durch eckige Klammern gekennzeichnet. In Anlehnung an Riesens drittes Rechenbuch habe ich die Aufgaben im Text numeriert, was die anschließende Kommentierung wesentlich erleichtert. Die Numerierung setzt mit dem Kapitel »Dreisatz« ein und beginnt in den Kapiteln zum doppelten falschen Ansatz und zur Zechrechnung jeweils von neuem.

Im Originaltext der Erstausgabe finden sich keinerlei Abbildungen. Deshalb habe ich mir erlaubt, den Text nach thematischen Gesichtspunkten mit Holzschnitten aus der Auflage von 1578, aber auch aus dem Rechenbuch von Johannes Widman von 1508 zu illustrieren. Diese Freiheit entspricht der Gepflogenheit der damaligen Buchdrucker, die ihre Druckwerke nach Gutdünken bebildert haben.

Der Kommentar ist bewußt ausführlich gehalten, damit jeder mathematisch interessierte Leser die genannte »methodische Barriere« überwinden kann; das Werk soll ja nicht nur Spezialisten zugänglich sein. Über das rein Methodische hinaus finden sich auch einige Hinweise zur Sprachentwicklung und – ebenso wie im metrologischen Anhang – zum wirtschaftshistorischen Hintergrund.

Der metrologische Teil kann zugleich als Sachregister dienen.

Für die freundliche Genehmigung des Nachdrucks der Abbildungen und Holzschnitte danke ich der Rare Book and Manuscripts Library der Columbia University in New York, der Bibliothek des St. John's College in Cambridge / England, den Universitätsbibliotheken in Regensburg und Eichstätt, der Commerzbibliothek Hamburg, dem Institut für Geschichte der Naturwissenschaften der Universität München, dem Erzgebirgsmuseum in Annaberg-Buchholz und dem Museum Adam-Ries-Haus in Annaberg-Buchholz. Das Historische Museum in Dinkelsbühl erlaubte freundlicherweise die fotografische Aufnahme des Rechentischs.

Im Jubiläumsjahr 1992 werden Person und Leben des Adam Ries in den Blickpunkt der Öffentlichkeit rücken. Möge das vorliegende Buch dazu beitragen, auch das Werk des sprichwörtlich populären Rechenmeisters wieder zu aktualisieren.

Eichstätt, im Oktober 1991 Stefan Deschauer

Vorwort zur Neuauflage (2012)

Nach 20 Jahren habe ich nunmehr die Gelegenheit, das Buch mit verändertem Titel und in veränderter Form einer interessierten Öffentlichkeit wieder zu präsentieren. Dafür danke ich dem Anaconda Verlag, auch für die ansprechende Umschlaggestaltung.

In den vergangenen 20 Jahren hat sich nicht nur die Rechtschreibung geändert und ist nicht nur das Internet zur Selbstverständlichkeit geworden. Auch die Adam-Ries-Forschung hat – quasi nach einer Initialzündung 1992 – einen bedeutenden Aufschwung genommen. Die führende Rolle nimmt hierbei der Adam-Ries-Bund (unter dem Vorsitz von Prof. Dr. Rainer Gebhardt) ein, der mit regelmäßigen Fachtagungen die Erforschung der Mathematik in der frühen Neuzeit voranbringt.

Somit wurde vor allem das Kapitel »Adam Ries – Leben und Werk« gründlich überarbeitet und auf den neuesten Stand gebracht. Auch die Zahl der einschlägigen, für das Buch bedeutsamen Publikationen hat deutlich zugenommen, was ebenfalls berücksichtigt werden musste. In Bezug auf die Neunerprobe wurden sowohl im modernisierten Text als auch im Kommentar kleinere Veränderungen vorgenommen, da man das zugehörige Verfahren von Ries heute besser versteht.

In Anlehnung an meine Formulierung im Vorwort von 1991 bleibt mir die Hoffnung, dass auch das vorliegende Buch dazu beitragen kann, das Werk des sprichwörtlich populären Rechenmeisters Adam Ries wieder zu aktualisieren.

Dresden, im Juli 2011 Stefan Deschauer

Inhalt

Adam Ries – Leben und Werk

Adam Ries wurde im Jahre 1492 im oberfränkischen Staffelstein (heute: Bad Staffelstein) als Sohn des Mühlenbesitzers Con(t)z Ries und seiner zweiten Frau Eva geb. Kittle geboren. Aus der Zeit vor 1518 war bisher nur wenig über Adam Ries bekannt. Neuere Funde in Archiven ergeben heute in Verbindung mit Selbstzeugnissen des Rechenmeisters ein genaueres Bild, auch wenn noch viele Fragen offen sind.

Im Jahr 1509 löste Ries in Zwickau eine Aufgabe zur Gesellschaftsrechnung, die ihm der spätere Ratsherr von Annaberg, Thomas Meiner, vorgelegt hatte. In Zwickau besuchte Conrad Ries, Adams jüngerer Bruder, die Lateinschule; er verstarb (noch als Schüler) vor 1517.

Zwischen 1509 und 1515 hielt sich Ries möglicherweise zu einem Studienaufenthalt bei Gaspar Lax in Paris auf, den er in seiner Coss (Algebra) erwähnt. Er könnte dort auch die soliden Lateinkenntnisse erworben haben, die er für seine Übersetzung lateinischer Schriften zur Arithmetik und Algebra benötigte. Allerdings haben sich bis heute keine Nachweise über den Besuch einer Lateinschule oder einer Universität finden lassen.

Im Jahr 1515 rechnete Ries zusammen mit dem befreundeten Hans Conrad (um 1495 bis um 1545) Algebra-Aufgaben, womöglich in Annaberg, wo Conrad als Probierer (Münzprüfer) tätig war.

Inzwischen konnte nachgewiesen werden, dass Ries zeitweise auch in Leipzig gelebt hat, vermutlich um 1515. Dort erwarb er durch Hans Bernecker, Rechenmeister und Visierer (Fachmann für die Inhaltsmessung von Fässern), Kenntnisse in der Rechenkunst. Diese Funktion für Bernecker ist spätestens ab 1511 in Leipzig dokumentiert. Andererseits kann ausgeschlossen werden, dass Ries seine Ausbildung (auch) in einer der angesehenen Nürnberger Rechenschulen erfahren hat, wie es für einen Franken nahe gelegen hätte. Aus einigen Passagen seiner Coss geht hervor, dass sich Ries vor Ort über die dortigen Unterrichtsmethoden informiert hatte und zu einem ziemlich negativen Urteil gekommen war.

Vermutlich über Hans Conrad, der seit 1513 an der Leipziger Universität immatrikuliert war, erhielt Ries Kontakt zu den algebraischen Schriften Andreas Alexanders (geb. um 1475, gest. nicht vor 1513). Aus dieser Quelle hat Ries geschöpft, und überhaupt sind seine eigenen algebraischen Schriften mit denen Alexanders eng verbunden.

Im Jahr 1517 weilte Ries zur Klärung eines Erbschaftsstreits in Staffelstein. Um 1517/18 verfasst er bereits eine eigene algebraische Schrift, die die Sächsische Landesbibliothek – Staats- und Universitätsbibliothek (SLUB) Dresden als Kodex C 349 aufbewahrt.

1518 wurde Ries in Erfurt sesshaft und begründete dort eine Rechenschule. Erfurt war zu dieser Zeit eine der bedeutendsten Handelsstädte in Europa, und die angehenden Handwerker und Kaufleute waren auf die Vermittlung solider Rechenkenntnisse im Privatunterricht bei Rechenmeistern angewiesen. In Erfurt trat er mit Universitäts- und Humanistenkreisen in Verbindung. Von besonderer Bedeutung war seine Freundschaft mit dem Mediziner Dr. Georg Stortz (1490–1548), dem späteren Universitätsrektor. Dieser stammte aus Annaberg, wo Ries ihm möglicherweise schon früher (1515?) begegnet war. Insofern wäre es auch gut vorstellbar, dass Ries von Stortz dazu bewogen wurde, sich in Erfurt niederzulassen. In dessen Privatbibliothek lernte Ries u. a. die Rechenbücher von Jakob Köbel [10, 11] und Johannes Widmann [37] kennen, vermutlich auch ein Werk von Heinrich Schreiber (Henricus Grammateus) [34], der zur selben Zeit in Erfurt wirkte, und außerdem ein »altes verworfenes Buch«, das ihn zu weiteren Algebra-Studien veranlasst hat. Es handelt sich wahrscheinlich um die heute in der SLUB in Dresden befindliche Sammelhandschrift C 80 [6].

Stortz war es auch, der ihn zur Herausgabe eigener Rechenbücher drängte. Der Anstoß für den beispiellosen Erfolg des jungen Rechenmeisters war damit gegeben. Begünstigt durch die fortschreitende Entwicklung der Buchdruckerkunst, erreichte Ries mit seinen Büchern interessierte und lernbegierige Kaufleute und Handwerker im gesamten deutschen Sprachraum. Seine Werke erfüllten in einer Zeit des wirtschaftlichen Umbruchs und Aufschwungs eine wichtige Funktion. Das schwerfällige Linienrechnen, die mittelalterliche Version des Rechnens auf dem Rechenbrett (Abakus), genügte den ökonomischen Anforderungen nicht mehr. Dieses Linienrechnen war mit dem altrömischen Zahlensystem kompatibel, das auf einer Zehnerbündelung mit Fünfer-Zwischenbündelung und einer rein additiven Zahlenschreibweise beruhte. (Z. B. schrieben die Römer IIII statt IV für 4, VIIII statt IX für 9, XXXXVIIII statt XLIX für 49.) In Gelehrtenkreisen wurde schon längst mit den »neuen« (indisch-arabischen) Ziffern gerechnet, doch das dezimale Stellenwertsystem war noch keineswegs Allgemeingut geworden. Gegen die Ziffern gab es vereinzelt Bedenken wegen einer angeblich mangelnden Fälschungssicherheit. Darüber hinaus soll es sogar ideologische Widerstände gegen das neue System gegeben haben, da es einem nicht christlichen Kulturkreis (der indischen bzw. islamischen Welt) entstammte. Besonders die Null galt als suspekt: Sie *bedeut alleyn nichts / sonder* (außer) *wen sie andern furgesatzt* (von rechts) *wurd macht sie die selbigen mehr bedeutten* – schreibt Ries in seinem ersten Rechenbuch (2. Auflage 1525, Anmerkungen in Klammern vom Verf.). Hatte hier nicht der Teufel seine Hand im Spiel?

Schon vor Ries, aber auch zeitgleich mit ihm, haben andere Autoren teilweise vorzügliche Rechenbücher geschrieben, in denen das Ziffernrechnen gelehrt wurde. Doch war diesen Rechenmeistern oder Universitätsprofessoren nicht annähernd der Erfolg beschieden, den Ries für sich verbuchen konnte; ihre Namen – Ulrich Wagner (2. Hälfte des 15. Jh.) [3], Johannes Widmann (geb. um 1460) [37], Jakob Köbel (geb. um 1460, gest. 1533) [11], Peter Apian (1495–1552) [2], Johann Böschensteyn (1472–1540) [4], Johann Albert (1488–1558) [1], Christoff Rudolff (geb. vor Ende des 15. Jh., gest. vor 1543) [33] und Heinrich Schreiber alias Grammateus (vor 1496 bis 1525/26) [34], um nur die wichtigsten zu nennen – sind daher heute fast nur noch den (Mathematik-)Historikern vertraut.

Was war nun das Erfolgsrezept des Adam Ries?

Rechnung auff der linihen
gemacht durch Adam Rieſen vonn Staffel/
ſteyn/ in maſſen man es pflegt tzu lern in allen
rechenſchulen gruntlich begriffen anno 1518.
vleyſigklich vberleſen/ vnd zum andern mall
in trugk vorfertiget.

Getruckt zu Erffordt zcum
Schwartzen Horn.
1525.

Titelblatt des ersten Rechenbuchs (2. Auflage 1525)

Sein erstes Rechenbuch »Rechnung auff der linihen / gemacht durch Adam Riesen vonn Staffel- // steyn / in massen man es pflegt tzu lern in allen // rechenschulen / gruntlich begriffen anno 1518«, dessen nicht mehr erhaltene Erstausgabe zwischen 1518 und 1522 erschienen ist, war, wie der Titel verrät, noch ganz dem Linienrechnen gewidmet. An diesem Buch besticht der Inhalt (trotz der überholten Methode): eine Sammlung von gefälligen und ungemein praktischen Aufgaben aus verschiedenen Bereichen des Wirtschaftslebens. Wir finden Preisberechnungen von Waren wie Wein, Öl, Unschlitt, Wachs, Honig, Zwiebelsamen, Hafer, Stroh, Heu, Kalmus, Alaun, Weinstein, Feigen, Pfeffer, Ingwer, Safran, Nelken, Lorbeer, Wolle, Tuch, von Stoffen verschiedener Qualitäten, von Leder, Zinn, Messing, Silber und Gold. Die zentrale Methode ist dabei der Dreisatz, wobei die Rechnungen aufgrund der nicht dezimalen Struktur der Größenbereiche (Geldwerte, Gewichte, Längen und Hohlmaße) komplizierter als heute sind. Ries bringt auch Aufgaben zum Warentransport, wobei eine Ware in einer Stadt A gekauft und in einer anderen Stadt B verkauft wird. Wenn nun in A ein anderes Geldwert- und / oder Gewichtssystem als in B gilt, werden die Rechnungen ziemlich umfangreich. Ein eigenes Kapitel ist daher auch dem »Geldwechsel« gewidmet. Ferner gibt es Aufgaben zur »Silber- und Goldrechnung« (Berechnung von Feingehalten und Preisen von Legierungen), zur »Gesellschaftsrechnung« (Berechnung von Geschäftsgewinnen bei unterschiedlichen Kapitaleinlagen der Gesellschafter) und zum Warentausch. Die Anordnung der Aufgaben erfolgt nach dem Prinzip des Aufsteigens vom Einfachen zum Schwierigeren, fast überall wird das Lösungsverfahren ausführlich beschrieben, aber nicht begründet.

Sein Erstlingswerk erlebte noch drei weitere Auflagen (1525, 1527, 1530), die uns im Unterschied zur ersten noch erhalten sind. (Die Ausgabe von 1527 wurde erst vor wenigen Jahren wiederentdeckt!)

Bereits 1522 ließ Ries sein zweites Rechenbuch folgen: »Rechenung auff der linihen // vnd federn in zal / maß / vnd gewicht auff // allerley handierung / gemacht vnnd zu // samen gelesen durch Adam Riesen // vô Staffelstein / Rechenmey-// ster zu Erffurdt im // 1522. Jar.« Nach einer kurzgefassten Abhandlung des Linienrechnens behandelt er das Ziffernrechnen, den »Algorismus«, der über Indien und die islamische Welt nach Europa vorgedrungen war. Dabei sind gewisse Unterschiede zu unseren heutigen schriftlichen Rechenverfahren festzustellen.

Die Aufgabensammlung des ersten Buchs ist jetzt erheblich erweitert, wobei auch schwierigere Aufgaben auftreten. Alle damals relevanten Bereiche des Wirtschaftslebens werden nun berücksichtigt – so sind im Vergleich zum ersten Buch z. B. die Aufgaben zur Zins- und Zinseszinsrechnung, zur Metallurgie und zum »Münzschlag« hinzugekommen. Andererseits findet man zahlreiche Aufgaben zur sog. Unterhaltungsmathematik, die, losgelöst von jeder praktischen Anwendung, Freude an mathematischen Problemen und Rätseln vermitteln sollen. Solche Denksportaufgaben sind seit jeher Teil der Beschäftigung der Menschen mit Mathematik gewesen und füllen noch heute die Spalten von Wochenendzeitungen und Zeitschriften. In diesem Zusammenhang sind auch die magischen Quadrate zu nennen, für die Ries ein Konstruktionsverfahren angibt.

Ein umfangreiches Kapitel des Buchs behandelt Aufgaben, die – modern gesprochen – auf lineare Gleichungssysteme führen und algebraisch gelöst werden können. Ries hingegen verwendet die von den Chinesen und Arabern überlieferte Methode des sog. doppelten falschen Ansatzes (Regula falsi): Man setzt zwei (falsche) Lösungszahlen an, die passend miteinander verrechnet werden müssen, sodass man schließlich zum richtigen Ergebnis gelangt. Die Wahl dieser Methode verrät wieder das Bemühen von Ries, die Leser (das Buch ist für *iunge anhebende schuler* geschrieben, worunter wir uns junge Kaufmanns- und Handwerkerlehrlinge, nicht aber Kinder vorzustellen haben) nicht zu überfordern.

Rechenung auff der [illegible]
vnd federn in zal/maß vnd [illegible]
allerley handierung/gemacht [illegible]
samen gelesen durch Adam Riesen
vō Staffelstein Rechenmey-
ster zu Erffurt [illegible]
[illegible] Jar.

Titelblatt des zweiten Rechenbuchs (Erstausgabe 1522)

Im 15. Jahrhundert waren algebraische Kenntnisse von Italien her nach Deutschland vorgedrungen, doch noch zur Zeit von Adam Ries beherrschten nur wenige Gelehrte und Rechenmeister diese Kunst, die sie teilweise sogar bewusst geheim hielten, um davon zu profitieren. Überliefert ist der Fall des Mönches Aquinas, der sich die Lösung einer Algebra-Aufgabe mit 1 Goldgulden, einer damals beachtlichen Summe (für die man etwa 2 Kälber oder 4 Ziegen kaufen konnte), entlohnen ließ. Ries, mathematisch voll auf der Höhe seiner Zeit, gehörte zu denjenigen, die zur Verbreitung und Popularisierung algebraischer Techniken beitragen wollten: Am Ende des ersten und des zweiten Rechenbuchs kündigt er die Veröffentlichung der *regelen Algebre* an, und es ist dazu auch noch ein umfangreiches Manuskript der sog. Coss (Vollendung des ersten Teils im Jahr 1524) erhalten, das aber nie gedruckt wurde und erst im Jubiläumsjahr 1992 als Faksimile mit Kommentar erschienen ist.

Coss ist von ital. *cosa* (die Sache, das Ding) abgeleitet und steht sowohl für die Bezeichnung der Unbekannten (wie etwa unser *x*) – auch *radice* (lat. *radix*, d. h. Wurzel) genannt – als auch für die (damalige) algebraische Methode insgesamt. Die

Titelblatt des Coss-Manuskripts

italienische *cosa* war aber eine reine »Wortalgebra«, ohne jede Symbolik. Man benutzte neben *cosa* Begriffe wie *censo* (für x^2), *cubo* (für x^3) u.a. Die deutschsprachigen Algebraiker waren hier schon deutlich fortschrittlicher: Sie hatten ein ausgefeiltes Symbolsystem entwickelt, mit dessen Hilfe sie Gleichungen und Lösungswege kürzer und übersichtlicher aufschreiben konnten. Man spricht heute von der »Deutschen Coss«, die von Regiomontan alias Johannes Müller (1436–1476) begründet und von Johannes Widmann (geb. um 1460), Andreas Alexander (um 1475 bis mind. 1513), Heinrich Schreiber (vor 1496 bis 1525/26), Adam Ries, Christoff Rudolff (Ende 15. Jh. bis vor 1543), Michael Stifel (um 1487 bis 1567) u.a. weiterentwickelt wurde. Unsere heutige symbolische Notation, die auf den französischen Mathematiker Viète (latinisiert Vieta, 1540–1603) zurückgeht, ist allerdings merklich vorteilhafter, da nicht – wie bei den deutschen Cossisten – für jede Variablenpotenz ein neues Symbol vereinbart werden muss.

Insgesamt war die Behandlung der Gleichungslehre bei den italienischen und deutschen Algebraikern wesentlich aufwendiger, als sie bei uns heute ist. Während wir es z. B. gewohnt sind, eine quadratische Gleichung nach einem einheitlichen Schema zu lösen und nur einige einfache Fälle gesondert zu behandeln, musste der Cossist eine Vielzahl von Fällen unterscheiden, da negative Vor- und Rechenzeichen nicht akzeptiert wurden. Cossistische Texte waren daher ziemlich umständlich und wirkten schwierig, was der Geheimnistuerei sicher noch Vorschub leistete. Doch ein so trefflicher Lehrer wie Adam Ries war auch bei der Vermittlung algebraischer Kenntnisse ungewöhnlich erfolgreich. So stellt er am Ende seiner Coss mit Genugtuung fest: *Vnd Zum ersten gelernett Heinrich von Elterleinß sohn eynem knaben bey eylff Jarnn.*

Die Erfurter Jahre, in die auch noch der Beginn der Arbeiten am ersten Teil der erwähnten Coss (Algebra) fiel, waren – vielleicht abgesehen von der Zeit in Leipzig – die wissenschaftlich fruchtbarsten im Leben des Rechenmeisters. 1522 oder 1523 übersiedelte er nach Annaberg, 1524 schloss er den ersten Teil der Coss ab, 1525 heiratete er Anna Lewber aus Freiberg, kaufte ein Haus und legte den Bürgereid ab. Bereits 1524 wurde er Rezessschreiber von Annaberg, von 1527 bis 1536 hatte er dasselbe Amt auch in Marienberg inne [93]. Ein Rezessschreiber hatte – vereinfachend gesagt – die Rechnungen der Gruben zu prüfen, Listen über die Ausbeute der Zechen zu führen sowie Gewinne und Verluste ins sog. Rezessbuch einzutragen. 1532 wurde Ries zum Herzoglichen Berg- und Gegenschreiber befördert: In diesem Amt hatte er u. a. die Zecheneigentümer und deren Anteile namentlich zu führen und persönlich für Schäden und Unkorrektheiten bei der Verwaltung der Grubenanteile zu haften. Von 1533 bis 1539 war

Ries Zehntner im Bergamt Geyer. Ein Zehntner hatte letztlich dafür zu sorgen, dass ein Zehntel des Gewinns an den Landesherrn abgeführt wurde – eine außerordentliche Vertrauensstellung: Sie erforderte die sorgfältige Kontrolle und Buchführung über alle gewonnenen und verarbeiteten Erze. Bei Veruntreuung oder Betrug drohte einem Zehntner die Todesstrafe.

Auch in Annaberg bezeichnete sich Ries als Rechenmeister, sodass er auch dort eine Rechenschule unterhalten haben muss. Außerdem trat er weiterhin als Autor hervor. Auf Veranlassung der Stadt verfasste er 1533 (erschienen: 1536) ein tabellarisches Werk, das Preisberechnungen zur Erleichterung des Rechnens mit verschiedenen Maßen enthält: »Ein Gerechent Büch-//lein / auff den Schöffel / Eimer / // vnd Pfundtgewicht / zu eh-//ren einem Erbarn / Weisen // Rathe auff Sanct An-//nenbergk. // Durch Adam Riesen. // 1533« (Leipzig 1536). Weitere »Brotordnungen«, die Ries für Zwickau (1539, 1553) schrieb, blieben ungedruckt. Auch in Leipzig hat er 1557 an einer Brotordnung mitgewirkt.

Aus einem solchen Tabellenwerk konnte z.B. der Bäcker, aber auch sein Kunde entnehmen, wie schwer das »Pfennigbrot«, also ein Brot zum Preis von 1 Pfennig, bei schwankenden Getreidepreisen sein musste. Wie Ries im Vorwort schreibt, geht es ihm darum, dass *der arme gemeine man ym Brotkauff nicht vbersetzt* (übervorteilt – d. V.) *würde.* Damit wird ein Wesenszug seiner Persönlichkeit deutlich, der über seine Tätigkeit als Rechenlehrer und Rechenbuchautor hinaus maßgeblich zum Erfolg beigetragen hat: Sein Selbstbewusstsein verstieg sich nicht zur dünkelhaften Anmaßung manch anderer Gelehrter seiner Zeit, die mit dem gemeinen Volk nichts im Sinn hatten. Er verspürte eine soziale Verantwortung für die einfachen Leute, denen er mit seinen in verständlichem Deutsch abgefassten Werken zu Diensten sein wollte.

Andererseits war sich Ries seiner Leistungen und Fähigkeiten schon bewusst, und ohne Scheu stellte er sie auch heraus:

Ein Gerechent Bůch=
lein/auff den Schöffel/Eimer/
vnd Pfundtgewicht/zu eh=
ren einem Erbarn/Weisen
Rathe auff Sanct An=
nenbergk.

Durch Adam Riesen.

1533

Zu Leiptzick/hatt gedruckt diß
gerechent Bůchlein
Melchior Lotter.
Volendet vnd außgangen am abendt
des Newen Jars
1536

Titelblatt des »Gerechent Büchlein« von 1533 (erschienen 1536)

Dem Kaiser zum Beispiel schrieb er, dass er *einn Rechenbuch, desgleichen hiervuer nicht wirdet an tagh khemmen sein, in druck ausgehen zu laßen vorhabens* sei. Wo er andererseits Mängel an den Werken seiner Zunftgenossen sah, brachte er sie auch zur Sprache: In der Einleitung zur Coss kritisiert er an den Rechenbüchern von Köbel, dass darin *gantz vnd gar kein grundt Nach vnderrichtung gesatzet ist,* und über Widmanns Buch lesen wir, dass *das selbig seltzam vnd wunderlich Zusamen getragenn vnd an wenigk ortten rechte vnderweisung sey.* Zumindest sein Verdikt über Köbel ist aber kaum nachzuvollziehen. Kritiker an seiner eigenen Coss hingegen, die womöglich behaupten, sie sei zu schwer zu begreifen, lässt er wissen:

Dan ich hoff gott lob das maul sol den selbigen, so sie es lesenn Zu gestopffet werdenn. Dazu aber bestand, wie gesagt, keine Gelegenheit, da das Druckvorhaben scheiterte.

Beinahe wäre ebenso wie die Coss auch ein weiteres druckfertiges Manuskript des Rechenmeisters unveröffentlicht geblieben. Die Arbeiten zum sog. großen Rechenbuch waren bereits in den Zwanzigerjahren beendet, doch erst 1550 gelang es Ries, sein Hauptwerk in Druck zu geben: »Rechenung nach der // lenge / auf den Linihen // vnd Feder. // Darzu forteil vnd behendigkeit durch die Proportio- // nes / Practica genant / Mit grüntlichem // vnterricht des visierens. // Durch Adam Riesen. // im 1550. Jar.« (Leipzig 1550)

Grund für die Verzögerung waren die hohen Druckkosten, die kein Verleger übernehmen wollte. Schließlich erklärte sich der sächsische Kurfürst bereit, Ries das Geld zu borgen. Durch ein Gesuch an den Kaiser – aus dem Schreiben wurde schon oben zitiert – erreichte Ries sogar nach Begutachtung und Empfehlung durch Gelehrte der Universität Leipzig ein kaiserliches Privileg gegen missbräuchlichen Nachdruck.

Es würde hier zu weit führen, den Inhalt dieses umfangreichen Werks, das im Übrigen das einzige bekannte Holzschnittporträt von Ries enthält, im Einzelnen vorzustellen. Die Kapitel über das Linienrechnen und das schriftliche Rechnen sind noch wesentlich reichhaltiger als im zweiten Buch, und das dritte Kapitel, die sog. Practica, enthält eine beeindruckende Fülle von anspruchsvollen Aufgaben aus der Praxis und der Unterhaltungsmathematik. Ein kurzer vierter Abschnitt beinhaltet schließlich die im zweiten Buch angekündigte Visierkunst, d. h. die Inhaltsberechnung von Fässern mit der Messrute. Das Buch stellt nicht nur den Höhepunkt im gedruckten Riesschen Gesamtwerk dar – es ist zweifellos, in Übereinstimmung mit Riesens selbstbewusster Voreinschätzung, auch die beste deutsche Arithmetik in der Mitte des 16. Jahrhunderts. Es galt als ausgemacht, dass derjenige, der das Buch erfolgreich durchge-

Rechenung nach der lenge/ auff den Linihen vnd Feder.

Darzu forteil vnd behendigkeit durch die Proportiones/Practica genant/ Mit grüntlichem vnterricht des visierens.

Durch Adam Riesen.

im 1550. Jar.

Cum gratia & priuilegio Cæsareo.

Titelblatt des dritten (großen) Rechenbuchs mit Brustporträt

arbeitet hatte, selbst zur Meisterschaft in der Rechenkunst gelangt war. Es leuchtet ein, dass der Verbreitungsgrad eines so anspruchsvollen Buchs eher beschränkt war. Nur noch eine weitere postume Auflage hat es gegeben, die der Enkel Carolus Ries im Jahre 1611 besorgte. Nach 1550 schloss Ries den zweiten Teil seiner Coss (unvollständig) ab, der aber ebenso wie der erste niemals gedruckt wurde, obwohl die *regelen Algebre* in allen drei Rechenbüchern vorangekündigt waren. Riesens algebraische Kenntnisse, um 1524 durchaus auf der Höhe der Zeit, sind somit nicht zur Geltung gekommen. Eine Veröffentlichung des Manuskriptes um die Mitte des 16. Jahrhunderts hätte allerdings nicht mehr dem Entwicklungsstand entsprochen, da Michael Stifel inzwischen seine wegweisende »Arithmetica integra« (1539 vollendet) vorgelegt hatte [35].

Ferner hat Ries auch Texte zur Bergrechnung und zur Visierkunst verfasst – vgl. die Kodizes K 349 bzw. C 9 der SLUB in Dresden.

Am 30.3.1559 starb Adam Ries in Annaberg.

Er hinterließ acht Kinder: Adam (der Jüngere, ältester Sohn, Lebensdaten unbekannt), Abraham (Rechenmeister und Cossist, Nachfolger des Vaters in Annaberg, bedeutendster Sohn, 1533?–1604), Jacob (Cossist, ?–1604), Isaac (Rechenmeister und Visierer in Leipzig, Verfasser eines gedruckten mathematischen Tabellenwerks, 1537–1601), Paul (1536 oder 1538 bis 1604), Eva, Anna und Sibylla (Lebensdaten der Töchter unbekannt). Seine Frau Anna starb im Jahr 1579.

Adam Ries hat keine eigenständigen mathematischen Leistungen erbracht, wenn man einmal von seinen wohl originellen Bemühungen im zweiten und dritten Rechenbuch absieht, Konstruktionsverfahren für magische Quadrate zu finden [57, S. 336]. Vermutlich aber war er der erste, der den Haken anstelle des Punkts für das Wurzelzeichen handschriftlich verwendete (bei Rudolff [32, E 4^r ff.] erstmals im Druck).

Riesens wahre, überragende Verdienste liegen vielmehr in der weiten Verbreitung der Rechenkunst in allen Bildungsschichten des Volkes. Eine solche Popularisierung war auch die erklärte Absicht des Rechenmeisters: Er stellte sich die Aufgabe, *etwas dem gemeynen man nützlich in trugk zu gebenn, ...* (aus der Widmung im ersten Teil der Coss von 1524 an Stortz), sein zweites Rechenbuch sollte *ein gemeyn leycht büchlein ... fur iunge anhebende schuler* (Vorrede) werden, und mit dem großen Rechenbuch wollte er *dem gantzen Landt vnd der Jugent zum besten etwas [zu] schreiben* (Vorrede). Sogar die Practica sei *nicht von wegen der scharffsinnigen geschrieben, sondern allein vmb der anhebenden willen* (Abschlusstext der Practica).

Für Riesens enormen Erfolg war vor allem der für die damalige Zeit methodisch besonders geschickte Aufbau seiner Rechenbücher verantwortlich. Um die Leser nicht zu überfordern, beginnt er – im Unterschied etwa zu Ulrich Wagner [3] – stets mit dem bekannten Linienrechnen und setzt es ausdrücklich als methodische Vorstufe zum Ziffernrechnen ein: *Ich habe befunden in vnder weisung der Jugent das alle weg / die so auff den linien anheben des Rechens fertiger vnd laufftiger werden / deñ so sie mit den ziffern die Feder genant anfahen / In den Linien werden sie fertig des zelen / vnd alle exempla der kauffhendel vnd hausrechnung schöpfen sie einen besseren grund / Mügen als denn mit geringer mühe auff den ziffer jre Rechnung volbringen / hierumb hab ich bey mir beschlossen / die Rechnung auff den linien zum ersten zu setzen* ... (aus dem Vorwort zum Linienrechnen im 3. Buch). Ein Vergleich mit dem heutigen Arithmetikunterricht in der Grundschule drängt sich auf: Die schriftlichen Rechenverfahren werden durch entsprechende Operationen mit Spielgeld oder Spielmarken in der Stellenwerttafel vorbereitet.

Außerdem ist das ungewöhnlich reichhaltige Übungsmaterial zu nennen, das den gesamten Bereich des Wirtschaftslebens im ausgehenden Mittelalter widerspiegelt und wichtige Traditionen der Unterhaltungsmathematik aufgreift. Noch zu Lebzeiten haben Riesens »Exempla« ausdrückliche Anerkennung gefunden: Stifel bezeichnet sie in seiner »Deutschen Arithmetica« von 1545 [36] als »holdseliger« als seine eigenen und übt an ihnen die Methoden der Coss ein. Entgegen manchen Behauptungen (z. B. von Müller [84] und Unger [99, S. 46]) hat Ries keine Aufgabe aus den ihm zur Verfügung stehenden Quellen, etwa von Köbel, direkt übernommen: Natürlich schöpfte er aus den traditionellen Aufgabensammlungen, aber er verstand es, das vorgefundene Material hinsichtlich der Zahlenwerte und des Kontextes zum Teil beträchtlich zu variieren und um zahlreiche originelle Aufgaben zu vermehren.

Außerdem galt seine Anordnung und Darbietung des Stoffs lange Zeit als unübertroffen.

Das zweite Rechenbuch aber hat Riesens unsterblichen Ruhm begründet: Die heute noch gebräuchliche Redewendung »... macht nach Adam Ries(e) ...« zur Bekräftigung, dass eine Rechnung richtig ist, ist offenbar aus einer älteren Version »... macht nach Adam Rieses Rechenbuch ...« hervorgegangen. Bis zum Jahre 1656 sind über 100 Auflagen dieses Buches nachweisbar, das dem einfachen Volk unschätzbare Dienste leistete.

Die Riesschen Rechenbücher kamen erst im 18. Jahrhundert durch Christian Peschecks Werke allmählich außer Gebrauch [14, 15]. Die sprichwörtliche Unsterblichkeit des Rechenmeisters ist der verdiente Dank des deutschen Volkes an seinen großen Lehrer.

Der Text des zweiten Rechenbuchs in moderner Fassung

Linienrechnen und schriftliches Rechnen
mit Zahlen, Maßen und Gewichten
im Kaufhandel aller Art

verfasst und zusammengestellt von

Adam Ries aus Staffelstein
Rechenmeister in Erfurt
im Jahre 1522

(Vorrede)

Wie sehr die Arithmetik und die ganze mathematische Wissenschaft vonnöten ist, kann man daraus leicht ermessen, dass nichts auch nur eine geringe Bedeutung haben kann, wenn es nicht aus gewissen Zahlen und Maßen zusammengesetzt ist, dass auch keine Wissenschaft, die man sonst eine freie Kunst nennt, ohne gewisse Maße und Zahlenverhältnisse existieren kann. Deshalb hat Platon, einer der großen Philosophen, zu Recht keinen in seiner Schule oder zu anderen Wissenschaften zugelassen, der sich mit Zahlen nicht auskannte, weil es ihm nicht möglich wäre, in irgendeiner Wissenschaft Fortschritte zu machen. In seinem Zusatz zum Buch »Gesetze«, wo er erörtert, wer zu Recht klug genannt werden könne, kommt er bekräftigend zum Schluss, dass ohne Arithmetik, Musik und Geometrie, welche auf der Zahl aufbauen, niemand klug genannt werden kann – und ganz zu Recht! Denn diese Kunst ist, wie Josephus schreibt, nicht von Menschen, sondern von Gott oben herab gegeben, was etwa die Griechen wohlbedacht haben: Wenn sie irgendeinem großes Lob in allen Wissenschaften zuerkennen wollten, sagten sie in einem Sprichwort: ›Er kann zählen.‹ Auch wurde der oben genannte Platon irgendwann gefragt, wodurch ein Mensch andere Lebewesen übertreffe, und er hat geantwortet, dass er rechnen kann und Zahlenverstand habe – als wäre Rechnen ein Fundament und Grund aller Wissenschaft, wie es auch tatsächlich ist. Denn ohne Zahl kann kein Musiker seinen Gesang vorführen, desgleichen kein Geometer seine Vermessung vollbringen, auch kein Astronom den Lauf des Himmels erkennen, und Gleiches gilt für andere Wissenschaften. Über dies alles macht Isidor folgende Aussage: Nimm die Zahl von den Dingen weg, so vergehen sie. Auch gebe es keinen Unterschied zwischen den Menschen und unvernünftigen Tieren als die Erkenntnis der Zahl. Deshalb wird die Rechenkunst anderen »freien Künsten« zu Recht vorangestellt in Anbetracht, dass andere Wissenschaften ohne sie nicht auskommen können.

Deshalb habe ich für junge Schüler, die erst Anfänger sind, ein gewöhnliches, leicht verständliches Büchlein über Linienrechnen und schriftliches Rechnen zusammengestellt mit schönen Regeln und Beispielen, wie es hier nun vorliegt.

Zuerst will ich dich in den Rechenarten auf den Linien unterrichten, danach in den schriftlichen Rechenarten und sodann den Dreisatz nach beiden Methoden anführen.

Nummerieren

heißt zählen und lehrt, wie man jede Zahl schreiben und aussprechen soll. Dazu gehören zehn Ziffern, die so geschrieben werden: 1.2.3.4.5.6.7.8.9.0. Die ersten neun haben einen Wert. Die zehnte gilt allein nichts, außer wenn sie anderen Ziffern nachgesetzt wird, so erhöht sie deren Wert. Und du sollst wissen, dass eine jede unten gesetzte Ziffer an der letzten Stelle, d. h. rechter Hand, ihren eigenen Wert hat, an der zweiten Stelle von rechts den Wert von ebenso vielen Zehnern, an der dritten von so vielen Hundertern und an der vierten von so vielen Tausendern. Das merke dir in diesen Worten: eins / zehn / hundert / tausend. Von rechts zähle nach links, und von links sprich aus nach rechts wie hier:

links	7	8	9	5	rechts
	tausend	hundert	zehn	eins	

Sind aber mehr als vier Ziffern vorhanden, so setze auf die viertletzte ein Pünktchen, d. h. auf die Tausenderstelle, und fange gleich dort wiederum an zu zählen »eins, zehn« etc. bis zum Ende. Sodann sprich aus: So viele Punkte vorhanden sind, so oft nenne tausend. Die Hunderter, das ist die drittletzte Ziffer, sprich für sich allein aus, sodann die letzte und zweitletzte miteinander wie hier:

$$8 \quad \dot{6} \quad 7 \quad 8 \quad \dot{9} \quad 3 \quad 2 \quad \dot{5} \quad 1 \quad 7 \quad 8$$

Dies ist sechsundachtzigtausend tausend mal tausend / siebenhunderttausend mal tausend neunundachtzigtausend mal tausend / dreihunderttausend fünfundzwanzigtausend / einhundertundachtundsiebzig.

Hast du dann eine Zahl zu schreiben, so schreibe den höchsten Stellenwert zuerst. Werden aber die Tausender, Hunderter, Zehner oder Einer ausgelassen, so setze an die entsprechende Stelle eine 0, wie hier fünfundzwanzigtausendundsiebenunddreißig zu schreiben ist: setze 2 $\dot{5}$ 0 3 7. Also wird für die Hunderter eine 0 geschrieben.

Von den Linien

Die erste und unterste bedeutet eins, die zweite über ihr zehn, die dritte hundert, die vierte tausend usw., die nächste darüber stets zehnmal mehr als die nächste darunter, und jeder Zwischenraum gilt halb so viel wie die nächste Linie darüber, wie folgendes Diagramm aufzeigt:

10̇0000	6	hunderttausend
50̇000		fünfzigtausend
10̇000	5	zehntausend
5̇000		fünftausend
1̇000	X	tausend
500		fünfhundert
100	3	hundert
50		fünfzig
10	2	zehn
5		fünf
1	1	eins
$\frac{1}{2}$		ein halb

Addieren oder Summieren

lehrt, wie man viele und verschiedene Zahlen von Gulden, Groschen, Pfennigen und Hellern in eine Summe bringen soll. Mach's so: Ziehe für dich Linien und teile sie in so viele Felder, wie Münzsorten vorhanden sind. Lege die Gulden gesondert, die Groschen allein, Pfennige und Heller auch jeweils allein. Mache Heller und Pfennige zu Groschen, und was herauskommt, lege zu den Groschen. Danach mache die Groschen zu Gulden und lege sie zu den anderen Gulden – nach Art eines jeden Landes.

Auch sollst du dir merken, dass, wenn fünf Pfennige auf einer Linie liegen, du sie aufhebst und den fünften in den nächsten Zwischenraum darüber legst. Desgleichen auch, wenn zwei Pfennige in einem Zwischenraum liegen: hebe sie auf und lege einen auf die nächste Linie darüber. Dies werden die nächsten beiden Beispiele, bei denen der Groschen für 12 Pfennig und der Gulden für 21 Groschen gerechnet wird, klarmachen.

Einer hat bekommen, wie hier verzeichnet ist:

123		17		9	
234	Gulden	18	Groschen	7	Pfennig
307		11		5	
678		13		6	

Wie viel macht es in einer Summe?

Mach's so: Lege die Gulden gesondert, desgleichen die Groschen und Pfennige. Mache Pfennige zu Groschen und Groschen zu Gulden. Es kommen 1344 Gulden 19 Groschen und 3 Pfennig heraus.

Einer hat das nachstehend aufgeschriebene Geld ausgegeben. Wie viel macht es in einer Summe?

132		13		8	
3456		16		5	
789	Gulden	17	Groschen	7	Pfennig
67		9		6	
282		20		3	
4729		14		5	Summe

Probe

Willst du überprüfen, ob du es richtig gemacht hast, so nimm eine Zahl nach der anderen von der Gesamtsumme weg, so wie du sie aufgelegt hast. Bleibt dann nichts mehr liegen, so hast du es richtig gemacht.

Subtrahieren

heißt abziehen und lehrt, wie man eine Zahl von der anderen nehmen soll. Die Zahl, von der du nehmen willst, lege auf die Linien, die andere Zahl nimm weg. Kannst du sie nicht wegnehmen, so löse einen der oberen Pfennige folgendermaßen auf: Hebe ihn auf, lege einen in den nächsten Zwischenraum darunter und fünf auf die Linie unter dem Zwischenraum. Liegt aber ein Pfennig, der umgewandelt werden soll, in einem Zwischenraum, so lege dafür fünf Pfennige auf die Linie darunter. Auch merke dir: Wenn du Groschen und Pfennige abzuziehen hast, die nicht vorhanden sind, so wechsle einen Gulden in Groschen, ebenso einen Groschen in Pfennige um. Sodann nimm weg, was hinwegzunehmen ist, wie folgendes Beispiel aufzeigt.

Einer ist mir 396 Gulden 8 Groschen und 7 Pfennig schuldig. Er hat 279 Gulden 16 Groschen und 9 Pfennig zurückbezahlt. Wie viel ist er noch schuldig? Mach's so: Lege das Geld auf, das man schuldig ist, und nimm weg, was schon zurückbezahlt ist. So bleiben 116 Gulden 12 Groschen 10 Pfennig liegen. So viel ist er noch schuldig.

Probe

Willst du die Probe machen, ob das richtig ist, so lege die abgezogene Zahl zur übergebliebenen. Kommt die erste aufgelegte Zahl wieder, so ist es richtig.

Duplieren

heißt verdoppeln und ist nichts anderes als mit zwei multiplizieren. Mach's so: Lege die Zahl auf, die dupliert werden soll, und schreibe dir 2 auf. Greife auf die oberste Linie, auf der noch Pfennige liegen, und merke dir, dass eine jede Linie, die mit dem Finger berührt wird, nicht mehr als eins bedeutet, der Zwischenraum darunter ein halb, der darüber fünf, die nächste Linie darüber zehn und so fort, als ob es sich um die unterste Linie handeln würde. Wird aber der Finger hinweggenommen, so haben die Linien ihre vorige Bedeutung. Oben sollst du anfangen. Liegt nun ein Pfennig im Zwischenraum, so greife auf die nächste Linie darüber und sprich: Ein halb mal 2 macht 1. Das lege hin. Danach greife herab auf die nächste Linie. Liegen dort Pfennige, so dupliere sie, und was herauskommt, lege nieder. Liegt aber ein Pfennig im Zwischenraum, so verfahre wie gesagt. Desgleichen verfahre mit den Pfennigen auf den Linien so lange, bis nichts mehr zu duplieren vorhanden ist, wie folgende Beispiele aufzeigen:

	8967		$1\dot{7}934$
zweimal	7583	macht	$1\dot{5}166$
	5968		$1\dot{1}936$

Das überprüfe so: Wenn du die Zahl halbierst, die aus dem Duplieren herausgekommen ist, so kommt die erste aufgelegte Zahl wieder.

Medieren

heißt halbieren und ist nichts anderes als eine Zahl in zwei gleiche Teile aufspalten. Mach's so: Lege die Zahl auf, die du halbieren willst. Greife auf die unterste Linie und mediere den nächsten Zwischenraum darüber – wenn sonst noch ein Pfennig darin liegt – mit den Pfennigen auf der Linie. Die Hälfte lege nieder. Danach greife auf die zweite Linie, mediere aber den Zwischenraum und die Linie zusammen und so fort nach oben hin, bis auf den Linien kein Pfennig mehr zu medieren vorhanden ist. So hast du dann den halben Teil, wie folgende Beispiele erläutern werden.

	8624		4312
halb	7892	macht	3946
	6318		3159

Willst du überprüfen, ob du es richtig gemacht hast, so dupliere die Zahl, die herausgekommen ist. Wird es wiederum die erste aufgelegte Zahl, so ist es richtig.

Multiplizieren

heißt »vielmachen« und lehrt, wie man eine Zahl mit ihr selbst oder einer anderen vervielfältigen soll. Und du musst vor allen Dingen das Einmaleins gut kennen und auswendig lernen, wie es hier steht:

1	1	1	2	9	18	5	6	30
1	2	2				5	7	35
1	3	3	3	3	9	5	8	40
1	4	4	3	4	12	5	9	45
1	5	5	3	5	15			
1	6	6	3	6	18	6	6	36
1	7	7	3	7	21	6	7	42
1	8	8	3	8	24	6	8	48
1	9	9	3	9	27	6	9	54
	mal	ist		mal	ist		mal	ist
2	2	4	4	4	16	7	7	49
2	3	6	4	5	20	7	8	56
2	4	8	4	6	24	7	9	63
2	5	10	4	7	28			
2	6	12	4	8	32	8	8	64
2	7	14	4	9	36	8	9	72
2	8	16	5	5	25	9	9	81

Zum Multiplizieren gehören zwei Zahlen – eine, die multipliziert wird, und eine andere, mit der man multipliziert. Die Zahl, die multipliziert werden soll, sollst du auflegen, die andere dir aufschreiben und oben anfangen.

Liegt ein Pfennig in einem Zwischenraum, so greife auf die Linie darüber und lege die aufgeschriebene Zahl halb, sofern du mit einer einzifferigen Zahl multiplizierst. Im Falle einer zweizifferigen Zahl aber greife auf die zweite Linie über dem Pfennig und lege dort die Ziffer des höchsten Stellenwerts halb. Sodann greife herab, lege die letzte Ziffer auch halb und hebe den Pfennig im Zwischenraum auf. Desgleichen soll man, wenn man mit drei-, vier- oder mehrzifferigen Zahlen multiplizieren will, über ebenso viele Linien greifen und von oben herab legen.

Wenn aber Pfennige auf der Linie liegen, so greife auf die oberste Linie. Multiplizierst du mit einer einzifferigen Zahl, so halte still und lege die aufgeschriebene Zahl dort so oft, wie Pfennige auf der Linie liegen. Handelt es sich aber um eine zweizifferige Zahl, so greife auf die nächste Linie über dem Pfennig. Dort lege die Ziffer des höchsten Stellenwerts so oft, wie Pfennige auf der Linie liegen. Danach greife herab, lege die letzte Ziffer auch so oft, wie Pfennige zu multiplizieren vorhanden sind, und hebe diese Pfennige auf. Auf gleiche Art verfahre, wenn die Zahl aus drei, vier oder mehr Ziffern besteht, wie folgende Beispiele mit ein, zwei und drei Ziffern klar aufzeigen:

		2		$1\dot{3}578$
		3		$2\dot{0}367$
		4		$2\dot{7}156$
6789	mal	5	macht	$3\dot{3}945$
		6		$4\dot{0}734$
		7		$4\dot{7}523$
		8		$5\dot{4}312$
		9		$6\dot{1}101$

		12		$9\dot{5}472$
		36		$28\dot{6}416$
7956	mal	50	macht	$39\dot{7}800$
		72		$57\dot{2}832$
		84		$66\dot{8}304$
		96		$76\dot{3}776$

		123		$85\dot{9}401$
		234		$\dot{1}63\dot{4}958$
6987	mal	345	macht	$\dot{2}41\dot{0}515$
		456		$\dot{3}18\dot{6}072$
		567		$\dot{3}96\dot{1}629$

Desgleichen mit vier Ziffern

Willst du nun die Probe machen, ob du richtig multipliziert hast, so dividiere die Zahl, die beim Multiplizieren herausgekommen ist, durch die, mit der du multipliziert hast: Auf diese Weise kommt die aufgelegte Zahl wieder heraus.

Dividieren

heißt teilen und lehrt, wie man eine Zahl in viele und verschiedene Teile teilen soll. Dazu gehören zwei Zahlen – die eine, die man teilen will, lege auf die Linie, die andere, durch die man teilen will, schreibe dir auf. Fange oben an.

Hat die Zahl, durch die zu teilen ist, nur eine Ziffer, so nimm sie auf der obersten Linie weg, so oft du kannst, und lege so viele Pfennige nieder. Hat der Teiler aber zwei Ziffern, so nimm die Ziffer des höchsten Stellenwerts oben weg, so oft du kannst, aber doch so, dass du von der überbleibenden Zahl die zweite Ziffer, das ist die letzte, auf der nächsten Linie darunter auch so oft wegnehmen kannst. Kannst du es, so tu es und lege – wenn du die letzte Ziffer weggenommen hast – so viele Pfennige nieder, wie oft du sie dann weggenommen hast. Auf gleiche Art verfahre bei Teilern mit drei, vier oder mehr Ziffern.

Kannst du den Teiler aber nicht ganzzahlig oft, sondern nur einhalbmal wegnehmen, und ist durch eine einzifferige Zahl zu teilen, so nimm ihn einhalbmal weg und lege einen Pfennig in den Zwischenraum unter dem Finger. Sind aber im Teiler zwei Ziffern vorhanden, so nimm die Ziffer des höchsten Stellenwerts oben einhalbmal weg, danach greife mit dem Finger herab auf die nächste Linie, nimm die letzte Ziffer auch einhalbmal weg und lege einen Pfennig in den Zwischenraum unter dem Finger. Auf gleiche Art verfahre auch bei Teilern mit drei, vier oder mehr Ziffern, wie hier folgt.

	1$\dot{3}$578		2		
	2$\dot{0}$367		3		
	2$\dot{7}$156		4		
Teile	3$\dot{3}$945	durch	5	kommen heraus	6789
	4$\dot{0}$734		6		
	4$\dot{7}$523		7		
	5$\dot{4}$312		8		
	6$\dot{1}$101		9		

Durch zwei Ziffern

	9$\dot{5}$472		12		
	28$\dot{6}$416		36		
Teile	39$\dot{7}$800	durch	50	kommen heraus	7956
	57$\dot{2}$832		72		
	66$\dot{8}$304		84		
	76$\dot{3}$776		96		

Durch drei Ziffern

	$85\dot{9}401$		123		
	$\dot{1}63\dot{4}958$		234		
Teile	$\dot{2}41\dot{0}515$	durch	345	kommen heraus	6987
	$\dot{3}18\dot{6}072$		456		
	$\dot{3}96\dot{1}629$		567		

Willst du die Probe machen, ob du richtig dividiert hast, so multipliziere die Zahl, die beim Dividieren herausgekommen ist, mit der, durch die du dividiert hast. Kommt wieder die erste aufgelegte Zahl heraus, so hast du es richtig gemacht.

Es folgen die schriftlichen Rechenarten.

Addieren

lehrt, viele Zahlen in eine Summe zu bringen. Mach's so: Setze diejenigen Zahlen, die du summieren willst, untereinander, und zwar die letzte Ziffer unter die letzte, die zweitletzte unter die zweitletzte und so fort. Danach fange zuerst rechts an: Zähle die letzten Ziffern zusammen. Kommt eine Zahl heraus, die du mit einer Ziffer schreiben kannst, so setze sie direkt darunter. Entsteht aber eine Zahl mit zwei Ziffern, so schreibe die letzte direkt darunter, die andere behalte für dich. Danach zähle die zweitletzten Ziffern zusammen, addiere, was du für dich behalten hast, und schrcibe abermals die letzte Ziffer, wenn zwei vorhanden sind.

Verfahre ebenso weiter mit allen Ziffern bis auf die ersten: die schreibe ganz aus. So erhältst du, wie viel in einer Summe herauskommt, wie folgende Beispiele aufzeigen.

$7\dot{8}312$	$6\dot{8}975$	$3\dot{7}064$
$8\dot{7}547$	$8\dot{7}496$	$5\dot{2}086$
$16\dot{5}859$	$15\dot{6}471$	$8\dot{9}150$

Probe

Nun sollst du wissen, dass ich hierbei zweierlei Proben gebrauchen will. Die erste besteht darin, dass eine Rechenart die Probe für die andere darstellt.

Die andere geht mit 9 so: Wirf 9 hinweg, so oft du kannst. Was dann unter 9 als Rest bleibt, behalte für deine Probe.

Hier ist nach der ersten Probe so vorzugehen: Subtrahiere die oberen zwei Zahlen von der unteren. Bleibt nichts übrig, so ist es richtig.

Nach der anderen Probe aber nimm 9 von den oberen Zahlen hinweg, so oft du kannst. Der Rest ist deine Probezahl. Kommt dann von der unteren Zahl auch so viel heraus, so hast du es richtig gemacht.

Subtrahieren

lehrt, wie du eine Zahl von der anderen abziehen sollst. Mach's so: Setze oben die Zahl, von der du abziehen willst, und diejenige, die du abziehen willst, direkt darunter – wie beim Addieren. Danach ziehe eine Linie darunter und fange hinten an – wie beim Addieren. Ziehe die letzte Ziffer der unteren Zahl von der letzten der oberen Zahl ab – was dann übrig bleibt, setze unten. Danach ziehe die zweitletzte Ziffer der unteren Zahl von der zweitletzten der oberen Zahl ab – was übrig bleibt, setze auch unten. Kannst du aber die untere Ziffer von der oberen nicht abziehen, so ziehe sie von 10 ab und zum Rest addiere die obere. Setze direkt unter die Linie, was da herauskommt. Danach addiere 1 zur linker Hand stehenden nächsten unteren Ziffer und subtrahiere weiter bis zum Ende, wie hier folgt.

89̇674	79̇864	30̇000
63̇521	67̇876	12̇345
26̇153	11̇988	17̇655

Willst du nach der ersten Probe prüfen, so addiere die unteren zwei Zahlen. Kommt die obere wieder heraus, so ist es richtig.

Nach der anderen Probe aber: Nimm 9 von den unteren zwei Zahlen weg, so oft du kannst. Kommt dann von der oberen Zahl heraus, was diesem Rest gleich ist, so hast du es richtig gemacht.

Duplieren

lehrt, wie du eine Zahl verdoppeln sollst. Mach's so: Schreibe dir die Zahl auf. Ziehe eine Linie darunter und fange hinten an. Dupliere die letzte Ziffer. Kommt eine Zahl heraus, die du mit einer Ziffer schreiben kannst, so setze sie unten. Im Falle von zwei Ziffern schreibe die letzte, die andere behalte im Sinn. Danach dupliere die zweite Ziffer und gib die dazu, die du behalten hast. Schreibe abermals die letzte Ziffer, wenn zwei vorhanden sind, und dupliere weiter bis zur ersten Ziffer. Die schreibe ganz aus, wie folgende Beispiele aufzeigen.

41̇232	98̇765	68̇704
82̇464	197̇530	137̇408

Probe

Nach der ersten Probe: Mediere die untere Zahl. Kommt die obere wieder heraus, so ist es richtig.

Nach der Neunerprobe: Wirf oben (9) hinweg, so oft du kannst. Den Rest dupliere. Davon nimm auch 9 weg, so oft du kannst. Entsteht dann von der unteren Zahl auch so viel, so hast du es richtig gemacht.

Medieren

lehrt, wie du eine Zahl halbieren sollst. Mach's so: Schreibe sie dir auf und ziehe eine Linie darunter. Fange vorne an, d. h. an der äußersten Ziffer linker Hand. Ist diese Ziffer gerade, so setze unten die Hälfte. Ist sie aber ungerade wie z. B. 9, so sprich: Die Hälfte von 8 macht 4 – die setze. Den Rest, nämlich 1, mediere mit der rechter Hand stehenden nächsten Ziffer, wobei er als 10 gerechnet wird. Ist aber mittendrin 1 zu medieren, so schreibe eine 0 direkt darunter und mediere sodann zusammen mit der nächsten Ziffer, wie folgende Beispiele aufzeigen.

$$\begin{array}{ccc} \dot{8}642 & 7\dot{8}976 & 6\dot{8}174 \\ \hline \dot{4}321 & 3\dot{9}488 & 3\dot{4}087 \end{array}$$

Probe

Nach der ersten Probe: Dupliere die untere Zahl, so kommt die obere wieder heraus.

Nach der anderen, der Neunerprobe: Nimm die Probezahl von der unteren, dupliere sie und wirf 9 hinweg, so oft du kannst. Kommt dann von der oberen Zahl auch so viel heraus, wie überbleibt, so hast du es richtig gemacht.

Multiplizieren

lehrt »vielmachen«. Du musst auch hinten anfangen und vor allen Dingen das Einmaleins auswendig lernen, wie vorhin schon gezeigt. Oder mach's nach folgenden zwei Regeln.

Die erste

Addiere die zwei Ziffern und schreibe die Einerziffer. Sodann multipliziere die jeweiligen Reste bis 10 miteinander und schreibe das Ergebnis hinter die gesetzte Ziffer. Kommt aber aus dem Multiplizieren eine Zahl mit zwei Ziffern heraus, so addiere die erste Ziffer zur bereits gesetzten, wie hier in folgenden Beispielen:

8. 2	7. 3	6. 4	6. 4
9. 1	8. 2	8. 2	7. 3
7 2	5 6	4 8	4 2

Die zweite

Setze hinter die kleinere Ziffer eine 0, bei 7 mal 8 z. B. setze 70, und ziehe davon ab, was herauskommt aus der kleineren Ziffer, multipliziert mit dem Rest der größeren bis 10, so wie hier. Sprich: 7 mal 2 sind 14. Die ziehe von 70 ab, und es bleiben 56. Ebenso:

8. 0	6. 0	4. 0	5. 0
8 2	7 3	9 1	8 2
6 4	4 2	3 6	4 0

Willst du nun eine Zahl mit *einer* Ziffer multiplizieren, so schreibe die Zahl, die du multiplizieren willst, oben und die Ziffer, mit der du multiplizieren willst, direkt unter die letzte Ziffer. Sodann multipliziere sie mit der letzten Ziffer. Kommt eine Zahl mit *einer* Ziffer heraus, so setze sie unten. Im Falle einer *zweizifferigen* Zahl schreibe die letzte Ziffer, die andere behalte im Sinn. Sodann multipliziere die untere Ziffer mit der zweitletzten der oberen Zahl und gib dazu, was du behalten hast. Schreibe abermals die letzte Ziffer und so fort. Zuletzt schreibe die Zahl ganz aus, wie hier:

6789	6789	6789
6	7	8
$4\dot{0}734$	$4\dot{7}523$	$5\dot{4}312$

Mit zwei Ziffern

Willst du eine Zahl mit zwei Ziffern multiplizieren, so führe es mit der letzten Ziffer so durch, wie eben gesagt. Sodann führe es auch in gleicher Weise mit der anderen Ziffer durch, setze aber das Ergebnis um eine Ziffer weiter nach links eingerückt. Danach zähle zusammen wie hier:

```
  7̇956       7̇956
    72          84
-------    -------
  15̇912      31̇824
 55692      63648
-------    -------
 572̇832     668̇304
```

Mit drei Ziffern

In gleicher Weise multipliziere auch mit drei oder mehr Ziffern, nur setze die Ergebnisse jeweils um eine Ziffer weiter eingerückt, wie hier folgt:

```
   6987        6987
    234         456
--------   --------
  27948       41922
 20961       34935
13974       27948
--------   --------
1̇634̇958     3̇186̇072
```

Willst du aber eine Zahl mit 20, 70, 90, 300, 4800 multiplizieren, so setze die Nullen bei der obersten Zahl hinten an, wie hier z. B. bei 6789 mal 4500:

```
  6789.00
       45
---------
 33945 00
271560 0
---------
30̇550̇5 00
```

Probe

Teile die Zahl, die beim Multiplizieren herausgekommen ist, durch die, mit der du multipliziert hast. Tritt dann die zuerst vorgenommene Zahl wieder auf, so ist es richtig.

Oder nimm die Probezahlen, von beiden Zahlen jeweils gesondert, multipliziere sie miteinander, wirf 9 hinweg, so oft du kannst, und behalte den Rest für deine Probe. Ergibt sich dann aus der unteren Zahl, die beim Multiplizieren herausgekommen ist, auch so viel, so hast du es richtig gemacht.

Dividieren

lehrt, eine Zahl durch die andere zu teilen. Vorne musst du anfangen. Schreibe dir die Zahl auf, die du teilen willst, und unter die erste Ziffer den Teiler, sofern du durch *eine* Ziffer teilst und du abziehen kannst. Ist aber der Teiler größer, so schreibe ihn unter die zweite Ziffer und schaue, wie oft du ihn abziehen kannst. Ebenso oft ziehe ihn ab und schreibe, wie oft du ihn abgezogen hast, neben der Zahl nach einem kleinen Strich. Multipliziere mit dem Teiler und ziehe von der ganzen Zahl ab. Sodann rücke mit dem Teiler unter die nächste Ziffer nach rechts und schaue, wie oft du ihn abziehen kannst. Ebenso oft ziehe ihn ab und schreibe es nach der vorigen Ziffer und so fort, bis unter keine Ziffer mehr zu rücken ist, wie hier:

455		677	
40734	(6789	54312	(6789
6666		8888	

Kannst du die letzte Ziffer, wie hier oben bei 6 mal 6 gleich 36 die 6, nicht abziehen, so ergänze bis 40, und was du ergänzt, schreibe zur oberen Ziffer. Sodann lösche linker Hand 40 aus. Desgleichen im anderen Beispiel. Sprich: 6 mal 8 macht 48.

Die 8 kannst du von 4 nicht abziehen. Deshalb sprich: 2 dazu sind 50. Die 2 und 4 gib über der 8 zusammen, es werden 6. Die schreibe hin und lösche 8 und 4 aus, desgleichen auch linker Hand die 50. Rücke ein bis zur nächsten Ziffer nach rechts, schaue, wie oft du abziehen kannst, und führe es durch, wie es oben steht. So erhältst du, wie viel auf einen Teil kommt.

Durch zwei Ziffern

Willst du eine Zahl durch zwei Ziffern teilen, so gib acht, dass du eine Ziffer ebenso oft wie die andere abziehst, sodann unter die nächsten Ziffern einrückst und abermals so oft abziehst, wie du abziehen kannst. Auch sollst du wissen, dass du den Teiler höchstens 9-mal und wenigstens einmal abziehen sollst. So z. B.:

```
                        4
121                    654
2161                   8851
95472  (7956         572832  (7956
12222                  72222
 111                     777
```

In gleicher Weise sollst du auch durch drei oder mehr Ziffern teilen. Ziehe eine Ziffer nach der anderen ab, danach rücke weiter und schaue, wie oft du abziehen kannst. So z. B.:

```
 111
 328
12312
23176
859401   (6987
123333
 1222
   11
```

Willst du aber eine Zahl in 20, 30, 70 etc. teilen, so setze die Nullen unter die letzten Ziffern. Danach teile, wie du unterrichtet bist. Bei 30̇550̇500 durch 4̇500 z. B. schreibe so:

```
  344
  6784
30550500 (6789
 4555500
   444
```

Die Ziffern beim Dividieren sollen alle ausgelöscht werden, ausgenommen diejenigen, die beim Teilen herausgekommen sind.

Probe

Multipliziere die Zahl, die herausgekommen ist, mit der, durch die du dividiert hast. Addiere dazu, wenn etwas übrig geblieben ist. Wenn dann deine vorgenommene Zahl wieder herauskommt, so hast du es richtig gemacht.

Oder nimm die Probezahl vom Teiler und von der Zahl, die beim Teilen herausgekommen ist. Multipliziere, wirf 9 hinweg und addiere dazu die Probezahl von dem, was beim Teilen übrig geblieben ist. Kommt dann von der Zahl, die du geteilt hast, ebenso viel heraus, so ist es richtig gemacht worden.

Progression

lehrt, Zahlen in eine Summe zu bringen, die in natürlicher Ordnung oder in gleichen Abständen aufeinanderfolgen. Mach's so: Addiere die erste Zahl zur letzten. Was daraus wird, halbiere – wenn du kannst – und multipliziere mit der Zahl der Glieder. So erhältst du, wie viel die angegebenen Zahlen in einer Summe machen. Kannst du nicht halbieren, so halbiere die

Zahl der Glieder und multipliziere damit, wie folgende zwei Beispiele aufzeigen.

7. 8. 9. 10. 11. 12. 13. 14. 15. 16. 17. 18. 19. 20. 21. 22. 23. 24. 25. Wie viel machen sie in einer Summe? Mach's so: Addiere 7 zu 25, es kommt 32 heraus. Die halbiere, es werden 16, und multipliziere mit der Zahl der Glieder, d.h. 19. Es kommt 304 heraus. So viel machen die gesetzten Zahlen in einer Summe.

3. 6. 9. 12. 15. 18. 21. 24. 27. 30. 33. 36. 39. 42. 45. 48. Wie viel? Mach's so: Addiere 3 und 48, es werden 51, die sind ungerade. Deshalb zähle die Glieder, es sind 16; die halbiere, es kommt 8 heraus. Multipliziere mit 51, es werden 408 – die ganze Summe.

Wenn aber eine Zahl die andere zweifach, dreifach, vierfach etc. übersteigt, und du willst die Summe wissen, so multipliziere die letzte Zahl mit der Wachstumszahl und ziehe davon die erste Zahl ab. Was bleibt, teile durch die Wachstumszahl weniger 1, wie hier in folgenden Beispielen:

2. 4. 8. 16. 32. 64. 128. 256. 512. 1024. 2048. Verdoppele 2048, es kommt 4096 heraus. Ziehe 2 ab, es bleiben 4094; die teile durch 2 weniger 1, d.h. durch 1. Es bleibt die Zahl selbst.

3. 9. 27. 81. 243. 729. 2187. 6561. Wie viel machen die gesetzten Zahlen? Mach's so: Multipliziere die letzte Zahl mit 3; es werden 19683. Davon ziehe die erste Zahl ab, d.h. 3, und es bleiben 19680. Die teile durch 3 weniger 1, d.h. durch 2. Es kommt 9840 heraus. Und ebenso bei anderen Beispielen.

Das Ausziehen der Quadrat- und Kubikwurzel will ich hier auf sich beruhen lassen, aber zu gegebener Zeit genügend erklären, wenn ich über die Inhaltsbestimmung von Fässern und einige Regeln der Algebra berichte.

Dreisatz

ist eine Regel von drei Dingen. Setze hinten, was du wissen willst: es heißt die Frage. Das Ding unter den anderen beiden, das die gleiche Benennung hat, setze vorne und dasjenige, das eine andere Benennung hat, setze in die Mitte. Danach multipliziere, was hinten und in der Mitte steht, miteinander. Was herauskommt, teile durch das vordere Ding. So erhältst du, wie teuer das dritte Ding kommt. Dieses hat die gleiche Benennung wie das mittlere, wie hier in folgendem Beispiel.

1) 32 Ellen Tuch kosten 28 Gulden. Wie teuer kommen 6 Ellen?
Ergebnis: 5 Gulden 5 Groschen 3 Pfennig. – Setze so:

32 Ellen 28 Gulden 6 Ellen

Probe

Willst du prüfen, ob du es richtig gemacht hast, so kehre die Regel folgendermaßen um: Was hinten gestanden hat, setze vorne, das Ergebnis in die Mitte, und was vorne gestanden hat, hinten. Mach's dann nach besagter Regel, und es muss wieder herauskommen, was vorhin in der Mitte gestanden hat, z. B.:

2) 6 Ellen kosten 5 Gulden 5 Groschen 3 Pfennig. Wie teuer kommen 32 Ellen?
Ergebnis: 28 Gulden – Setze:

6 5.5.3 32

Mache in der Mitte Gulden zu Groschen, danach Groschen zu Pfennigen. Dann steht:

6 1323 32

Multipliziere, dividiere, es kommen Pfennige heraus. Die mache zu Groschen und danach die Groschen zu Gulden.

3) 36 Pfund für 8 Gulden 9 Groschen. Wie teuer kommen 8 Pfund?
Ergebnis: 1 Gulden 18 Groschen und 4 Pfennig – Setze so:

36 8.9 8

In der Mitte mache die Gulden zu Groschen, dann steht:

36 177 Groschen 8

Multipliziere und dividiere, es kommen Groschen heraus. Mache daraus Gulden, den Rest mache zu Pfennigen und teile auch. Es kommt wie oben heraus.
Mache die Probe, wie gesagt. Sprich: 8 Pfund für 1 Gulden 18 Groschen 4 Pfennig, wie teuer kommen 36 Pfund? – Setze so:

8 1.18.4 36

Mache in der Mitte den Gulden zu Groschen, rechne die 18 Groschen dazu. Es kommen 39 heraus. Die mache zu Pfennigen und gib 4 Pfennig dazu. Es werden 472. Die setze so in die Mitte:

8 472 Pfennig 36

Multipliziere und dividiere, es kommen Pfennige heraus. Die mache zu Groschen und danach die Groschen zu Gulden. So kommen wiederum 8 Gulden 9 Groschen heraus, die vorher in der Mitte gestanden haben. Und so überprüfe alle derartigen Dreisatzaufgaben.

Wenn beim Dreisatz vorne 1 gesetzt wird, so multipliziere, was in der Mitte und hinten steht, miteinander. Stehen in der Mitte Gulden, so ist es fertig, stehen dort Groschen, so mache sie zu Gulden. Sind aber Pfennige in der Mitte vorhanden, so mache sie nach dem Multiplizieren zu Groschen, danach die Groschen zu Gulden, wie in folgenden Beispielen.

Wachs

4) 1 Zentner Wachs für 18 Gulden – wie teuer sind 19 Zentner?
Ergebnis: 342 Gulden

1 18 19

Zinn

5) 1 Zentner Zinn für 14 Gulden – wie teuer sind 342 Zentner?
Ergebnis: 4788 Gulden

1 14 342

Wein

6) 1 Fuder Wein für 29 Gulden – wie teuer kommen 17 Fuder?
Ergebnis: 493 Gulden – Setze:

1 29 17

Waid

7) Ich kaufe 98 Kübel Waid und gebe für 1 Kübel 11 Gulden. Wie viel macht es?
Ergebnis: 1078 Gulden – Setze:

1 11 98

8) 1 Pfund Wachs für 5 Groschen – wie teuer sind 19 Pfund?
Ergebnis: 4 Gulden 11 Groschen – Setze so:

1 5 19

9) 1 Pfund Zinn für 3 Groschen – wie teuer sind 37 Pfund?
Ergebnis: 5 Gulden 6 Groschen – Setze so:

1 3 37

10) Ich verkaufe 37 Eimer Wein und gebe 1 Eimer für 17 Groschen ab.
Ergebnis: 29 Gulden 20 Groschen – Setze so:

1 17 37

11) 1 Pfund Feigen für 8 Pfennig – wie teuer sind 39 Pfund?
Ergebnis: 1 Gulden 5 Groschen – Setze:

1 8 39

12) 1 Elle Leinwand für 9 Pfennig – wie teuer sind 17 Ellen?
Ergebnis: 12 Groschen 9 Pfennig – Setze:

1 9 17

Stehen aber in der Mitte Gulden und Groschen und wird dazu vorne 1 gesetzt, so löse die Gulden in Groschen auf. Sodann multipliziere mit dem Hinteren; dabei erhältst du nur Groschen. Die mache zu Gulden, so hast du, wie viel es macht.

Ebenso wenn Groschen und Pfennige oder Gulden, Groschen und Pfennige vorhanden sind, so mache Gulden zu Groschen und danach Groschen zu Pfennigen. Danach multipliziere mit dem Hinteren; daraus entstehen nur Pfennige. Die mache zu Groschen, danach Groschen zu Gulden, wie hier:

13) 1 Kübel Waid für 9 Gulden 17 Groschen. Wie teuer kommen 47 Kübel?
Ergebnis: 461 Gulden 1 Groschen – Setze so:

1 9.17 47

Mache in der Mitte die Gulden zu Groschen. Dann steht:

1 206 47

14) 1 Elle Tuch für 8 Groschen 7 Pfennig – wie teuer kommen 9 Ellen?
Ergebnis: 3 Gulden 14 Groschen 3 Pfennig – Setze:

1 8.7 9

Mache in der Mitte die Groschen zu Pfennigen.
Dann steht:

1 103 9

15) Einer kauft 45 Pfund Wolle und gibt für 1 Pfund 1 Groschen 9 Pfennig und 1 Heller.
Ergebnis: 3 Gulden 17 Groschen 7 Pfennig und 1 Heller
Und ebenso bei anderen Beispielen.

Schließt aber die hintere Zahl die vordere in sich ein, z. B. wenn hinten Zentner stehen und vorne Pfunde oder hinten Tücher und vorne Ellen oder hinten Fuder und vorne Eimer und dergleichen, so löse, was hinten steht, in den Wert des Vorderen auf, d. h. gleiche die Benennung dem Vorderen an. Danach verfahre so, wie es bis jetzt besprochen wurde.

16) 1 Pfund für 3 Groschen 7 Pfennig – wie teuer ist 1 Zentner, der 112 Pfund hat?
Ergebnis: 19 Gulden 2 Groschen 4 Pfennig

17) 1 Pfund für 7 Pfennig – wie teuer ist 1 Zentner, der 110 Pfund hat?
Ergebnis: 3 Gulden 1 Groschen und 2 Pfennig

18) 1 Pfund für 19 Pfennig – wie teuer ist 1 Zentner, der 110 Pfund hat?
Ergebnis: 8 Gulden 6 Groschen 2 Pfennig

19) 1 Pfund für 3 Groschen 2 Pfennig – wie teuer kommt 1 Zentner, der 102 Pfund enthält?
Ergebnis: 15 Gulden 8 Groschen

20) 1 Pfund für 3 Groschen 9 Pfennig – wie teuer kommen 3 Zentner 2 Stein 7 Pfund?
Ergebnis: 68 Gulden 9 Pfennig – Setze so:

1 3.9 3.2.7

Die Zentner mache mit 110, die Steine mit 22 zu Pfunden, zähle zusammen: es werden 381. Setze dies nach hinten und mache in der Mitte die Groschen zu Pfennigen. Dann steht:

1 45 381

21) Einer kauft 3 Zentner 2 Stein 17 Pfund. Für 1 Pfund gibt er 6 Groschen 7 Pfennig 1 Heller. Der Zentner wird für 112 Pfund und der Stein für 21 Pfund gerechnet.
Ergebnis: 124 Gulden 12 Groschen 10 Pfennig und 1 Heller
Mach's nach dem vorigen Beispiel. Dann steht:

1 159 Heller 395 Pfund

Multipliziere, mache Heller zu Pfennigen, Pfennige zu Groschen und Groschen zu Gulden. So kommt das Ergebnis heraus, wie gesagt.

22) Einer verkauft 1 Tuch, das 36 Ellen hat. Er gibt 1 Elle für 8 Groschen.
Ergebnis: 13 Gulden 15 Groschen – Setze so:

1 8 Groschen 36 Ellen

23) Einer schneidet 1 Tuch zu, das 39 Ellen hat. [Für] 1 Elle gibt er (für) 7 Groschen 9 Pfennig.
Ergebnis: 14 Gulden 8 Groschen 3 Pfennig
Mache die Groschen in der Mitte zu Pfennigen.
Dann steht:

1 93 Pfennig 39 Ellen

24) 1 Viertel Wein für 8 Pfennig – wie teuer kommt 1 Eimer, der 72 Viertel hat?
Ergebnis: 2 Gulden 6 Groschen

25) Einer schenkt 78 Eimer 27 Viertel aus und gibt 1 Viertel für 9 Pfennig.
Der Eimer wird für 72 Viertel gerechnet.

Ergebnis: 201 Gulden 11 Groschen 3 Pfennig
Die Eimer mache zu Vierteln und setze danach so:

1 9 Pfennig 5643

26) 1 Viertel Wein für 16 Pfennig – wie teuer ist 1 Eimer, der 64 Viertel hat?
Ergebnis: 4 Gulden 1 Groschen 4 Pfennig

27) 3 Fuder 7 Eimer 9 Viertel Wein – 1 Viertel kostet 22 Pfennig. Das Fuder wird für 12 Eimer und 1 Eimer für 64 Viertel gerechnet.
Ergebnis: 241 Gulden 10 Pfennig
Löse die Fuder in Eimer auf, danach die Eimer in Viertel. Dann steht:

1 22 Pfennig 2761 Viertel

28) 1 Scheffel Korn für 2 Groschen 5 Pfennig – wie teuer ist 1 Malter, das 16 Scheffel hat?
Ergebnis: 1 Gulden 17 Groschen 8 Pfennig

29) Einer kauft 17 Malter 9 Scheffel und gibt für 1 Scheffel 3 Groschen 4 Pfennig 1 Heller.
Ergebnis: 45 Gulden 3 Groschen 4 Pfennig 1 Heller
Mache die Malter mit 16 zu Scheffeln. Es kommen 281 Scheffel heraus: setze sie nach hinten. Danach mache Groschen zu Pfennigen und Pfennige zu Hellern. Es werden 81 Heller: die setze in die Mitte und 1 nach vorne. Dann steht:

1 81 Heller 281

30) 1 Scheffel für 3 Groschen 7 Pfennig – wie teuer ist 1 Malter?
Ergebnis: 2 Gulden 15 Groschen 4 Pfennig

31) 17 Malter 9 Scheffel – 1 Scheffel kostet 6 Groschen 5 Pfennig.
Ergebnis: 85 Guldcn 18 Groschen und 1 Pfennig

Wird beim Dreisatz hinten 1 gesetzt, so teile das, was in der Mitte steht, durch das Vordere. Kannst du es nicht und handelt es sich um Gulden, so mache sie zu Groschen und teile. Den Rest mache zu Pfennigen und teile ebenfalls, wie folgt:

32) 24 wollen für den Kauf eines Pferdes, das 13 Gulden kostet, Geld zuschießen. Wie viel legt ein Einzelner an?
Ergebnis: 11 Groschen 4 Pfennig 1 Heller

33) 16 haben auf einem Schützenhof 28 Gulden gewonnen. Wie viel steht jedem zu?
Ergebnis: 1 Gulden 15 Groschen und 9 Pfennig

Schließt aber das Vordere das Hintere in sich ein, so gleiche die Benennung des Vorderen an; z. B. wenn vorne Zentner und hinten Pfundc oder vorne Pfunde und hinten Lote stehen oder dergleichen, so löse das Vordere in den Wert des Hinteren auf wie hier:

34) 1 Tuch hat 36 Ellen und kostet 17 Gulden. Wie teuer kommt 1 Elle?
Ergebnis: 9 Groschen 11 Pfennig

35) 1 Tuch hat 36 Ellen und kostet 17 Gulden 9 Groschen. Wie teuer kommt 1 Elle?
Ergebnis: 10 Groschen 2 Pfennig

36) 1 Zentner hat 112 Pfund und kostet 17 Gulden 11 Groschen 8 Pfennig. Wie teuer kommt 1 Pfund?
Ergebnis: 3 Groschen 3 Pfennig 1 Heller

37) 1 Pfund Safran hat 32 Lot und kostet 3 Gulden 9 Groschen. Wie teuer kommt 1 Lot?
Ergebnis: 2 Groschen und 3 Pfennig

38) 1 Tonne Hering enthält 12 Schock und kostet 7 Gulden und 3 Groschen. Wie teuer kommt 1 Hering?
Ergebnis: 2 Pfennig 1 Heller

Bleibt dir beim Teilen etwas übrig und kannst du es nicht weiter auflösen, so lege beim Linienrechnen den Teiler daneben. Beim schriftlichen Rechnen schreibe den Teiler darunter und ziehe dazwischen eine Linie. Danach halbiere eins nach dem anderen so lange, bis eine ungerade Zahl auftritt. Das siehst du beim Linienrechnen auf der untersten Linie, beim schriftlichen Rechnen an der letzten Ziffer.

Tritt eine ungerade Zahl auf, schreibe sie getrennt auf. Suche eine Zahl, mit der beide gekürzt werden können, auf folgende Weise: Ziehe die kleinere Zahl von der größeren ab, so oft du kannst, darauf den Rest von der kleineren auch, so oft du kannst, und so fort. Wird dann eine Zahl ohne Rest abgezogen, so lassen sich die anfangs genannten Zahlen mit der Zahl kürzen, die zuletzt von der größeren abgezogen worden ist.

Dabei sollst du wissen: Wenn unter den je zwei Zahlen von einer Zahl der Rest 1 bleibt, dann können die anfangs genannten Zahlen überhaupt nicht gekürzt werden.

Z. B.:

39) 9 haben 576 Gulden 8 Groschen zu teilen. Wie viel steht jedem zu?

Ergebnis: 64 Gulden 0 Groschen 10 Pfennig 1 Heller und der dritte Teil eines Hellers

40) 1 Eimer Wein enthält 72 Viertel und kostet 2 Gulden 7 Groschen. Wie teuer kommt 1 Viertel?
Ergebnis: 8 Pfennig 0 Heller und der dritte Teil eines IIcllers

41) 1 Eimer Wein enthält 64 Viertel und kostet 3 Gulden 7 Groschen. Wie teuer kommt 1 Viertel?
Ergebnis: 1 Groschen 1 Pfennig 0 Heller und 1 Viertel eines Hellers

42) 1 Zentner rote Farbe hat 112 Pfund und kostet 6 Gulden 1 Ort. Wie teuer kommt 1 Pfund?
Ergebnis: 1 Groschen 2 Pfennig 0 Heller und ein Achtel von einem Heller

43) 1 Stein Unschlitt hat 22 Pfund und kostet 17 Groschen 9 Pfennig. Wie teuer kommt 1 Pfund?
Ergebnis: 9 Pfennig 1 Heller und vier Elftel Heller

Von gebrochenen Zahlen

Die obere Zahl einer gebrochenen Zahl heißt der Zähler und die untere der Nenner wie hier: $\frac{3}{7}$ Gulden $\frac{\text{Zähler}}{\text{Nenner}}$

Willst du wissen, welchen Wert cin jeder Bruch hat, so löse den Zähler in seinen Wert auf und teile durch den Nenner, z. B. bei $\frac{3}{4}$ Gulden: Multipliziere 3 mit 21 Groschen und teile durch den Nenner 4. Es kommen 15 Groschen und 9 Pfennig heraus. In gleicher Weise verfahre bei Gewichten und anderem.

Addieren von gebrochenen Zahlen

Haben die Brüche gleiche Nenner, so addiere die Zähler und schreibe den einen Nenner darunter. Andernfalls multipliziere kreuzweise, addiere und setze darunter die miteinander multiplizierten Nenner. Hier die Beispiele:

$\frac{5}{13}$ und $\frac{8}{13}$ und $\frac{11}{13}$:
Addiere 5, 8 und 11, es werden 24. Darunter setze 13. Es kommt $\frac{24}{13}$ oder $1\frac{11}{13}$ heraus.

$\frac{5}{7}$ und $\frac{7}{9}$ ist wie viel?
Multipliziere über Kreuz, addiere und setze die miteinander multiplizierten Nenner darunter. So kommt $\frac{94}{63}$ oder $1\frac{31}{63}$ heraus.

Sind aber mehr als zwei Brüche mit ungleichen Nennern zu addieren, so addiere einen nach dem anderen kreuzweise wie in folgendem Beispiel:

$\frac{3}{3}$, $\frac{3}{4}$ und $\frac{4}{5}$ sind wie viel?
Addiere zuerst die zwei Brüche $\frac{2}{3}$ und $\frac{3}{4}$ – es werden $\frac{17}{12}$ – und $\frac{4}{5}$ dazu: Dann kommt $2\frac{13}{60}$ heraus.

Subtrahieren

Haben die Brüche gleiche Nenner, so ziehe einen Zähler vom anderen ab, und unter den Rest setze den einen Nenner. Sind aber ungleiche Nenner vorhanden, so multipliziere über Kreuz, ziehe eins vom anderen ab und unter den Rest setze die miteinander multiplizierten Nenner. Es folgen die Beispiele:

$\frac{5}{11}$ ziehe von $\frac{9}{11}$ ab, so bleiben $\frac{4}{11}$.

$\frac{2}{3}$ ziehe von $\frac{4}{5}$ ab, so bleiben $\frac{2}{15}$ übrig.

Willst du irgendeinen Bruchteil von 1 abziehen, so ziehe den Zähler vom Nenner ab und unter den Rest setze den Nenner.

$\frac{5}{11}$ von 1 subtrahiert:

Ziehe 5 von 11 ab, es bleiben 6. Darunter setze die 11, also: $\frac{6}{11}$
Oder mache die ganze Zahl zum Bruch, indem du 1 daruntersetzt, und führe es über Kreuz durch, z. B.

$\frac{5}{7}$ von 1 subtrahiert:
Setze $\frac{5}{7}$ von $\frac{1}{1}$, rechne: So bleiben $\frac{2}{7}$.

Willst du gemischte Zahlen von gemischten Zahlen abziehen, so löse die ganzen Zahlen vorher in ihre Teile auf, d. h. multipliziere sie mit dem Nenner. Addiere die Zähler und setze die Summe an die Stelle des Zählers. Danach führe es über Kreuz durch, z. B.

ziehe $3\frac{2}{3}$ von $4\frac{1}{4}$ ab:
Löse jeden Bruch auf. Dann steht $\frac{11}{3}$ und $\frac{17}{4}$. Tu, wie gesagt, so bleiben $\frac{7}{12}$.
Und ebenso bei ähnlichen Beispielen.

Duplieren von Brüchen

Verdopple den Zähler oder halbiere den Nenner, z. B.:

Zweimal $\frac{3}{5}$ macht $\frac{6}{5}$ oder $1\frac{1}{5}$.

Zweimal $\frac{3}{4}$ macht $\frac{3}{2}$ oder $1\frac{1}{2}$.

Medieren von Brüchen

Halbiere den Zähler, wenn du kannst, andernfalls verdopple den Nenner, wie folgende Beispiele aufzeigen:

Die Hälfte von $\frac{6}{7}$ macht $\frac{3}{7}$, die Hälfte von $\frac{3}{5}$ macht $\frac{3}{10}$ und dergleichen.

Multiplizieren von Brüchen

Die Zähler multipliziere miteinander und auch die Nenner, so bist du fertig.

$\frac{3}{4}$ mit $\frac{4}{5}$ multipliziert wird $\frac{3}{5}$.

Willst du ganze Zahlen mit Brüchen multiplizieren, so mache die ganzen Zahlen zu Brüchen, indem du 1 daruntersetzt. Danach multipliziere die oberen und auch die unteren Zahlen miteinander.

24 mit $\frac{3}{7}$: Setze $\frac{24}{1}$ mit $\frac{3}{7}$. Fahre fort wie oben. Es kommen $10\frac{2}{7}$ heraus.

Willst du aber ganze Zahlen mit gemischten Zahlen oder gemischte Zahlen mit gemischten Zahlen multiplizieren, so löse vorher die ganzen Zahlen in Teile auf und mach's danach wie oben.

$3\frac{2}{3}$ mit $3\frac{3}{4}$:
Löse die ganzen Zahlen in die Teile auf, und es kommen $\frac{11}{3}$ und $\frac{15}{4}$ heraus.
Verfahre wie gesagt, so kommt $13\frac{3}{4}$ heraus.

Dabei merke dir auch: Wenn die obere Zahl, d.h. der Zähler, größer als der Nenner ist, sollst du sie in Ganze mit dem Nenner, d.h. mit der unteren Zahl, umwandeln durch Dividieren.

Dividieren von Brüchen

Haben die Brüche gleiche Nenner, so teile einen Zähler durch den anderen. Andernfalls multipliziere über Kreuz, setze oben, was geteilt wird, und unten, was teilt. Wie hier:

$\frac{12}{19}$ durch $\frac{3}{19}$ zu teilen: Es kommt gerade 4 heraus.

$\frac{6}{7}$ durch $\frac{5}{7}$: Es kommt $1\frac{1}{5}$ heraus. – Und dergleichen.

$\frac{2}{3}$ durch $\frac{3}{4}$: Es kommen $\frac{8}{9}$ heraus. – $\frac{3}{4}$ durch $\frac{1}{2}$: Es kommen $\frac{6}{4}$ oder $1\frac{1}{2}$ heraus.

Willst du aber einen Bruch in Ganze teilen, so merke dir: Kannst du den Zähler gleich in die ganze Zahl teilen, so tu es und setze unter das Ergebnis den Nenner. Andernfalls multipliziere die ganze Zahl mit dem Nenner und lass den Zähler für sich stehen. Hier sind die Beispiele.

$\frac{12}{13}$ durch 4: Es kommen $\frac{3}{13}$ heraus. – $\frac{7}{8}$ durch 3 zu teilen: Es kommen $\frac{7}{24}$ heraus. – Und dergleichen.

Willst du gemischte Zahlen durch gemischte Zahlen teilen, so löse die ganzen Zahlen in Teile auf. Danach dividiere über Kreuz wie oben.

$3\frac{2}{3}$ soll durch $4\frac{4}{5}$ geteilt werden:

Löse in die Teile auf. Dann sind $\frac{11}{3}$ durch $\frac{24}{5}$ zu teilen. Mach's, und es kommen $\frac{55}{72}$ heraus. Und ebenso bei ähnlichen Beispielen.

Bruchteile von Bruchteilen berechnen

oder Bruchteile von Bruchteilen eines Bruchs: Multipliziere die oberen Zahlen miteinander, desgleichen auch die unteren, so bist du fertig.

$\frac{3}{4}$ von $\frac{5}{7}$ macht $\frac{15}{28}$. – $\frac{4}{5}$ von $\frac{2}{3}$ von $\frac{3}{7}$ macht $\frac{8}{35}$. – $\frac{3}{4}$ von $21\frac{2}{3}$ macht $16\frac{1}{4}$. – Und ebenso bei ähnlichen Beispielen.

Um mit Brüchen beim Dreisatz umzugehen, verfahre so: Wird dem Vorderen ein Bruch zugesetzt, so gehe mit seinem Nenner ins Hintere. Steht in der Mitte oder hinten ein Bruch, so gehe mit seinem Nenner nach vorne. Sodann brich die Ganzen in die Teile beim Bruch, wie folgende Beispiele aufzeigen.

Stößt du beim Rechnen auf Örter, so setze dafür folgende Werte:

Für einen halben Ort schreibe $\frac{1}{8}$ Gulden.
Für einen Ort setze $\frac{1}{4}$ Gulden.
Für anderthalb Ort setze $\frac{3}{8}$ Gulden.
Für zwei Ort setze $\frac{1}{2}$ Gulden.
Für zweieinhalb Ort setze $\frac{5}{8}$ Gulden.
Für drei Ort schreibe $\frac{3}{4}$ Gulden.
Für dreieinhalb Ort setze $\frac{7}{8}$ Gulden.

44) 1 Zentner für 16 Gulden $\frac{1}{2}$ Ort – wie teuer kommt 1 Pfund?
Ergebnis: 3 Groschen 0 Pfennig $1\frac{97}{110}$ Heller

Für den halben Ort schreibe , schreibe das Mittlere als Bruch und gehe mit dem Nenner nach vorne. Dann steht:

880 129 1

45) 1 Zentner für 9 Gulden 1 Ort – wie teuer kommt 1 Pfund?
Ergebnis: 1 Groschen 9 Pfennig $\frac{21}{55}$ Heller
Schreibe $\frac{1}{4}$ für den Ort, sodann das Ganze als Bruch. Dann steht:

440 37 1

46) 1 Stein für 12 Gulden 3 Ort – wie teuer kommt 1 Pfund?
Ergebnis: 12 Groschen 2 Pfennig $\frac{1}{11}$ Heller
Für die drei Ort setze $\frac{3}{4}$ und schreibe das Ganze als Bruch. Dann steht:

88 51 Gulden 1

47) 1 Zentner Wachs für 17 Gulden $2\frac{1}{2}$ Ort – wie teuer kommen 17 Pfund?
Ergebnis: 2 Gulden 15 Groschen 2 Pfennig $\frac{91}{110}$ Heller – Setze:

110 $17\frac{5}{8}$ 17

Gehe mit dem Nenner nach vorne und schreibe in der Mitte als Bruch. Dann steht:

880 141 17

48) 1 Pfund für $3\frac{1}{5}$ Groschen – wie teuer kommen 2 Zentner 13 Pfund?
Ergebnis: 35 Gulden 10 Groschen 7 Pfennig $\frac{2}{5}$ Heller
Mache hinten die Zentner zu Pfunden und schreibe in der Mitte als Bruch. Dann steht:

5 16 233

49) 1 Pfund für 3 Groschen $9\frac{1}{3}$ Pfennig – wie teuer kommt 1 Zentner?
Ergebnis: 19 Gulden 16 Groschen 6 Pfennig $1\frac{1}{3}$ Heller
In der Mitte wandle in Pfennige um. Danach schreibe es als Bruch und gehe mit dem Nenner nach vorne. Dann steht:

3 136 Pfennig 110

50) 45 Ellen Tuch für 13 Gulden 17 Groschen – wie teuer kommen 7 Ellen?
Ergebnis: 2 Gulden 3 Groschen 1 Pfennig $\frac{2}{3}$ Heller
In der Mitte wandle in Groschen um. Dann steht:

45 290 Groschen 7

51) 7 Ellen Tuch für 2 Gulden 3 Groschen 1 Pfennig $\frac{2}{3}$ Heller – wie teuer kommen 45 Ellen?
Ergebnis: 13 Gulden 17 Groschen
Schreibe vorne als Bruch (mit Nenner 3), danach mache in der Mitte Gulden zu Groschen, Groschen zu Pfennigen und Pfennige zu Hellern. Die schreibe als Bruch mit Nenner 3. Dann steht:

21 3248 Heller 45

52) 17 Pfund für 2 Gulden 15 Groschen 2 Pfennig $\frac{91}{110}$ Heller – wie teuer ist 1 Zentner, der 110 Pfund hat?
Ergebnis: 17 Gulden 13 Groschen 1 Pfennig 1 Heller
Schreibe als Bruch wie eben. Dann steht:

1870 151011 110

53) 3 Tücher 24 Ellen für 23 Gulden – wie teuer kommen 7 Ellen?
Ergebnis: 1 Gulden 4 Groschen 7 Pfennig $\frac{8}{11}$ Heller
Mache vorne die Tücher mit 36 zu Ellen. Dann steht:

132 23 7

54) Einer verkauft 3 Tücher 16 Ellen und gibt 14 Ellen für 3 Gulden ab.
Ergebnis: 26 Gulden 12 Groschen
Mache die Tücher mit 36 zu Ellen. Dann steht:

14 3 124

55) Einer kauft einige Stück Leinwand, die die Länge von 324 Ellen haben. Man gibt ihm 16 Ellen für 1 Gulden $1\frac{1}{2}$ Ort.
Ergebnis: 27 Gulden 17 Groschen 8 Pfennig $1\frac{1}{4}$ Heller
Wenn man es als Bruch geschrieben hat und mit dem Nenner nach vorne gegangen ist, dann steht:

128 11 Gulden 324

56) Einer kauft 1 Schock Hühner weniger 9, und zwar die eine Hälfte zu 14 Pfennig, die andere Hälfte zu 15 Pfennig.
Ergebnis: 2 Gulden 19 Groschen 7 Pfennig und 1 Heller

Mach's so: Ziehe 9 von 1 Schock ab, es bleiben 51. Die setze hinten. Danach addiere 14 und 15. Es werden 29 Pfennig. Die setze in die Mitte und 2 Hühner nach vorne. Dann steht:

2 29 Pfennig 51

57) In 1 Jahr gibt man einem Knecht 10 Gulden 16 Groschen. Wie viel steht ihm in 17 Wochen zu?
Ergebnis: 3 Gulden 10 Groschen 10 Pfennig $1\frac{3}{13}$ Heller
Mache die Gulden zu Groschen und setze:

52 226 Groschen 17

58) Einer kauft 3678 Stück Leder und gibt für 12 Stück 7 Gulden $2\frac{1}{2}$ Ort.
Ergebnis: 2337 Gulden 1 Groschen 3 Pfennig $1\frac{1}{2}$ Heller
Setze so an: 12 Stück Leder für $7\frac{5}{8}$ Gulden – wie teuer kommen 3678 Stück Leder? Schreibe als Bruch. Dann steht:

96 61 Gulden 3678

59) Ich verkaufe 978 Kalbsfelle und gebe 100 Stück für 8 Gulden $1\frac{1}{2}$ Ort ab.
Ergebnis: 81 Gulden 19 Groschen $1\frac{19}{50}$ Heller
Setze so an: 100 Stück für $8\frac{3}{8}$ Gulden – wie teuer sind 978 Stück? Schreibe als Bruch. Dann steht:

800 67 978

60) Ich verkaufe 3698 Messer und gebe ein Decher, das sind 10 Messer, für $7\frac{1}{3}$ Groschen ab.
Ergebnis: 129 Gulden 2 Groschen 10 Pfennig $\frac{4}{5}$ Heller

Setze so an: 10 Messer für $7\frac{1}{3}$ Groschen – wie teuer kommen 3698 Messer? Schreibe als Bruch. Dann steht:

30 22 Groschen 3698

61) 1 Tuch hat 36 Ellen und kostet $9\frac{3}{4}$ Gulden. Wie teuer kommen $3\frac{2}{3}$ Ellen?
Ergebnis: 20 Groschen 10 Pfennig und $\frac{1}{2}$ Heller
Gehe mit beiden Nennern nach vorne. Danach schreibe jeweils als Bruch. Dann steht:

432 39 Gulden 11

62) 1 Barchent hat 22 Ellen und kostet 2 Gulden $2\frac{1}{2}$ Ort. Wie teuer sind $5\frac{1}{2}$ Ellen?
Ergebnis: 13 Groschen 9 Pfennig $\frac{3}{4}$ Heller
Schreibe Brüche. Dann steht:

352 21 Gulden 11

63) 1 Zwillich für 1 Gulden $3\frac{1}{2}$ Ort – wie teuer kommen $7\frac{1}{4}$ Ellen?
Ergebnis: 8 Groschen 11 Pfennig $\frac{13}{128}$ Heller
Den Zwillich rechne für 32 Ellen, für die $3\frac{1}{2}$ Ort schreibe $\frac{7}{8}$ und schreibe als Brüche. Dann steht:

1024 15 Gulden 29

64) 1 Satin hat 24 Ellen und kostet $6\frac{1}{2}$ Gulden. Wie teuer sind $4\frac{2}{3}$ Ellen?
Ergebnis: 1 Gulden 5 Groschen 6 Pfennig und 1 Heller
Schreibe als Brüche. Dann steht:

144 13 Gulden 14

65) 1 Harrass hat 48 Ellen und kostet $5\frac{1}{2}$ Gulden. Wie teuer sind $11\frac{3}{4}$ Ellen?
Ergebnis: 1 Gulden 7 Groschen 3 Pfennig $\frac{9}{16}$ Heller
Es steht:

384 11 Gulden 47

66) 1 Damast hat $16\frac{1}{2}$ Ellen und kostet 17 Gulden $2\frac{1}{2}$ Ort. Wie teuer kommen 7 Ellen?
Ergebnis: 7 Gulden 10 Groschen 0 Pfennig $\frac{6}{11}$ Heller
Mach's so: Mit dem Nenner des vorderen Bruchs gehe nach hinten, schreibe vorne als Bruch, gehe mit dem Nenner des Mittleren dahinein und schreibe die Mitte auch als Bruch. Dann steht:

264 141 Gulden 14

67) Ich (ver)kaufe 1 Zentner Zwiebelsamen für 16 Gulden. Wie viel Pfund soll ich für 1 Gulden geben?
Ergebnis: 6 Pfund und 28 Lot
Setze vorne und hinten Gulden:

16 Gulden 110 Pfund 1 Gulden

68) 1 Zentner für 17 Gulden $2\frac{1}{2}$ Ort – wie viel Pfund kommen für $3\frac{1}{2}$ Gulden heraus?
Ergebnis: 21 Pfund $27\frac{1}{141}$ Lot
Setze vorne und hinten Gulden und sprich: $17\frac{5}{8}$ Gulden geben 110 Pfund. Was geben $3\frac{1}{2}$ Gulden?
Mit dem Nenner des vorderen Bruchs gehe nach hinten und mit dem Nenner des hinteren Bruchs gehe nach vorne wie folgt:

282 110 Pfund 56

69) 1 Tuch hat 36 Ellen und kostet 16 Gulden $\frac{1}{2}$ Ort. Wie viel Ellen kommen für 3 Gulden 16 Groschen heraus?
Ergebnis: 8 Ellen 1 $\frac{179}{301}$ Viertelellen
Sprich so: 16 $\frac{1}{8}$ Gulden geben 36 Ellen. Was geben 3 Gulden 16 Groschen?
Mache hinten Gulden zu Groschen und gehe mit dem Nenner des Bruchs dahinein. Danach schreibe vorne als Bruch und wandle in Groschen um. Dann steht:

2709 36 632

70) 1 Eimer Wein enthält 64 Viertel und kostet 3 Gulden 16 Groschen. Wie viel Viertel kommen für 1 Gulden 7 Groschen heraus?
Ergebnis: 22 $\frac{54}{79}$ Viertel

Wenn beim Dreisatz ein Bruch ohne ganze Zahl gesetzt wird, so gehe mit dem Nenner nach der vorher betrachteten Unterrichtung um und lass stattdessen den Zähler stehen, wie in folgenden Beispielen.

71) 1 Stein enthält 22 Pfund und kostet $\frac{1}{2}$ Gulden. Wie teuer kommen 16 Pfund?
Ergebnis: 7 Groschen 7 Pfennig 1 $\frac{3}{11}$ Heller
Gehe mit dem Nenner nach vorne und schreibe 1 in die Mitte:

44 1 Gulden 16

72) 1 Pfund für 2 $\frac{1}{2}$ Ort – wie teuer kommt 1 Lot?
Ergebnis: 4 Pfennig 1 $\frac{27}{32}$ Heller
Setze für das Pfund 32 Lot und für die 2 $\frac{1}{2}$ Ort $\frac{5}{8}$ Gulden und mach's wie eben. Dann steht:

256 5 Gulden 1

73) Einer hat für 17 Tage 13 Arbeiter und gibt jedem von ihnen am Tag 15 Pfennig.
Ergebnis: 13 Gulden 3 Groschen 3 Pfennig
Mach's so: Multipliziere 13 mit 17. Was herauskommt, multipliziere mit 15 Pfennig und mache die Pfennige zu Gulden.

74) Einer hat für 5 Wochen 9 Arbeiter und gibt jedem von ihnen am Tag 14 Pfennig.
Ergebnis: 17 Gulden 10 Groschen 6 Pfennig
Mach's so: Löse die 5 Wochen mit 7 in Tage auf; es werden 35 Tage. Die multipliziere mit 9 Arbeitern; es kommt 315 heraus. Die multipliziere weiter mit 14 Pfennig, so kommen Pfennige heraus. Die mache zu Groschen, danach zu Gulden, wie es oben steht.

75) Eine Mutter und ihre 5 Kinder haben 3789 Gulden 7 Groschen zu teilen. Der Mutter gehört der dritte Teil. Wie viel kommt der Mutter und jedem Kind zu?
Mach's so: Teile das Geld in 3 Teile, dann kommen 1263 Gulden 2 Groschen 4 Pfennig heraus – der Anteil der Mutter. Den ziehe von 3789 Gulden 7 Groschen ab, so bleiben 2526 Gulden 4 Groschen und 8 Pfennig. Das teile durch die Zahl der Kinder; so kommt für jedes 505 Gulden 5 Groschen 1 Pfennig $1\frac{1}{5}$ Heller heraus.

76) Ein Hofmeister gibt einem Wirt 12 Pferde 1 Jahr lang unter Vertrag mit der Bedingung, dass er jedem Pferd in der Woche 2 Scheffel Hafer, 40 Bund Heu und 10 Bund Stroh geben soll. 1 Scheffel Hafer gibt man für 2 Groschen, 40 Bund Heu für 3 Groschen und 10 Bund Stroh für 2 Groschen ab. Wie hoch sind die Kosten für die Pferde?

Mach's so: Zähle zusammen, wie viel 1 Pferd in der Woche verzehrt. Das sind 4, 3 und 2 Groschen, also 9 Groschen. Die multipliziere mit den 12 Pferden, und was daraus wird, mit 52 Wochen. Danach mache die Groschen zu Gulden. Es kommen 267 Gulden 9 Groschen heraus.

77) 3 Scheiben mit Wachs – die erste wiegt 3 Zentner 12 Pfund, die zweite 4 Zentner 1 Stein 17 Pfund und die dritte 3 Zentner 2 Stein 19 Pfund. 1 Zentner kostet 14 Gulden $3\frac{1}{2}$ Ort.
Ergebnis: 164 Gulden 3 Groschen 5 Pfennig $1\frac{34}{55}$ Heller
Mach's so: Zähle zusammen, mache Zentner und Steine zu Pfunden. Es werden 1214. Sprich: 110 Pfund für $14\frac{7}{8}$ Gulden – wie teuer sind 1214 Pfund?
Schreibe als Bruch. Dann steht:

880   119 Gulden   1214

78) Einer kauft 3060 Ochsen. Er gibt für 1 Ochsen 3 Gulden $3\frac{1}{2}$ Ort, und man schenkt auf jedes Hundert 3 Ochsen.
Ergebnis: 11512 Gulden 2 Groschen 10 Pfennig $\frac{52}{103}$ Heller
Mach's so: Rechne zuerst, wie teuer 100 Ochsen kommen, sprich: 1 Ochse für $3\frac{7}{8}$ Gulden – wie teuer kommen 100 Ochsen?
Ergebnis: $387\frac{1}{2}$ Gulden. Nun addiere die 3 Ochsen zu den 100 – es werden 103 – und sprich: 103 Ochsen kosten $387\frac{1}{2}$ Gulden. Was kosten 3060 Ochsen? Schreibe als Bruch und gehe mit dem Nenner nach vorne. Dann steht:

206   775   3060

Es folgen etliche Aufgabenbeispiele in Goldwährung –

der Gulden für 20 Schilling, der Schilling für 12 Heller, der Zentner für 100 Pfund, das Pfund für 32 Lot, 1 Lot für 4 Quent, 1 Quent für 4 Pfenniggewicht und 1 Pfenniggewicht für 2 Hellergewicht gerechnet.

79) $2\frac{2}{3}$ Pfund für 3 Gulden 16 Schilling – wie teuer kommen 17 Pfund?
Ergebnis: 24 Gulden 4 Schilling und 6 Heller
Schreibe als Bruch. Dann steht:

8 76 Schilling 51

80) 36 Pfund für $7\frac{3}{5}$ Gulden – wie teuer kommen 45 Pfund?
Ergebnis: 9 Gulden 10 Schilling
Schreibe als Bruch. Dann steht:

180 38 Gulden 45

81) 24 Pfund für 3 Gulden 7 Schilling – wie teuer sind $13\frac{3}{4}$ Pfund?
Ergebnis: 1 Gulden 18 Schilling $4\frac{5}{8}$ Heller
Schreibe als Bruch und gehe mit dem Nenner nach vorne. Dann steht:

96 67 Schilling 55

82) $3\frac{2}{3}$ Pfund für 2 Gulden 16 Schilling – wie teuer sind $3\frac{4}{5}$ Pfund?
Ergebnis: 2 Gulden 18 Schilling $\frac{24}{55}$ Heller
In der Mitte wandle in Schillinge um, schreibe vorne als Bruch und gehe mit dem Nenner des Hinteren nach vorne. Danach schreibe hinten als Bruch und gehe mit dem Nenner des Vorderen dahinein. Dann steht:

55 56 57

83) $4\frac{3}{7}$ Pfund für $6\frac{2}{3}$ Gulden – wie teuer kommen 19 Pfund?
Ergebnis: 28 Gulden 12 Schilling $\frac{16}{31}$ Heller
Schreibe als Brüche, wie du unterrichtet bist. Dann steht es wie hier:

93 20 Gulden 133

84) 13 Pfund für $3\frac{1}{4}$ Gulden – wie teuer kommen $6\frac{5}{9}$ Pfund?
Ergebnis: 1 Gulden 12 Schilling $9\frac{1}{3}$ Heller
Schreibe wie vorher als Brüche. Dann steht:

468 13 59

85) $3\frac{2}{3}$ Pfund für $3\frac{3}{7}$ Gulden – wie teuer kommen $6\frac{5}{9}$ Pfund?
Ergebnis: 6 Gulden 2 Schilling $7\frac{13}{77}$ Heller
Schreibe überall Brüche. Danach gehe mit dem Nenner des Vorderen nach hinten, sodann mit dem mittleren und hinteren Nenner nach vorne. Also:

693 24 177

86) $\frac{2}{3}$ Pfund und dazu $\frac{3}{4}$ Pfund für $6\frac{1}{3}$ Gulden und dazu $\frac{2}{3}$ von $\frac{3}{4}$ Gulden und dazu $\frac{1}{4}$ von $\frac{3}{5}$ von $\frac{4}{5}$ Gulden – wie teuer kommen $\frac{1}{2}$ Pfund und dazu $\frac{1}{3}$ Pfund und dazu $\frac{1}{4}$ von $\frac{1}{2}$ von $\frac{1}{5}$ Pfund?
Ergebnis: 4 Gulden 4 Schilling $3\frac{41}{425}$ Heller
Mach's so: Addiere die vorderen Brüche, es kommt $\frac{17}{12}$ heraus. Nun nimm dir die Zahlen in der Mitte vor und addiere, wie gelehrt wurde. Es kommen $6\frac{143}{150}$ Gulden heraus. Verfahre ebenso mit den dritten Zahlen: es werden $\frac{103}{120}$ Pfund. Nun schreibe als Brüche und gehe mit den Nennern heraus wie eben. Dann steht:

306000 1043 1236

87) 1 Sack mit Pfeffer wiegt 3 Zentner 48 Pfund. 1 Pfund kostet 7 Schilling.
Ergebnis: 121 Gulden 16 Schilling

88) 1 Sack Ingwer wiegt 98 Pfund 13 Lot. 1 Pfund kostet 13 Schilling.
Ergebnis: 63 Gulden 19 Schilling $3\frac{3}{8}$ Heller
Mache vorne und hinten die Pfunde zu Loten. Dann steht:

32 13 3149

89) 1 Stumpf Safran wiegt 48 Pfund 13 Lot 3 Quent. 1 Pfund kostet 3 Gulden 9 Schilling 6 Heller.
Ergebnis: 168 Gulden 5 Schilling $10\frac{23}{64}$ Heller
Setze an: 1 Pfund für 3 Gulden 9 Schilling 6 Heller – wie teuer kommen 48 Pfund 13 Lot 3 Quent?
Wandle vorne und hinten in Quente um, danach in der Mitte in Heller. Dann steht:

128 834 Heller 6199

90) 1 Stumpf Safran wiegt 38 Pfund 16 Lot und hat 9 Lot Tara. Man gibt $3\frac{2}{3}$ Pfund für $8\frac{3}{4}$ Gulden ab.
Ergebnis: 91 Gulden 4 Schilling $\frac{81}{88}$ Heller
Mach's so: Ziehe die Tara ab und sprich danach: $3\frac{2}{3}$ Pfund für $8\frac{3}{4}$ Gulden – wie teuer kommen 38 Pfund und 7 Lot?
Wandle hinten in Lote um und gehe mit dem Nenner des vorderen Bruchs dahinein. Danach schreibe vorne als Bruch und gehe mit dem Nenner des Mittleren dahinein. Das schreibe auf und schreibe in der Mitte als Bruch. Dann steht:

1408 35 Gulden 3669

91) 1 Sack mit Kalmus wiegt 48 Pfund 24 Lot – Tara 2 Pfund und 16 Lot. 1 Pfund kostet $13\frac{1}{2}$ Schilling.
Ergebnis: 31 Gulden 4 Schilling $4\frac{1}{2}$ Heller
Ziehe die Tara ab und wandle vorne und hinten in Lote um. Schreibe in der Mitte als Bruch und gehe mit dem Nenner nach vorne. Dann steht:

64 27 1480

92) 3 Säcke mit Mandeln wiegen 3 Zentner 17 Pfund, 4 Zentner 29 Pfund und 2 Zentner 78 Pfund. 1 Zentner kostet 7 Gulden $2\frac{1}{2}$ Ort.
Ergebnis: 78 Gulden 1 Schilling $7\frac{1}{5}$ Heller
Mach's so: Zähle zusammen, es werden 1024 Pfund. Die setze hinten, 100 vorne und $7\frac{5}{8}$ Gulden in die Mitte. Schreibe als Bruch und gehe mit dem Nenner nach vorne. Dann steht:

800 61 1024

93) 2 Säcke mit Baumwolle wiegen 6 Zentner 29 Pfund und 3 Zentner 11 Pfund und haben zusammen 37 Pfund Tara. 1 Zentner kostet 17 Gulden $3\frac{1}{2}$ Ort.
Ergebnis: 161 Gulden 8 Schilling $2\frac{7}{10}$ Heller
Mach's wie bisher. Dann steht:

800 143 Gulden 903

94) 1 Sack mit Schafwolle wiegt 7 Zentner 44 Pfund – Tara 21 Pfund. 1 Zentner kostet 6 Gulden 9 Schilling 8 Heller.
Ergebnis: 46 Gulden 17 Schilling $5\frac{22}{25}$ Heller
Ziehe die Tara ab und wandle ausschließlich in Heller um. Dann steht:

100 1556 Heller 723

95) 2 Säcke mit Lorbeeren wiegen zusammen 4 Zentner $29\frac{1}{2}$ Pfund, und 1 Zentner kostet 10 Gulden $1\frac{1}{2}$ Ort.
Ergebnis: 44 Gulden 11 Schilling $2\frac{11}{20}$ Heller
Mach's und schreibe als Bruch nach den vorigen Beispielen. Dann steht:

1600 83 Gulden 859

96) 1 Fass mit Weinstein wiegt 3 Zentner 68 Pfund – Tara 21 Pfund. 1 Zentner kostet 9 Gulden 13 Schilling.
Ergebnis: 33 Gulden 9 Schilling $8\frac{13}{25}$ Heller
Ziehe die Tara ab und gehe wie oben vor. Dann steht:

100 193 Schilling 347

97) 1 Fass Alaun wiegt 3 Zentner $75\frac{1}{2}$ Pfund – Tara 23 Pfund. $7\frac{2}{3}$ Pfund kosten 1 Gulden.
Ergebnis: 45 Gulden 19 Schilling $6\frac{18}{23}$ Heller
Ziehe die Tara ab, schreibe als Brüche und gehe wie üblich vor. Dann steht:

46 1 Gulden 2115

98) 5 Körbe mit Feigen wiegen 2 Zentner 18 Pfund, 3 Zentner 7 Pfund, 5 Zentner 9 Pfund, 3 Zentner 45 Pfund und 4 Zentner 78 Pfund. Auf jeden Korb kommen 14 Pfund Tara. 1 Zentner kostet 5 Gulden 3 Ort.
Ergebnis: 102 Gulden 15 Schilling $\frac{3}{5}$ Heller
Mach's so: Addiere, ziehe die Tara ab, schreibe sodann Brüche und gehe wie üblich vor. Dann steht:

400 23 Gulden 1787

99) 5 Fässer mit Unschlitt wiegen 8 Zentner 13 Pfund, 5 Zentner 12 Pfund, 4 Zentner 17 Pfund, 9 Zentner 35 Pfund und 3 Zentner 15 Pfund. Auf jedes Fass kommen 21 Pfund Tara. 1 Zentner kostet 2 Gulden $2\frac{1}{2}$ Ort.
Ergebnis: 75 Gulden 15 Schilling $8\frac{1}{10}$ Heller
Mach's, wie bisher gesagt. Dann steht:

800 21 Gulden 2887

100) 4 Fässchen mit Öl wiegen 4 Zentner 13 Pfund, 3 Zentner 21 Pfund, 5 Zentner 16 Pfund und 3 Zentner 75 Pfund. Auf 1 Zentner kommen 11 Pfund Tara. 1 Zentner kostet 7 Gulden $1\frac{1}{2}$ Ort.

Ergebnis: 107 Gulden 19 Schilling $4\frac{6}{37}$ Heller

Mach's so: Addiere, es werden 1625 Pfund. Die setze hinten. Ziehe die Tara nicht ab, sondern addiere sie zum Zentner, d.h. zu 100 Pfund. Es werden 111 Pfund. Die setze vorne, und was 1 Zentner netto kostet, nämlich $7\frac{3}{8}$ Gulden, setze in die Mitte. Danach schreibe als Brüche und gehe wie üblich vor. Dann steht:

888 59 Gulden 1625

101) 3 Tonnen mit Honig wiegen 6 Zentner 45 Pfund, 3 Zentner 13 Pfund und 5 Zentner 48 Pfund. Auf 1 Zentner kommen 12 Pfund Tara. Man gibt 14 Pfund für $1\frac{1}{2}$ Gulden ab.

Ergebnis: 144 Gulden 1 Schilling $4\frac{26}{49}$ Heller

Mach's so: Rechne zuerst, wie teuer 1 Zentner netto kommt. Danach verfahre, wie bisher geschrieben. Dann steht es wie hier:

784 75 Gulden 1506

102) 4 Fässchen mit Seife wiegen 3 Zentner minus 13 Pfund, 4 Zentner 1 Pfund, 4 Zentner minus 28 Pfund und 3 Zentner minus 11 Pfund. Auf 1 Zentner kommen 10 Pfund Tara. 1 Pfund netto kostet $16\frac{1}{2}$ Pfennig.

Ergebnis: 80 Gulden 6 Groschen 3 Pfennig – der Gulden für 21 Groschen und 1 Groschen für 12 Pfennig gerechnet

Beginne mit dem Nächststehenden. Rechne zuerst, wie teuer 1 Zentner netto kommt: 1650 Pfennig. Nun addiere die Tara zum Zentner und sprich: 110 Pfund kosten 1650 Pfennig. Was kosten 1349 Pfund? Die 0 kannst du vorne und in der Mitte ausstreichen und so setzen:

11 165 Pfennig 1349

103) 1 Zentner Wachs für 15 Gulden 3 Ort – wie viel Pfund kommen für 1 Gulden heraus, wenn man 7 Gulden an 100 gewinnen will?
Ergebnis: 5 Pfund 29 Lot 3 Quent 2 Pfenniggewicht und $\frac{1684}{6741}$ Hellergewicht
Mach's so: Rechne zuerst, wie viel Wachs für 100 Gulden herauskommt. Sodann addiere die 7 Gulden zu 100 und sprich: 107 Gulden geben so viel Wachs, z. B. hier $634\frac{58}{63}$ Pfund. Was gibt 1 Gulden? Schreibe als Bruch. Dann steht:

6741 40000 Pfund 1 Gulden

104) Einer verkauft Ingwer. Er gibt 1 Pfund für 11 Schilling 6 Heller ab und gewinnt 8 Gulden an 100. Wie hat er 1 Pfund gekauft?
Ergebnis: für 10 Schilling $7\frac{7}{9}$ Heller
Mach's so: Addiere den Gewinn zum Grundwert, d. h. 8 Gulden zu 100. Es kommen 108 Gulden heraus. Sprich: 108 Gulden Grundwert samt Gewinn geben 100 Gulden Grundwert. Was geben 11 Schilling 6 Heller Grundwert samt Gewinn?
Wandle vorne und hinten in Heller um. Dann steht:

25920 100 Gulden 138

Oder setze vorne und hinten Gulden und 11 Schilling 6 Heller in die Mitte. Dann steht:

108 11 Schilling 6 Heller 100 Gulden

Auch so kommt es richtig heraus, denn die letzten beiden werden miteinander multipliziert und durch das erste geteilt.

105) Einer kauft Safran, das Pfund für 3 Gulden $1\frac{1}{2}$ Ort. Er verkauft ihn wieder notgedrungen und verliert 7 Gulden an 48. Wie hat er 1 Pfund verkauft?
Ergebnis: für 2 Gulden 17 Schilling $7\frac{7}{8}$ Heller
Und wie viel Safran ist es gewesen?
Ergebnis: $14\frac{2}{9}$ Pfund.
Mach's so: Ziehe deshalb, weil er wiederverkauft und verliert, die 7 Gulden von 48 ab. Es bleiben 41 Gulden Erlös. Sprich: Aus 48 Gulden hat er einen Erlös von 41 Gulden. Welchen Erlös wird er aus dem Geld haben, das er für 1 Pfund bezahlt hat, d. h. aus 3 Gulden $1\frac{1}{2}$ Ort? Das Ergebnis siehe oben.
In gleicher Weise auch, wenn du wissen willst, wie viel Pfund er gekauft hat, sprich: 3 Gulden $1\frac{1}{2}$ Ort geben 1 Pfund. Was geben 48 Gulden? Das Ergebnis siehe oben.

106) Ich kaufe 1 Elle Samt für 3 Gulden 9 Schilling. Wie soll ich sie wiederverkaufen, wenn ich 11 Gulden an 100 gewinnen will?
Ergebnis: für 3 Gulden 16 Schilling $7\frac{2}{25}$ Heller
Mach's so: Addiere den Gewinn zum Grundwert und sprich: Aus 100 Gulden will ich 111 Gulden gewinnen. Wie viel gewinne ich aus 3 Gulden 9 Schilling, die ich für 1 Elle bezahlt habe? Dann steht:

100 3 Gulden 9 Schilling 111 Gulden

107) Einer gibt 1 Elle Samt für 4 Gulden und verliert 9 Gulden an 100. Wie hat er 1 Elle gekauft?
Ergebnis: für 4 Gulden 7 Schilling $10\frac{86}{91}$ Heller
Ziehe 9 Gulden von 100 ab, es bleiben 91, und sprich: Aus 91 Gulden hätte er 100 Gulden Erlös haben sollen. Welchen Erlös hätte er aus 4 Gulden, zu welchem Preis er 1 Elle gegeben hat, haben sollen? Dann steht:

91 100 Gulden 4

108) Einer kauft 4 Ellen Tuch für 5 Gulden und verkauft wieder 7 Ellen für 11 Gulden. Er hat so viele Ellen gekauft und wiederverkauft, dass er 24 Gulden gewonnen hat. Die Frage ist, wie viel Ellen er gekauft hat.
Mach's so: Rechne zuerst, wie viel Gewinn die 7 Ellen einbringen. Sprich: 4 Ellen für 5 Gulden – wie teuer sind 7 Ellen?
Ergebnis: 8 Gulden 15 Schilling
Die ziehe von 11 Gulden ab, es bleiben 2 Gulden 5 Schilling Gewinn. Danach setze so: 2 Gulden 5 Schilling Gewinn geben 7 Ellen. Was geben 24 Gulden? Wandle in Schillinge um, dann steht:

45 7 Ellen 480

Rechne es aus, so kommen $74\frac{2}{3}$ Ellen heraus.

Vom Geldwechsel

109) 1 Rheinischer Gulden hat in Silberwährung einen Wert von 21 Groschen, in Goldwährung einen Wert von 20 Schilling. Wie viel ist für 11 Schilling 9 Heller in Silberwährung zu geben?
Ergebnis: 12 Groschen $4\frac{1}{20}$ Pfennig
So steht es da:

240 Heller 21 Groschen 141 Heller

110) 894 Ungarische Gulden – wie viel machen die in Rheinischen Gulden bei einem Aufschlag von 29 Rheinischen Gulden auf 100 Ungarische?
Ergebnis: 1153 Rheinische Gulden 5 Schilling $2\frac{2}{5}$ Heller
Mach's so: Addiere den Aufschlag zu 100 Rheinischen Gulden und sprich:
100 Ungarische Gulden ergeben 129 Rheinische Gulden. Wie viel ergeben 894 Ungarische Gulden? Das Ergebnis siehe oben.

111) 1378 Ungarische Gulden – wie viel Rheinische Gulden bei einem Aufschlag von $31\frac{1}{4}$?
Ergebnis: 1808 Rheinische Gulden 12 Schilling 6 Heller
Führe es durch. Dann steht:

400 525 1378

112) 874 Ungarische Gulden – wie viel Rheinische, wenn je 3 Ungarische Gulden den Wert von 4 Rheinischen haben?
Ergebnis: 1165 Rheinische Gulden 6 Schilling 8 Heller

113) 478 Rheinische Gulden – wie viel Ungarische bei einem Aufschlag von $29\frac{1}{2}$?
Ergebnis: 369 Ungarische Gulden 3 Groschen $2\frac{250}{259}$ Pfennig, der Ungarische Gulden für 29 Groschen und 1 Groschen für 12 Pfennig gerechnet
Mach's so. Sprich: $129\frac{1}{2}$ Rheinische Gulden geben 100 Ungarische. Was geben 478 Rheinische Gulden? Schreibe als Bruch. Dann steht:

259 100 956

Wenn dir Ungarische Gulden übrig bleiben und du nicht weißt, wie die umzurechnen sind, so mache Rheinische Schillinge daraus: Teile durch das Mittlere. Sind aber Brüche vorhanden, so gehe mit den Nennern ins Mittlere wie hier:

114) 578 Rheinische Gulden – wie viel Ungarische machen die bei einem Aufschlag von $32\frac{1}{2}$?
Ergebnis: 436 Ungarische Gulden und 6 Rheinische Schilling

115) 1236 Rheinische Gulden – wie viel Ungarische bei einem Aufschlag von 32 ?
Ergebnis: 934 Ungarische Gulden 0 Rheinische Schilling $1\frac{3}{5}$ Rheinische Heller
Mach's so. Sprich: $132\frac{1}{3}$ Rheinische Gulden geben 100 Ungarische. Was geben 1236 Rheinische Gulden? Schreibe als Bruch. Dann steht:

397 100 3708

116) Einer wechselt 1478 Ungarische Gulden 16 Rheinische Schilling $11\frac{7}{25}$ Rheinische Heller und gibt je 100 Ungarische Gulden und 13 Rheinische Schilling für 142 Rheinische Gulden.
Ergebnis: 2090 Rheinische Gulden.
Mach's so: Ziehe bei den 100 Ungarischen Gulden die 13 Schilling ab, ebenso auch von den 142 Rheinischen Gulden, und lass die Schillinge hinten bei den Ungarischen Gulden weg:

100 141 Rheinische Gulden 7 Schilling
1478 Ungarische Gulden

Rechne es aus und addiere zum Ergebnis die 16 Schilling $11\frac{7}{25}$ Heller, so kommt es heraus wie angegeben.

117) Einer will 789 Rheinische Gulden wechseln, und man gibt ihm für 139 Rheinische 100 Dukaten 6 Schilling. Wie viel macht's?
Mach's so: Ziehe auf beiden Teilen, vorne und in der Mitte, die 6 Schilling ab und setze dann so an: 138 Rheinische Gulden 14 Schilling geben 100 Dukaten. Was geben 789 Rheinische Gulden? Wandle in Schillinge um. Dann steht:

2774 100 Dukaten 15780

Rechne es aus, so kommen 568 Dukaten heraus, der Rest ist 2368. [Die mache mit 20 zu Schillingen. Mache auch die 100 Dukaten zu Schillingen und teile dadurch.] Es werden 23 Schilling $8\frac{4}{25}$ Heller.

118) 100 Dukaten haben einen Wert von 124 Rheinischen Gulden und 100 Rheinische einen Wert von 72 Ungarischen. Wie viel Dukaten werde ich für 72 Ungarische Gulden haben? Setze so an:

72 Ungarische	100 Rheinische	72 Ungarische
124 Rheinische	100 Dukaten	

Die Vorderen multipliziere miteinander und auch die Mittleren. Dann steht:

8928 10000 Dukaten 72

Ergebnis, wenn du es gerechnet hast: 80 Dukaten und 16 Schilling

119) Einer will 80 Ungarische Gulden gegen Rheinische wechseln, und man gibt je 3 Ungarische Gulden für 4 Rheinische Gulden und 1 Böhmischen Groschen, der Ungarische Gulden für 27 Böhmische Groschen gerechnet. Die Frage ist, wie viel Rheinische die 80 Ungarischen Gulden ergeben.
Ergebnis: 108 Rheinische Gulden
Mach's so. Sprich: 3 Ungarische Gulden machen 4 Rheinische und 1 Böhmischen Groschen. Was machen 80 Ungarische Gulden?

Mache die Ungarischen Gulden vorne und hinten zu Böhmischen Groschen. Danach ziehe vorne einen Böhmischen Groschen ab, ebenso in der Mitte. Dann steht:

80 4 Rheinische 2160

Gewand

120) Einer kauft 2 Saum Gewand in Brügge in Flandern. 1 Tuch kostet $13\frac{1}{2}$ Rheinische Gulden. 1 Saum hat 22 Tuch. Der Fuhrlohn nach Pressburg in Ungarn kostet 34 Gulden. Dort verkauft er ein Tuch für 12 Ungarische Gulden $3\frac{1}{2}$ Ort, und 100 Ungarische machen 136 Gulden 1 Ort Rheinische.

Ergebnis: Gewinn in rheinischer Goldwährung: 143 Gulden 17 Schilling $1\frac{1}{2}$ Heller. Oder in ungarischer Goldwährung gewinnt er 105 Gulden 15 Schilling $10\frac{1}{2}$ Heller.

Mach's so: Rechne zuerst, was die Tücher kosten. Dazu addiere den Fuhrlohn und schreibe es auf. Danach rechne, wie viel Ungarische Gulden er beim Verkauf erzielt, mache diese zu Rheinischen und ziehe ab, was dich die Tücher gekostet haben. So bleibt dir der Gewinn in rheinischer Goldwährung. Den mache zu ungarischer Goldwährung, wie angegeben. So kommt das Ergebnis heraus, wie oben geschrieben.

Minderwertige Ware

121) Einer kauft in Venedig einen Sack mit Nelken, der $654\frac{1}{2}$ Pfund wiegt. 1 Pfund kostet 9 Schilling. Der Fuhrlohn bis nach Nürnberg kostet 25 Gulden, und 10 Pfund von Venedig machen 6 Pfund in Nürnberg. Dort enthält 1 Zentner 15 Pfund minderwertige Ware. 1 Pfund minderwertige Ware kostet 4 Schilling und 1 Pfund hochwertige Ware 16 Schilling. Wie viel hat er verloren oder gewonnen?

Ergebnis: 40 Gulden 14 Schilling $1\frac{23}{25}$ Heller Verlust

Mach's so: Rechne, wie teuer er die Nelken kauft, und addiere dazu den Fuhrlohn. Danach mache das venezianische Gewicht zu Nürnberger Gewicht und merke es dir. Sodann ziehe die 15 Pfund minderwertige Ware von 1 Zentner ab; es bleiben 85 Pfund hochwertige Ware. Rechne, wie viel die 15 Pfund minderwertige Ware zu 4 Schilling und die 85 Pfund hochwertige Ware zu 16 Schilling in einer Summe machen. Es kommen 71 Gulden heraus. Sprich danach: 100 Pfund minderwertige und hochwertige Nelken durcheinander kosten 71 Gulden. Wie teuer kommt dann die Anzahl der Pfunde, die hier $392\frac{7}{10}$ ausmacht? Das ziehe davon ab, was es ihn gekostet hat. Dann bleibt der Verlust wie oben.

Safran

122) Einer nimmt in Venedig aufgrund einer unbeglichenen Schuld $25\frac{1}{2}$ Pfund Safran in Zahlung, und zwar 1 Pfund für $2\frac{1}{3}$ Dukaten. Der Fuhrlohn nach Nürnberg kostet $2\frac{1}{2}$ Dukaten, und 10 Pfund von Venedig sind 6 Pfund in Nürnberg. Dort verkauft man 1 Pfund für $4\frac{1}{2}$ Rheinische Gulden, und 100 Dukaten machen 134 Rheinische Gulden. Wie viel hat er gewonnen oder verloren?
Ergebnis: 14 Gulden 4 Schilling $7\frac{1}{5}$ Heller Verlust
Mach's wie beim Gewand. Dann kommt das Ergebnis richtig heraus.

123) Einer kauft in Eger 124 Zentner Zinn, und zwar 1 Zentner für $16\frac{1}{2}$ Gulden. Der Fuhrlohn bis nach Nürnberg kostet 34 Gulden, und 3 Zentner von Eger sind 4 Zentner in Nürnberg. Dort verkauft er 1 Zentner für 10 Gulden $1\frac{1}{2}$ Ort. Wie viel hat er gewonnen oder verloren?
Ergebnis: 364 Gulden 13 Schilling und 4 Heller Verlust
Mach's so: Rechne zuerst, wie viel ihn das Zinn bis nach Nürnberg kostet. Danach mache das Egerer Gewicht zu Nürnberger Gewicht und rechne, welchen Erlös er dort hat. Danach ziehe eins vom anderen ab: Hast du größeren Erlös gehabt, als es dich gekostet hat, so hast du gewonnen, andernfalls hast du verloren wie hier.

124) Ein Sack mit Pfeffer wiegt in Nürnberg 4 Zentner 48 Pfund – Tara $12\frac{1}{2}$ Pfund. 1 Pfund kostet 9 Schilling, der Fuhrlohn bis nach Leipzig 4 Gulden, und 10 Pfund von Nürnberg machen 11 Pfund in Leipzig. Dort verkauft man 1 Pfund für 9 Groschen 6 Pfennig, und 20 Schilling haben einen Wert von 21 Groschen, der Groschen für 12 Pfennig gerechnet.

Das Ergebnis ist, dass man am Sack 16 Gulden 15 Groschen und 6 Pfennig gewinnt.
Mach's so: Ziehe die Tara ab, rechne, wie viel man in Nürnberg für den Pfeffer gibt, und addiere dazu den Fuhrlohn. Danach wandle in Leipziger Gewicht um und berechne, welchen Erlös man dort daraus hat. Sodann rechne die Gold- in die Silberwährung um. Ziehe eins vom anderen ab, so kommt der Gewinn heraus.

125) Einer kauft Wachs in Breslau, je 1 Stein für 2 Ungarische Gulden $1\frac{1}{2}$ Ort. 1 Zentner Breslauer Gewicht, der dort $5\frac{1}{2}$ Stein oder 132 Pfund hat, kostet bis nach Nürnberg $1\frac{1}{2}$ Ungarische Gulden Fuhrlohn, und 128 Pfund von Breslau sind 100 Pfund in Nürnberg.
Nun frage ich, wie viel ein Nürnberger Zentner nach dem Transport von Breslau bis nach Nürnberg kostet, wenn man 100 Ungarische Gulden für $132\frac{1}{2}$ Rheinische gibt und 7 Gulden an 100 gewinnen will.
Ergebnis: 20 Rheinische Gulden 0 Schilling $4\frac{243}{275}$ Heller
Mach's so. Sprich: 1 Stein für $2\frac{3}{8}$ Ungarische Gulden – wie teuer kommen $5\frac{1}{2}$ Stein?
Das macht $13\frac{1}{16}$ Ungarische Gulden. Dazu $1\frac{1}{2}$ Ungarische Gulden – das werden $14\frac{9}{16}$ Ungarische Gulden. So viel kostet 1 Breslauer Zentner mit Fuhrlohn. Rechne, wie teuer 1 Nürnberger Zentner ist. Sprich: 132 Pfund für $14\frac{9}{16}$ Ungarische Gulden – wie teuer kommen 128 Pfund?
Das macht $14\frac{4}{33}$ Ungarische Gulden. Die mache zu Rheinischen; es werden $18\frac{469}{660}$ Gulden. So teuer ist 1 Nürnberger Zentner ohne Gewinn. Setze deshalb so an: 100 Gulden geben 107 Gulden. Was geben $18\frac{469}{660}$ Gulden? Schreibe als Bruch. Dann steht:

66000 107 Rheinische Gulden 12349

126) Einer kauft Pfeffer in Nürnberg, je 1 Pfund für 8 Schilling 5 Heller. 1 Nürnberger Zentner kostet bis nach Breslau 1 Rheinischen Gulden 8 Schilling Fuhrlohn, und 100 Pfund von Nürnberg machen 128 Pfund in Breslau. Wie viel kostet 1 Stein Breslauer Gewicht nach dem Transport bis nach Breslau, wenn man 3 Ungarische Gulden für 4 Rheinische gibt, der Ungarische Gulden für 84 Groschen und 1 Groschen für 12 Heller gerechnet?
Ergebnis: 6 Ungarische Gulden 9 Groschen $7\frac{61}{80}$ Heller
Mach's so. Sprich: 1 Pfund für 8 Schilling 5 Heller – wie teuer sind 100 Pfund?
Das macht mit dem Fuhrlohn 43 Rheinische Gulden 9 Schilling 8 Heller. So teuer sind 128 Breslauer Pfund. Rechne, wie teuer 1 Stein ist. Sprich: 128 Pfund für 43 Gulden 9 Schilling 8 Heller – wie teuer sind 24 Pfund?
Das macht 8 Gulden 3 Schilling $\frac{3}{4}$ Heller.
Daraus mache Ungarische Gulden. Sprich: 4 geben 3. Was geben 8 Gulden 3 Schilling $\frac{3}{4}$ Heller?
Wandle vorne und hinten in Heller um. Dann steht, wenn es als Bruch geschrieben wird:

3840 3 7827

127) Man kauft 75 Zobel, das Zimmer, das sind 40 Stück, für 75 Gulden $2\frac{1}{2}$ Ort, außerdem 789 Wieselfelle, 100 Stück für $5\frac{1}{2}$ Gulden, 389 Hermelinfelle, 100 Stück für 8 Gulden $2\frac{1}{2}$ Ort, und 2975 feine Lederarbeiten, 1000 Stück für 58 Gulden 1 Ort.
Das macht alles zusammen in Goldwährung 392 Gulden 0 Schilling $8\frac{17}{20}$ Heller.
Mach's so: Rechne eins nach dem anderen aus. Dann zähle zusammen. So kommt das Ergebnis heraus, wie oben angegeben.

128) Einer kauft 8 Zentner Wolle, den Zentner für 7 Gulden, außerdem 19 Zentner, den Zentner für $7\frac{1}{2}$ Gulden, 15 Zentner zu je 8 Gulden und 17 Zentner zu je $9\frac{1}{2}$ Gulden. Die verkauft er wieder, nachdem er sie gemischt hat, und gewinnt 3 Gulden an 100. Wie teuer hat er 1 Zentner verkauft?

Ergebnis: für 8 Gulden 7 Groschen $11\frac{199}{295}$ Pfennig, der Gulden für 21 Groschen und 1 Groschen für 12 Pfennig gerechnet

Mach's so: Rechne zuerst, was ihn die Wolle insgesamt kostet, danach, wie teuer ein einzelner Zentner ist.

129) Einer kauft 43 Pfund Safran, das Pfund für 3 Gulden 10 Schilling, außerdem 58 Pfund Nelken, 1 Pfund für 16 Schilling, und 75 Pfund Ingwer, 1 Pfund für 25 Schilling. Die will er wiederverkaufen und 7 Gulden an 100 gewinnen. Wie soll er jeweils 1 Pfund verkaufen?

Ergebnis: 1 Pfund Safran für 3 Gulden 14 Schilling $10\frac{4}{5}$ Heller, 1 Pfund Nelken für 17 Schilling $1\frac{11}{25}$ Heller und 1 Pfund Ingwer für 1 Gulden 6 Schilling 9 Heller

Und wie viel gewinnt er an allem?

Ergebnis: 20 Gulden 6 Schilling [$10\frac{4}{5}$ Heller]

Mach's so. Wenn du wissen willst, wie er jeweils 1 Pfund verkaufen soll, sprich: 100 Gulden geben 107 Gulden. Was gibt das Geld, das er für je 1 Pfund bezahlt hat, z. B. beim Safran 3 Gulden 10 Schilling, in gleicher Weise bei den anderen Waren?

Willst du aber wissen, wie viel er an allem gewinnt, so rechne zuerst, was es ihn gekostet hat. Danach sprich: Mit 100 Gulden gewinne ich 7 Gulden. Was gewinne ich mit dem Geld, das ich ausgegeben habe?

Rechne es aus, so kommt das Ergebnis wie oben heraus.

130) 18 Pfund Pfeffer kosten 15 Gulden 13 Schilling, 75 Pfund Ingwer kosten 65 Gulden 10 Schilling, und 36 Pfund Safran kosten 93 Gulden 18 Schilling. Die verkauft man wieder und gewinnt 12 Gulden an 100. Wie hat man jeweils 1 Pfund verkauft?

Ergebnis: 1 Pfund Pfeffer für 19 Schilling $5\frac{53}{75}$ Heller, 1 Pfund Ingwer für 19 Schilling $6\frac{94}{125}$ Heller und 1 Pfund Safran für 2 Gulden 18 Schilling $5\frac{3}{25}$ Heller. Und der Gewinn an allem ist 21 Gulden 0 Schilling $1\frac{11}{25}$ Heller.

Mach's so: Rechne zuerst, wie teuer jeweils 1 Pfund kommt. Sodann setze fort, wie bisher beschrieben, so kommt das Ergebnis eines jeden wie angegeben heraus. Und wenn du den Gewinn an allem haben willst, so sprich: 100 Gulden bringen einen Gewinn von 12 Gulden. Welchen Gewinn bringt das Geld, das er für den Pfeffer etc. bezahlt hat?

131) Einer kauft 25 Zentner 56 Pfund Messing. 1 Zentner kostet $13\frac{4}{5}$ Gulden, der Gulden für 8 Pfund 11 Pfennig und 1 Pfund für 30 Pfennig gerechnet.

Mach's so: Löse 1 Gulden in Pfennige auf; es kommen 251 Pfennig heraus. Damit multipliziere die übrigen Gulden, teile und wandle in Pfunde um.

Es kommen 352 Gulden 6 Pfund $2\frac{91}{125}$ Pfennig heraus.

132) 3 Zentner 28 Pfund Draht – 1 Zentner kostet $5\frac{2}{3}$ Gulden, der Gulden für 8 Schilling minus 6 Pfennig und 1 Schilling für 30 Pfennig gerechnet.

Ergebnis: 18 Gulden 4 Schilling $17\frac{7}{25}$ Pfennig

Mach's, wie bisher beschrieben.

133) Einer kauft 18 Zentner 17 Pfund Unschlitt und gibt für den Zentner 3 Gulden 5 Pfund 27 Pfennig, der Gulden für 5 Pfund 28 Pfennig gerechnet.
Ergebnis: 72 Gulden 3 Pfund $12\frac{87}{100}$ Pfennig
Mach's so: Löse zuerst 1 Gulden in Pfennige auf; es kommen 178 Pfennig heraus. Nun wandle die 3 Gulden 5 Pfund 27 Pfennig in die kleinste Münzsorte um, d.h. in Pfennige. Dann steht:

100   711 Pfennig   1817

Die Pfennige, die beim Dividieren herauskommen, mache mit 178 zu Gulden und die restlichen mit 30 zu Pfunden.

134) 4 Scheiben mit Wachs wiegen in Krakau 12 Zentner 1 Stein 7 Pfund und 9 Zentner 2 Stein 9 Pfund. 1 Zentner kostet 11 Gulden $\frac{1}{2}$ Ort, der Gulden für 30 Groschen, 1 Groschen für 18 Heller, der Zentner für 130 Pfund und 1 Stein für 26 Pfund gerechnet.
Ergebnis: 241 Gulden 20 Groschen $1\frac{5}{13}$ Heller

135) 4 Scheiben mit Wachs wiegen in Breslau 3 Zentner 1 Stein 7 Pfund, 4 Zentner 4 Stein 11 Pfund, 6 Zentner 1 Stein 8 Pfund und 3 Zentner 4 Stein 16 Pfund. 1 Stein kostet 3 Gulden $1\frac{1}{2}$ Ort.
Ergebnis: 336 Gulden 39 Groschen und $4\frac{1}{2}$ Heller, der Zentner für 132 Pfund, der Stein für 24 Pfund, der Gulden für 60 Groschen und 1 Groschen für 12 Heller gerechnet

136) 4 Fässchen mit Öl wiegen 22 Zentner 5 Stein 6 Pfund. 1 Zentner kostet 9 Mark 1 Ort, Tara 12 Pfund auf 1 Zentner – die Mark für 48 Groschen, der Groschen für 7 Pfen-

nig, der Zentner für 132 Pfund und 1 Stein für 24 Pfund gerechnet.
Ergebnis: 194 Mark 30 Groschen und $3\frac{1}{2}$ Pfennig

137) Einer kauft für 324 Gulden Safran, Nelken und Ingwer. 1 Pfund Safran kostet 4 Gulden 5 Schilling, 1 Pfund Nelken 17 Schilling und 1 Pfund Ingwer 8 Schilling. Von allen Waren will er gleich viel haben.
Mach's so: Zähle zusammen, was jeweils 1 Pfund kostet. Es kommen 5 Gulden 10 Schilling heraus. Sprich: 5 Gulden 10 Schilling geben von allem 1 Pfund. Wie viel geben 324 Gulden?
Wandle in Schillinge um. Dann steht:

110 1 Pfund 6480

Rechne es aus, so kommen 58 Pfund $29\frac{1}{11}$ Lot heraus.

138) 1 Zentner Wolle kostet 7 Gulden und 1 Zentner Wachs 14 Gulden. Nun will einer 124 Gulden ausgeben und doppelt so viel Wolle wie Wachs erhalten.
Ergebnis: $8\frac{6}{7}$ Zentner Wolle und $4\frac{3}{7}$ Zentner Wachs
Mach's so: Verdopple die Gulden der Wolle; es werden 14. Addiere die Gulden des Wachses; es kommen 28 heraus. Sprich: 28 Gulden geben 1 Zentner Wachs. Was geben 124 Gulden?
Das Ergebnis siehe oben. Verdopple, dann kommt das Ergebnis für die Wolle heraus. Und ebenso bei ähnlichen Aufgaben.

139) Man kauft 4 Scheiben mit Wachs, die 3 Zentner 17 Pfund, 4 Zentner 9 Pfund, 5 Zentner 28 Pfund und 4 Zentner 19 Pfund wiegen. 1 Zentner kostet 16 Gulden $\frac{1}{2}$ Ort, der Gulden für 8 Pfund 12 Pfennig gerechnet.
Ergebnis: 269 Gulden 6 Pfund $14\frac{71}{200}$ Pfennig

140) 3 Fässer mit Schweinefett wiegen 4 Zentner minus 13 Pfund, 3 Zentner 28 Pfund und 5 Zentner 11 Pfund. 1 Zentner kostet 3 Gulden 5 Pfund 27 Pfennig, der Gulden für 5 Pfund 28 Pfennig gerechnet.
Ergebnis: 48 Gulden 5 Pfund $22\frac{43}{50}$ Pfennig

141) Man kauft 2 Fässer mit Seife, die 17 Zentner 3 Stein 16 Pfund wiegen. 1 Zentner kostet 4 Gulden $1\frac{1}{2}$ Ort, der Zentner für 6 Stein, 1 Stein für 20 Pfund, der Gulden für 48 Groschen und 1 Groschen für 7 Pfennig gerechnet.
Ergebnis: 77 Gulden 7 Groschen

142) Wenn das Korn 14 Groschen kostet, bäckt man ein Pfennigbrot, das 34 Lot wiegt. Wie schwer soll man es backen, wenn das Korn teurer wird und 17 Groschen kostet?
Ergebnis: 28 Lot
Mach's durch Umkehrung des Dreisatzes. Setze:

17 34 Lot 14

143) Einer kauft 7 Ellen Tuch, das $\frac{9}{4}$ Ellen breit ist. Wie viel Futtertuch soll er nehmen, das $\frac{6}{4}$ Ellen breit ist?
Ergebnis: $10\frac{2}{4}$ Ellen – Setze so:

6 7 Ellen 9

144) Einer kauft 613 Pfund Reis für 40 Gulden 12 Schilling $2\frac{7}{10}$ Heller. 1 Zentner kostet 6 Gulden 12 Schilling 6 Heller. Wie viel Pfund hat 1 Zentner?
Ergebnis: 100 Pfund
Mach's so. Sprich: 40 Gulden 12 Schilling $2\frac{7}{10}$ Heller geben 613 Pfund.
Was geben 6 Gulden 12 Schilling und 6 Heller?

Wandle in Heller um und schreibe als Bruch.
Dann steht:

97467 613 15900

145) 1 Zentner Schwefel für $8\frac{2}{3}$ Gulden – wie teuer kommen 643 Pfund? Das macht 55 Gulden 19 Groschen $7\frac{11}{25}$ Pfennig. Nun wollte ich gern wissen, wie der Gulden gerechnet wird, wenn 1 Groschen den Wert von 12 Pfennig hat.
Ergebnis: für 27 Groschen
Mach's so. Sprich: 100 Pfund für $8\frac{2}{3}$ Gulden – wie teuer kommen 643 Pfund?
Ergebnis: $55\frac{109}{150}$ Gulden. Der Bruchteil soll die restlichen Groschen und Pfennige erbringen. Deshalb sprich: 109 geben 19 Groschen $7\frac{11}{25}$ Pfennig. Was geben 150?
Das Ergebnis siehe oben. Und wenn es als Bruch geschrieben wird, dann kommt es so heraus:

2725 5886 150

146) 7 Pfund von Padua geben 5 Pfund in Venedig, und 10 Pfund von Venedig geben 6 Pfund in Nürnberg, und 100 Pfund von Nürnberg geben 73 Pfund in Köln. Wie viel Pfund geben 1000 Pfund von Padua in Köln?
Ergebnis: $312\frac{6}{7}$ Pfund – Setze:

7 Padua	5 Venedig	
10 Venedig	6 Nürnberg	1000 Padua
100 Nürnberg	73 Köln	

Multipliziere die Vorderen miteinander, ebenso auch die Mittleren. Dann steht:

7000 2190 1000

147) Man gibt für 3 Zentner und 24 Meilen als Fuhrlohn 1 Ungarischen Gulden. Wie viel wird man für 11 Zentner und 120 Meilen geben?
Ergebnis: $18\frac{1}{3}$ Ungarische Gulden – Setze so an:

3 Zentner	1 Ungarischer	11 Zentner
24 Meilen		120 Meilen

Multipliziere die Vorderen, ebenso auch die Hinteren miteinander, und dann steht:

72	1 Ungarischer	1320

148) Für 4 Zentner und 7 Meilen gibt man 1 Gulden 2 Pfund 9 Pfennig als Fuhrlohn, der Gulden für 7 Pfund und 1 Pfund für 30 Pfennig gerechnet. Wie viel Meilen wird man eine Fuhre von 48 Zentnern für 20 Gulden fahren?
Ergebnis: $8\frac{218}{279}$ Meilen – Setze:

4 Zentner	7 Meilen	48 Zentner
1 Gulden 2 Pfund 9 Pfennig		20 Gulden

Wandle vorne in Pfennige um, multipliziere mit 48. Danach wandle hinten in Pfennige um und multipliziere mit 4 Zentnern, die vorne stehen. Setze dies nach hinten und in die Mitte die 7 Meilen:

13392	7	16800

149) 12 Gulden erbringen in 3 Jahren einen Gewinn von 7 Gulden. In wie viel Jahren werden 20 Gulden einen Gewinn von 12 Gulden erbringen?
Ergebnis: $3\frac{3}{35}$ Jahre

Mach's, wie das zuletzt aufgeschriebene Beispiel aufzeigt. Dann steht:

140 3 Jahre 144

150) 80 Gulden erbringen in 5 Monaten 12 Gulden Gewinn. Welches Kapital erbringt 30 Gulden Gewinn in 1 Jahr?
Ergebnis: $83\frac{1}{3}$ Gulden
Mach's wie bei den beiden vorigen Beispielen.
Dann steht:

144 80 Gulden 150

Vom Zins, der beim Verleih von Geld vorkommt, das eine Zeit lang ruhen bleibt, und den die Juden gewöhnlich alle Vierteljahre aufschlagen, sollst du dir folgendes Beispiel zu Herzen

nehmen. Daran siehst du, was der Zins erbringen kann und ob er zu Recht zu verschmerzen ist.

151) Ein Jude leiht einem Mann 4 Jahre lang 20 Gulden, und jedes halbe Jahr rechnet er den Zins zum Kapital.
Nun frage ich, wie viel die 20 Gulden in den angegebenen 4 Jahren erbringen, wenn jede Woche 2 Pfennig für 1 Gulden gegeben werden.
Ergebnis: mit Zins und Zinseszins etc. 69 Gulden 14 Groschen und $9\frac{2125648028045}{3938980639167}$ Pfennig
Mach's so: Rechne zuerst, wie viel die 20 Gulden im halben Jahr einbringen. Sprich: 1 Woche gibt 40 Pfennig, was geben 26 Wochen?
Ergebnis: 1040 Pfennig
Nun mache die 20 Gulden zu Pfennigen; es kommt 5040 Pfennig Kapital heraus. Addiere den Zins; es werden 6080. Sprich: 5040 Pfennig geben 6080 im ersten halben Jahr. Was geben 6080 Pfennig im zweiten halben Jahr?
Die 0 lösche vorne und in der Mitte aus:

504 608 6080

Kürze die vordere und die mittlere Zahl gegeneinander, denn sonst würden beim Multiplizieren zu hohe Zahlen auftreten. Dann steht:

63 76 6080

Multipliziere, teile aber nicht, sondern schreibe den Teiler nur darunter. Es kommen Kapital und Zins nach dem zweiten halben Jahr heraus.
Danach sprich abermals:
63 geben 76. Was gibt Kapital und Zins zusammen aus dem zweiten halben Jahr?

Fahre so fort bis zum achten halben Jahr. Danach dividiere durch den Teiler, den du erhalten wirst. So hast du lauter Pfennige. Die mache zu Groschen und dann die Groschen zu Gulden. So kommt das Ergebnis wie oben heraus.

152) Einer will dreierlei gefärbtes Tuch kaufen, nämlich rotes, schwarzes und grünes. 3 Ellen rotes, 4 Ellen schwarzes und 5 Ellen grünes Tuch kosten jeweils 1 Gulden. Für 1 Gulden will er von allen Sorten gleich viel haben.
Ergebnis: von jeder $1\frac{13}{47}$ Ellen
Mach's so: Rechne, wie viel von jeder Sorte im Einzelnen 1 Elle kostet, und zähle zusammen. Es kommen 15 Schilling 8 Heller heraus. Sprich: 15 Schilling 8 Heller geben von jeder Sorte 1 Elle. Was geben 20 Schilling? Wandle in Heller um. Dann steht:

188 1 Elle 240

153) In gleicher Weise sollst du auch vorgehen, wenn dir vorgegeben wird zu rechnen:
7 Groschen für 1 Gulden, 18 Groschen für 1 Gulden, 21 Groschen für 1 Gulden und 28 Groschen für 1 Gulden – von allen Sorten gleich viel. Mach's so: Setze 7, 18, 21, 28. Multipliziere miteinander; es kommen 74088 heraus. Die teile durch 7, 18, 21, 28: es werden 10584, 4116, 3528 bzw. 2646. Addiere, so kommen 20874 heraus. Setze danach so an:

20874 1 Groschen 74088

Rechne es aus, so kommen $3\frac{39}{71}$ Groschen heraus. So viel ist von jeder Sorte zu nehmen.

154) Einer kauft 3 Kübel mit Butter. Der erste wiegt $64\frac{1}{4}$ Pfund, der zweite 75 Pfund und der dritte 83 Pfund. Für das Holz gehen $29\frac{1}{3}$ Pfund ab. 1 Pfund kostet 7 Pfennig 1 Heller, und um 3 Pfennig wird der Kauf billiger. Der Gulden wird für 21 Groschen, 1 Groschen für 12 Pfennig gerechnet.
Ergebnis: 5 Gulden 15 Groschen 3 Pfennig $1\frac{3}{4}$ Heller
Mach's so: Addiere und ziehe die Tara ab. Danach rechne es aus und ziehe vom Ergebnis die 3 Pfennig ab. So kommt es heraus, wie es oben steht.

Silber- und Goldrechnung

Als erstes gib auf das Gewicht acht, und du musst wissen, dass 1 Mark 16 Lot, 1 Lot 4 Quent, 1 Quent 4 Pfenniggewicht und 1 Pfenniggewicht 2 Hellergewicht enthält.

Beim Gold hingegen machen 24 Karat 1 Mark, 4 Gran 1 Karat und 3 Grän 1 Gran.

155) 384 Mark 13 Lot 3 Quent Feinsilber – 1 Mark kostet 8 Gulden.
Ergebnis: 3078 Gulden 17 Schilling 6 Heller
Mach's so. Sprich: 1 Mark für 8 Gulden – wie teuer kommen 384 Mark 13 Lot 3 Quent?
Wandle in Quente um. Dann steht:

64 8 24631

156) Einer kauft 125 Mark 3 Lot 1 Quent Silber.
1 Mark kostet 8 Gulden $\frac{1}{2}$ Ort.
Ergebnis: 1017 Gulden 5 Schilling $6\frac{3}{32}$ Heller – nach dem, was oben steht
Mach's und schreibe als Bruch. Dann steht:

512 65 Gulden 8013

157) Man kauft 1256 Mark 12 Lot gekörntes Silber. 1 Mark hat ein Feingewicht von 9 Lot 3 Quent, und 1 Mark Feinsilber kostet 8 Gulden 3 Schilling.
Ergebnis: 6241 Gulden 10 Schilling $7\frac{29}{64}$ Heller
Mach's so: Rechne zuerst, welches Feingewicht das angegebene Silber hat. Sprich: 1 Mark enthält 9 Lot 3 Quent Feinsilber. Was enthalten 1256 Mark 12 Lot?
Vorne und hinten wandle in Lote, danach in der Mitte in Quente um.
Dann steht:

16 39 Quent 20108

Rechne es aus, so kommen Quente heraus. Wandle in Lote um, danach Lote in Mark. Es werden 765 Mark 13 Lot 1 Quent und 1 Pfenniggewicht.
Berechne, was das kostet. Sprich: 1 Mark für 8 Gulden 3 Schilling – wie teuer kommen 765 Mark 13 Lot 1 Quent 1 Pfenniggewicht? Wandle vorne und hinten in Pfenniggewichte und in der Mitte in Schillinge um. Dann steht:

256 163 Schilling 196053

158) 1 Stück Silber wiegt 384 Mark 13 Lot 3 Quent. 1 Mark hat ein Feingewicht von 7 Lot 3 Quent 1 Pfenniggewicht, und 1 Mark Feinsilber kostet 7 Gulden $3\frac{1}{2}$ Ort.
Ergebnis: 1479 Gulden 17 Schilling $4\frac{619}{8192}$ Heller
Mach's, wie's das bis jetzt Erklärte erkennen lässt.
Oder auf andere Weise mach's so. Sprich: 1 Mark enthält 7 Lot 3 Quent 1 Pfenniggewicht Feinsilber. Was enthalten 384 Mark 13 Lot 3 Quent?
Wandle vorne und hinten in gleiche Benennung um, und zwar in die kleinste, danach wandle in der Mitte in Pfenniggewichte um. Dann steht:

64 125 Pfenniggewicht 24631

Multipliziere und schreibe den Teiler darunter, also $\frac{3078875}{64}$ Pfenniggewicht Feinsilber. Nun sprich: 1 Mark Feinsilber kostet $7\frac{7}{8}$ Gulden. Was kosten $\frac{3078875}{64}$ Pfenniggewicht? Wandle vorne in Pfenniggewichte um, gehe mit den Nennern beider Brüche dahinein, schreibe in der Mitte als Bruch, setze hinten den Zähler und lösche den Nenner aus. Dann steht:

131072 63 Gulden 3078875

159) 1 Mark Gold enthält – wie das Streichen am Probierstein ergibt – 17 Karat. 1 Karat kostet 3 Gulden 9 Schilling.
Ergebnis: 58 Gulden 13 Schilling
Mach's so. Sprich: 1 Karat kostet 3 Gulden 9 Schilling. Was kosten 17 Karat?
In der Mitte wandle in Schillinge um. Dann steht:

1 69 17

160) Einer kauft ein Stück Gold, das 28 Mark 12 Lot wiegt, und 1 Mark enthält – wie das Streichen am Probierstein ergibt – 16 Karat. 1 Karat kostet 3 Gulden $1\frac{1}{2}$ Ort.
Ergebnis: 1552 Gulden und 10 Schilling
Mach's so: Rechne zuerst, welches Feingewicht es hat, danach, wie viel das Feingold kostet. Dann kommt das Ergebnis wie oben heraus.

161) Man kauft ein Stück Gold, das 25 Mark 13 Lot 3 Quent wiegt. 1 Mark hat ein Feingewicht von 18 Karat 3 Gran, und 1 Karat kostet 3 Gulden 10 Schilling 9 Heller.
Ergebnis: 1715 Gulden 4 Schilling $\frac{237}{256}$ Heller

Mach's so: Rechne, welches Feingewicht das Goldstück hat. Sprich: 1 Mark enthält 18 Karat 3 Gran. Was enthalten 25 Mark 13 Lot 3 Quent?
Wandle vorne und hinten in Quente und in der Mitte die Karate in Grane um. Dann steht:

64 75 1655

Multipliziere und dividiere; es werden Grane. Mache daraus Karate. Es kommen 484 Karat $3\frac{29}{64}$ Gran heraus. Berechne, was dies kostet, 1 Karat für 3 Gulden 10 Schilling 9 Heller. Wandle in Grane um, schreibe als Bruch und in der Mitte Heller. Dann steht:

256 849 124125

162) 21 Mark 14 Lot 3 Quent und 3 Pfenniggewicht – 1 Mark enthält 22 Karat 3 Gran.
Das ergibt 20 Mark 12 Lot 2 Quent 2 Pfenniggewicht $1\frac{5}{48}$ Hellergewicht Feingold zu 24 Karat.
1 Lot Feingewicht kostet 5 Gulden 5 Schilling.
Ergebnis: 1746 Gulden 9 Schilling $2\frac{125}{128}$ Heller
Berechne das Feingewicht durch Umstellen des Dreisatzes. Sprich: 24 Karat geben 21 Mark 14 Lot 3 Quent 3 Pfenniggewicht. Was geben 22 Karat 3 Gran?
Vorne und hinten wandle in Grane, in der Mitte in Pfenniggewichte um. Dann steht:

96 5615 91

Multipliziere und dividiere; es kommen Pfenniggewichte heraus. Daraus mache Quente, danach Quente zu Loten und die Lote zu Mark. Das Ergebnis kommt wie oben heraus.

Berechne, welchen Erlös er daraus hat. Sprich: 1 Lot kostet 5 Gulden 5 Schilling. Wie viel kosten 20 Mark 12 Lot etc.?
Führe gleiche Benennung ein, schreibe als Bruch, und in der Mitte wandle in Schillinge um. Dann steht:

1536 105 510965

163) 9 Mark 8 Lot 3 Quent vergoldetes Silber – 1 Mark hat einen Gold- und Silberanteil von 11 Lot 2 Quent, davon 2 Quent 2 Pfenniggewicht Gold des Feingehalts 22 Karat 1 Gran.
1 Mark Feinsilber kostet 8 Gulden 10 Schilling und 1 Karat Feingold 3 Gulden 12 Schilling. Der Scheidelohn beträgt 6 Schilling pro Mark.
Ergebnis in einer Summe: 82 Gulden 7 Schilling $10\frac{17789}{32768}$ Heller
Mach's so: Berechne zuerst, wie viel Feinsilber und Feingold zusammen 1 Mark enthält. Bestimme das Feingewicht der 2 Quent 2 Pfenniggewicht Gold, die eine Mark hat, durch Umstellen des Dreisatzes. Sprich: 24 Karat geben 2 Quent 2 Pfenniggewicht. Was geben 22 Karat 1 Gran?
Führe gleiche Benennung ein und wandle in der Mitte in Pfenniggewichte um. Dann steht:

96 10 89

Rechne es aus, so kommen 2 Quent $1\frac{13}{48}$ Pfenniggewicht Feingold heraus. Die ziehe von 11 Lot 2 Quent ab – so viel beträgt der Silber- und Goldanteil zusammen –, und es bleiben dir 10 Lot 3 Quent $2\frac{35}{48}$ Pfenniggewicht Feinsilber übrig.
Nun berechne jedes getrennt, zuerst das Silber. Sprich: 1

Mark für 8 Gulden 10 Schilling – wie teuer sind 10 Lot 3 Quent $2\frac{35}{48}$ Pfenniggewicht? Schreibe als Bruch und gehe mit dem Nenner nach vorne. Dann steht:

12288 170 8387

Rechne es aus, so kommen 5 Gulden 16 Schilling $\frac{191}{512}$ Heller heraus.
Nun berechne auch das Gold, und für 1 Karat setze $\frac{2}{3}$ Lot. Sprich: $\frac{2}{3}$ Lot für 3 Gulden 12 Schilling – wie teuer kommen 2 Quent $1\frac{13}{48}$ Pfenniggewicht?
Schreibe vorne die 2 nieder, wandle in Pfenniggewichte um und gehe mit dem Nenner des hinteren Bruchs dahinein. Danach wandle in der Mitte in Schillinge und hinten in Pfenniggewichte um und gehe mit der vorderen 3 dahinein:

1536 72 Schilling 1335

Rechne es aus, so kommen 3 Gulden 2 Schilling $6\frac{15}{16}$ Heller heraus.
Nun addiere, wie viel das Gold und Silber zusammen macht, und es kommen 8 Gulden 18 Schilling $7\frac{159}{512}$ Heller heraus.
Ziehe davon 6 Schilling pro Mark Scheidelohn ab. Dann bleiben 8 Gulden 12 Schilling $7\frac{159}{512}$ Heller: So viel kostet 1 Mark vergoldetes Silber.
Nun berechne, wie viel das vergoldete Silber insgesamt kostet. Sprich: 1 Mark für 8 Gulden 12 Schilling $7\frac{159}{512}$ Heller – was kosten 9 Mark 8 Lot 3 Quent?
Vorne wandle in Quente um und gehe mit dem Nenner des Bruchs dahinein. Danach wandle in der Mitte in Heller um, schreibe als Bruch und wandle hinten in Quente um. Dann steht:

32768	1060511	611

Rechne, so kommt das oben genannte Ergebnis heraus.

Beschickung des Schmelztiegels

164) Ein Münzmeister hat drei Posten gekörntes Silber. Der erste hat einen Feingehalt von 7 Lot 3 Quent und wiegt 25 Mark 8 Lot, der zweite einen Feingehalt von 8 Lot 2 Quent und wiegt 48 Mark 12 Lot und der dritte einen Feingehalt von 12 Lot 3 Quent und wiegt 42 Mark 4 Lot. Nun frage ich, wenn er die oben genannten drei Posten im Tiegel zusammenschmilzt, welchen Feingehalt 1 Mark haben wird. Mach's so: Berechne zuerst, welches Feingewicht jeder einzelne Posten hat. Setze

1		7. 3		25. 8	
1	Mark	8. 2	Quent	48.12	Lot
1		12. 3		42. 4	

Wandle vorne und hinten in Lote und in der Mitte in Quente um:

16		31		408	
16	Lot	34	Quent	780	Lot
16		51		676	

Multipliziere die hinteren mit den mittleren Zahlen, danach zähle zusammen; es kommen 73644 heraus. Die teile durch die Summe der hinteren Lote, d. h. durch 1864, und du erhältst Quente. Die wandle in Lote um; so hast du, welchen Feingehalt 1 Mark haben wird. In diesem Beispiel kommen 9 Lot 3 Quent $2\frac{8}{233}$ Pfenniggewicht heraus.

Oder berechne, welches Feingewicht jeder Posten für sich hat, addiere und teile durch die Summe der Raugewichte in Mark. So erhältst du es ebenfalls richtig.

165) Einer hat gekörntes Silber. 1 Mark hat einen Feingehalt von 9 Lot. Er will einen Feingehalt von 11 Lot haben. Wie viel Feinsilber soll er einer Mark zusetzen?
Mach's so und setze, wie hier steht: zuerst den Feingehalt des Silbers, danach gleich den Feingehalt des zuzusetzenden Silbers, und als Drittes setze gleich darunter, welchen Feingehalt man haben will, wie hier steht.
Danach ziehe die kleinere von der mittleren Zahl ab, d. h. 9 von 11: es bleiben 2. Die schreibe über 16. Sodann ziehe 11 von 16 ab: es bleiben 5. Die setze über 9 und fahre mit dem Dreisatz fort.

5		2
9		16
	11	

Sprich: 5 Lot erfordern 2 Lot Feinsilber. Wie viel erfordert 1 Mark?
Ergebnis: 6 Lot 1 Quent 2 Pfenniggewicht und $\frac{4}{5}$ Hellergewicht

166) Ein Münzmeister will 38 Mark 13 Lot 3 Quent mit einem Feingehalt von 6 Lot 3 Quent einschmelzen. Er will erreichen, dass das Silber einen Feingehalt von 9 Lot 1 Quent hat. Wie viel Feinsilber soll er den 38 Mark 13 Lot 3 Quent zusetzen?
Mach's so: Schaue zuerst, wie es jetzt steht. Wandle überall in Quente um und ziehe dann eins vom anderen ab, wie im vorigen Beispiel.

6. 3 16
9. 1

So kommt heraus, dass 10 Quent Feinsilber auf 27 Quent zuzusetzen sind. Deshalb sprich: 27 Quent erfordern 10 Quent Feinsilber. Was erfordern 38 Mark 13 Lot 3 Quent?
Rechne es aus, so kommen 14 Mark 6 Lot $1\frac{1}{9}$ Quent heraus.

167) Ein Münzmeister will den Feingehalt einer Mark im Schmelztiegel auf 6 Lot 3 Quent verringern. Er hat gekörntes Silber mit einem Feingehalt von 12 Lot 1 Quent. Wie viel Kupfer muss er 20 Mark 9 Lot zusetzen?
Mache 6 Lot 3 Quent und 12 Lot 1 Quent zu Quenten. Setze danach so und mach's wie oben:

27 22
49 0
27

Sodann sprich: 27 Lot des gekörnten Silbers mit dem Feingehalt 12 Lot 1 Quent erfordern 22 Lot Zusatz, der nichts enthält außer Kupfer. Wie viel muss man 20 Mark 9 Lot zusetzen?
Rechne es aus, so kommen 16 Mark $12\frac{2}{27}$ Lot heraus.

168) Ein Münzmeister will vier Stück Silber einschmelzen. Das erste wiegt 11 Mark und hat den Feingehalt 9 Lot, das zweite 15 Mark mit dem Feingehalt 7 Lot, das dritte 24 Mark mit dem Feingehalt 10 Lot und das vierte 136 Mark mit dem Feingehalt 14 Lot. Er will Münzen haben, von denen 1 Mark 15 Lot Feinsilber enthalten soll. Wie viel Feinsilber soll er zusetzen?

Ergebnis: 442 Mark – so viel Feinsilber soll er zusetzen.
Mach's so: Berechne, welches Feingewicht die erwähnten vier Stücke haben. Es kommen 2348 Lot heraus. Die ziehe von der Summe der Raugewichte in Mark ab. Es bleiben 628 Lot Kupfer. Sprich weiter: 1 Lot Kupfer erfordert 15 Lot Feinsilber. Wie viel erfordern 628 Lot?
Ergebnis: 9420 Lot
Davon ziehe die 2348 Lot ab, die vorhin vorgekommen sind. Es bleiben 7072 Lot. Mache daraus Mark. Dann kommt, was er zusetzen muss, wie oben heraus.

Und ebenso ähnliche Beispiele. Obwohl mehr von diesen zu bringen wäre, habe ich dies um der Kürze willen und aus Zeitgründen unterlassen.

Vom Münzschlag

169) Für 1 Gulden sollen 21 Groschen geprägt werden, und zwar 6 Stück pro Lot. Die Mark hat ein Feingewicht von 9 Lot. Wie hoch wird 1 Mark Feinsilber veranschlagt?
Ergebnis: für 8 Gulden $2\frac{2}{3}$ Groschen
Mach's so: Berechne, wie viel Groschen auf 1 Mark kommen. Sprich: 1 Lot gibt 6 Groschen. Was geben 16 Lot?
Ergebnis: 96 Groschen. – Die haben ein Feingewicht von 9 Lot. Deshalb sprich weiter: 9 Lot Feinsilber geben 96 Groschen. Was geben 16 Lot Feinsilber?
Multipliziere und dividiere; es kommen Groschen heraus. Die mache zu Gulden mit 21. Dann kommt das Ergebnis wie oben heraus.

170) Man prägt 7 Groschen für 1 Gulden, und zwar 7 Groschen aus 2 Lot. 1 Mark hat ein Feingewicht von 14 Lot. Wie hoch kommt der Preis für 1 Mark Feinsilber heraus?
Ergebnis: für $9\frac{1}{7}$ Gulden
Mach's wie zuletzt. Berechne zuerst, wie viel Groschen auf 1 Mark kommen. Sprich: 2 Lot geben 7 – was 16?
Ergebnis: 56
Danach sprich: 14 Lot Feinsilber geben 56 Groschen. Was geben 16 Lot?
Das Ergebnis siehe oben.

171) Ein Münzmeister prägt pro Lot 6 Groschen, die einen Feingehalt von 10 Lot haben. Die Mark Feingewicht wird für 8 Gulden 1 Ort gerechnet. Wie viele Groschen soll man für 1 Gulden nehmen?
Ergebnis: $18\frac{34}{55}$
Mach's so. Sprich: 1 Lot gibt 6 Groschen. Was geben 16 Lot?
Ergebnis: 96 Groschen

Nun sprich: 10 Lot Feingewicht geben 96 Groschen – wie viel 16 Lot?
Ergebnis: $153\frac{3}{5}$ Groschen
Die kosten 8 Gulden 1 Ort. Rechne, wie viel Groschen 1 Gulden ergibt. Sprich: $8\frac{1}{4}$ Gulden geben $153\frac{3}{5}$ Groschen. Was gibt 1 Gulden?
Rechne es aus, so kommt das Ergebnis wie oben heraus.

172) Aus 1 Lot kommen 36 Pfennig. Die Mark hat ein Feingewicht von 4 Lot 2 Quent, und 1 Mark Feingewicht wird für $8\frac{8}{63}$ Gulden gerechnet. Wie viele Pfennige soll man für 1 Gulden nehmen?
Ergebnis: 252 Pfennig
Mach's so. Sprich: 1 Lot gibt 36 Pfennig. Was geben 16 Lot?
Ergebnis: 576 Pfennig
Sprich weiter: 4 Lot 2 Quent Feingewicht geben 576 Pfennig. Was geben 16 Lot?
Ergebnis: 2048 Pfennig
Die machen $8\frac{8}{63}$ Gulden. Rechne, wie viele Pfennige 1 Gulden ergibt, wie im letzten Beispiel, so kommt das angegebene Resultat heraus: 252 Pfennig.

173) Man prägt 56 Groschen für 1 Gulden, und zwar 16 Stück pro Lot. Die Mark Feingewicht wird für $8\frac{1}{2}$ Gulden gerechnet. Wie groß ist das Feingewicht einer Mark Münzen?
Ergebnis: $8\frac{72}{119}$ Lot
Mach's so. Sprich: 1 Lot gibt 16 Groschen. Was geben 16 Lot?
Ergebnis: 256 Groschen
Und sprich weiter: $8\frac{1}{2}$ Gulden geben 16 Lot Feingewicht. Was geben 256 Groschen?

Schreibe vorne als Bruch, wandle in Groschen um und gehe mit dem Nenner nach hinten. Dann steht:

952 16 Lot 512

174) Man prägt 35 Groschen für 1 Gulden, und zwar 9 Stück pro Lot. Die Mark Feingewicht wird für 8 Gulden 1 Ort gerechnet. Wie hoch ist der Feingehalt der Münzen?
Ergebnis: 7 Lot 3 Quent 3 Pfenniggewicht $1\frac{129}{385}$ Hellergewicht
Mach's wie zuletzt, so erhältst du das Ergebnis.

175) Ein Münzherr will Münzen prägen lassen, und zwar 20 Groschen für 1 Gulden und 8 Pfennig für 1 Groschen. 88 Groschen sollen 1 Mark wiegen, und 1 Mark Feingewicht wird für $7\frac{1}{2}$ Gulden gerechnet. Der Münzmeister und der Münzherr erhalten zusammen $\frac{1}{2}$ Gulden von 1 Mark Münzen. Welches Feingewicht soll 1 Mark haben?
Ergebnis: $8\frac{8}{25}$ Lot
Mach's so: Ziehe $\frac{1}{2}$ Gulden, d. h. 10 Groschen, von den Groschen ab, die 1 Mark wiegen. Es bleiben 78 übrig. Sprich: $7\frac{1}{2}$ Gulden geben 16 Lot. Was geben 78 Groschen?
Schreibe als Bruch, gehe mit dem Nenner heraus und wandle vorne in Groschen um. Dann steht:

300 16 156

Von Handelsgesellschaften

176) Drei bilden eine Handelsgesellschaft: Der Erste legt 123 Gulden ein, der Zweite 536 und der Dritte 141. Sie haben 130 Gulden gewonnen. Wie viel steht jedem zu?

Ergebnis: dem Ersten vom Gewinn 19 Gulden 19 Schilling 9 Heller, dem Zweiten 87 Gulden 2 Schilling und dem Dritten 22 Gulden 18 Schilling 3 Heller

Mach's so: Setze hinten, wie viel jeder für sich eingelegt hat, addiere, und was herauskommt, schreibe vorne – es ist dein Teiler. Den Gewinn schreibe in die Mitte:

		123
800	130 Gulden	536
		141

Rechne es für einen nach dem anderen aus, so kommt das Ergebnis für jeden wie oben heraus.

177) Drei bilden eine Handelsgesellschaft: Der Erste legt 20 Gulden für 4 Monate ein, der Zweite 24 Gulden für 3 Monate und der Dritte 40 Gulden für 1 Monat. Sie haben 101 Gulden gewonnen. Wie viel steht jedem zu?

Ergebnis: dem Ersten 42 Gulden 1 Schilling 8 Heller,
dem Zweiten 37 Gulden 17 Schilling 6 Heller
und dem Dritten 21 Gulden 10 Heller

Mach's so: Multipliziere das Geld eines jeden mit seiner Zeit und addiere – es wird dein Teiler. Und setze danach so, wie du es oben getan hast. Dann steht:

		80
192	101 Gulden	72
		40

178) Drei kaufen eine Tonne mit Hering, die 1300 Heringe enthält. Sie kostet 7 Gulden $3\frac{1}{2}$ Ort. Der Erste will $\frac{1}{3}$, der Zweite $\frac{1}{4}$ und der Dritte $\frac{1}{7}$ nehmen. Wie viel Heringe stehen jedem zu?

Ergebnis: dem Ersten $596\frac{44}{61}$, dem Zweiten $447\frac{33}{61}$ und
dem Dritten $255\frac{45}{61}$ Heringe

Und wie viel muss jeder für seine Heringe bezahlen?

Ergebnis: der Erste 3 Gulden 12 Schilling $3\frac{33}{61}$ Heller, der
Zweite 2 Gulden 14 Schilling $2\frac{40}{61}$ Heller und
der Dritte 1 Gulden 10 Schilling $11\frac{49}{61}$ Heller

Mach's so. Suche eine Zahl, die die Anteile, d.h. $\frac{1}{3}$, $\frac{1}{4}$ und $\frac{1}{7}$, enthält: Multipliziere die Nenner miteinander; es kommt 84 heraus. Teile durch 3, 4 und 7. Das setze hinten und die Heringe in die Mitte:

		28
61	1300 Heringe	21
		12

Willst du nun haben, wie viel jeder für seine Heringe bezahlen soll, so lösche die Heringe in der Mitte aus, schreibe dafür, was sie kosten – das sind $7\frac{7}{8}$ Gulden –, schreibe als Bruch und gehe mit dem Nenner nach vorne:

		28
488	63 Gulden	21
		12

179) Drei wandernde Kleinhändler lassen einen Sack mit Pfeffer einkaufen. Er wiegt in Nürnberg 204 Pfund, davon $2\frac{1}{2}$ Pfund Tara. 1 Pfund kostet 6 Schilling 9 Heller. Der Fuhrlohn bis nach Leipzig beträgt 2 Gulden 10 Schilling, und 10 Pfund von Nürnberg ergeben 11 Pfund in Leipzig. Dort teilen sie den Pfeffer und bezahlen ihn in Silberwährung, 21 Groschen für 20 Schilling gerechnet. Der erste will $\frac{1}{3}$, der zweite $\frac{1}{5}$ und der dritte $\frac{1}{9}$ nehmen. Wie viel steht jedem vom Pfeffer zu?

Ergebnis: dem ersten 114 Pfund $20\frac{20}{29}$ Lot, dem zweiten 68 Pfund $25\frac{31}{145}$ Lot und dem dritten 38 Pfund $6\frac{26}{29}$ Lot

Und wie viel muss jeder bezahlen?

Ergebnis: der erste 36 Gulden 9 Groschen 10 Pfennig und $\frac{1}{4}$ Heller, der zweite 21 Gulden 18 Groschen 6 Pfennig und $\frac{3}{20}$ Heller und der dritte 12 Gulden 3 Groschen 3 Pfennig und $\frac{3}{4}$ Heller

Mach's so: Rechne zuerst, wie viel der Pfeffer kostet, und addiere dazu den Fuhrlohn. Es kommen 70 Gulden 10 Schilling $1\frac{1}{2}$ Heller heraus – in Silberwährung umgewandelt werden es 70 Gulden 10 Groschen $7\frac{23}{40}$ Pfennig. Danach mache das Nürnberger Gewicht zu Leipziger Gewicht; es werden $221\frac{13}{20}$ Pfund. Suche eine Zahl, die die Anteile, d. h. $\frac{1}{3}$, $\frac{1}{5}$ und $\frac{1}{9}$, enthält: Multipliziere 5 mit 9, denn 9 enthält bereits die 3; es kommt 45 heraus. Teile durch 3,

5 und 9; dann ergibt sich 15, 9 und 5. Setze diese Zahlen hinten, die Leipziger Pfunde in die Mitte, schreibe als Bruch und gehe mit dem Nenner heraus. Dann steht:

		15
580	4433 Pfund	9
		5

Wenn du nun gerechnet und gefunden hast, wie viel Pfund jeder bekommen hat, und die Kosten für jeden wissen willst, so schreibe in die Mitte den Preis, wandle in Pfennige um, schreibe als Bruch und gehe mit dem Nenner heraus. Dann steht:

		15
1160	710703 Pfennig	9
		5

180) An einem Tanz nehmen 546 Personen teil, und zwar $\frac{1}{3}$ Junggesellen, $\frac{1}{4}$ Bürger, $\frac{1}{6}$ Edelleute, $\frac{1}{8}$ Bauern und $\frac{3}{4}$ Jungfrauen. Wie viele sind von jeder Gruppe anwesend? Und wie viele von jeder Gruppe müssen ständig untätig sein? Es sind nämlich nicht so viele Jungfrauen wie von den anderen Personen zusammen anwesend.

Mach's so: Setze $\frac{1}{3}$, $\frac{1}{4}$, $\frac{1}{6}$, $\frac{1}{8}$, $\frac{3}{4}$. Suche eine Zahl, die diese Anteile enthält: Multipliziere 6 mit 8, denn 6 enthält bereits die 3 und 8 die 4; es werden 48. Nimm davon den jeweiligen Anteil und setze die Zahlen nach hinten wie im vorigen Beispiel. Dann steht:

		16
		12
78	546 Personen	8
		6
		36

Rechne es aus, so kommen 112 Junggesellen, 84 Bürger, 56 Edelleute, 42 Bauern und 252 Jungfrauen heraus. Willst du aber haben, wie viele von jeder Gruppe ständig untätig sein müssen, so addiere die Gesellen, Bürger, Bauern und Edelleute und ziehe die Jungfrauen ab; es bleiben 42 übrig. Sodann setze wie hier:

		16
		12
42	42 Personen	8
		6
		0

Ergebnis: 16 Junggesellen, 12 Bürger, 8 Edelleute und 6 Bauern

Und ebenso ähnliche Beispiele.

181) Drei kaufen ein Gut für 360 Gulden. Der Erste zahlt $\frac{2}{3}$, der Zweite $\frac{3}{5}$ und der Dritte $\frac{2}{7}$. Wie viel hat jeder zu zahlen?

Ergebnis: der Erste $154\frac{98}{163}$ Gulden, der Zweite $139\frac{23}{163}$ Gulden und der Dritte $66\frac{42}{163}$ Gulden

Mach's so: Suche eine Zahl, die die Anteile enthält, das ist 105. Multipliziere mit 2 und teile durch 3; es werden 70 – ebenso mit den anderen Brüchen. Danach steht:

		70
163	360 Gulden	63
		30

182) Ein Vater liegt auf dem Sterbebett und hinterlässt seine Ehefrau mit einem Sohn und zwei Töchtern. Es ist sein letzter Wille, dass der Sohn doppelt so viel wie die Mutter und die Mutter doppelt so viel wie jede Tochter erhält, und das Erbe beträgt zusammen 3600 Gulden.

Ergebnis: Der Sohn erhält 1800, die Mutter 900 und jede Tochter 450 Gulden. Setze so:

		4
8	3600 Gulden	2
		1
		1

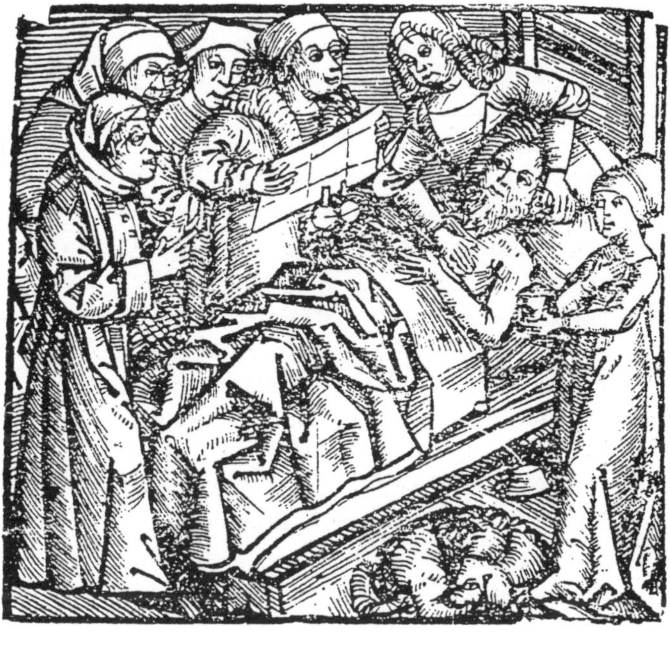

183) Drei bilden eine Handelsgesellschaft auf folgende Weise: Der Erste legt 80 Gulden für 9 Monate, der Zweite einen Haufen Geld für 12 Monate und der Dritte auch einen Haufen Geld für 7 Monate ein. Sie haben mit Kapital und Gewinn 1280 Gulden gewonnen. Dem Ersten stehen 120 Gulden, dem Zweiten 570 Gulden und dem Dritten 590

Gulden zu. Die Frage ist, wie viel der Zweite und der Dritte eingelegt haben.
Mach's so: Ziehe 80 Gulden, das Kapital des Ersten, von 120 Gulden, dem Kapital mitsamt Gewinn, ab. Es bleiben 40 Gulden Gewinn übrig. Sprich: 9 Monate geben 40 Gulden Gewinn. Was geben 12 Monate?
Ergebnis: $53\frac{1}{3}$ Gulden
Dazu addiere das Kapital des Ersten; es werden $133\frac{1}{3}$ Gulden. Sprich:
$133\frac{1}{3}$ Gulden Kapital und Gewinn geben 80 Gulden Kapital. Was geben 570 Gulden des Zweiten?
Ergebnis: 342 Gulden
Ebenso suche auch das Kapital des Dritten. Du erhältst $424\frac{4}{5}$ Gulden.

184) Drei bilden eine Handelsgesellschaft. Der Erste legt 90 Gulden für 7 Monate, der Zweite 30 Mark Silber für 5 Monate und der Dritte 17 Fuder Wein für 9 Monate ein. Sie haben 680 Gulden gewonnen. Davon stehen dem Ersten 120 Gulden, dem Zweiten 230 Gulden und dem Dritten 330 Gulden zu.
Nun frage ich, wie viel das Silber wert gewesen ist.
Ergebnis: $241\frac{1}{2}$ Gulden
Ebenso frage ich nach dem Wein.
Ergebnis: $192\frac{1}{2}$ Gulden
Mach's so: Multipliziere das Kapital des Ersten mit seinen Monaten, d.h. 90 mit 7; es kommt 630 heraus. Sprich deshalb: 120 Gulden Gewinn geben 630 Gulden Kapital mal Monate. Was geben 230 Gulden?
Ergebnis: $1207\frac{1}{2}$ Gulden Kapital mal Monate
Die teile durch die Monate des Zweiten, d.h. durch 5. Es kommen $241\frac{1}{2}$ Gulden wie oben heraus. Ebenso verfahre mit dem Wein, der dem Dritten gehört.

185) Drei bilden eine Handelsgesellschaft. Der Erste legt 43 Gulden, der Zweite einen Geldbetrag und der Dritte 1 Fuder Wein ein. Sie gewinnen 60 Gulden. Dem Ersten steht $\frac{1}{3}$, dem Zweiten $\frac{1}{4}$ und dem Dritten $\frac{1}{5}$ zu.

Ergebnis: Dem Ersten stehen vom Gewinn $25\frac{24}{47}$ Gulden, dem Zweiten $19\frac{7}{47}$ Gulden und dem Dritten $15\frac{15}{47}$ Gulden zu.

Außerdem: Wie viel hat der Zweite eingelegt?

Ergebnis: $32\frac{1}{4}$ Gulden

Und wie viel ist das Fuder Wein wert gewesen?

Ergebnis: $25\frac{4}{5}$ Gulden

Mach's so: Suche zuerst eine Zahl, in der die Anteile enthalten sind. Nimm sie und setze den Gewinn in die Mitte:

		20
47	60 Gulden	15
		12

Rechne es aus, so kommt für jeden der Gewinn heraus. Willst du danach das Kapital des Zweiten wissen, so sprich: Der Gewinn des Ersten gibt 43 Gulden Kapital. Was gibt der Gewinn des Zweiten?

Ebenso geht es auch mit dem Wein.

Ich bitte dich darum, mit den beschriebenen Gesellschaftsrechnungen vorliebzunehmen. Ich will mich verpflichten, dir im Laufe der Zeit noch andere aufzuzeigen.

Vom Warentausch

186) Einer hat Wachs, das er gegen Ingwer eintauschen will. 1 Stein Wachs kostet 2 Gulden abzüglich $\frac{1}{2}$ Ort. Den setzt der Erste beim Tausch für 2 Gulden 1 Ort an. Der andere

gibt 1 Stein Ingwer für 8 Gulden 1 Ort in bar ab. Wie hoch soll er den beim Tausch ansetzen?
Mach's so. Sprich: $1\frac{7}{8}$ Gulden Bargeld geben beim Tausch $2\frac{1}{4}$ Gulden. Was geben $8\frac{1}{4}$ Gulden Bargeld – der Preis für 1 Stein Ingwer?
Rechne es aus, so kommen 9 Gulden 18 Schilling heraus.
Nun hat der Erste $258\frac{2}{3}$ Stein Wachs einzutauschen. Wie viel Ingwer muss ihm der andere übergeben?
Mach's so: Berechne zuerst, wie viel das Wachs in bar kostet. Sprich: 1 Stein für $1\frac{7}{8}$ Gulden – wie teuer kommen $258\frac{2}{3}$ Stein?
Rechne es aus; es werden 485 Gulden: Für so viel Gulden muss der andere Ingwer haben. Sprich: 8 Gulden 1 Ort geben 1 Stein Ingwer. Was geben 485 Gulden?
Ergebnis: 58 Stein $17\frac{1}{3}$ Pfund

187) Zwei wollen miteinander tauschen. Einer hat Seide, von der 1 Pfund 2 Gulden 8 Groschen kostet. Der andere hat Samt – davon kostet 1 Stück 18 Gulden 11 Groschen. Wie viel Pfund Seide muss der Erste dem Zweiten für $23\frac{1}{2}$ Stück Samt geben?

Ergebnis: 182 Pfund 26 Lot $2\frac{6}{25}$ Quent – der Gulden für 21 Groschen gerechnet

Mach's so: Berechne zuerst, wie viel der Samt kostet. Sprich: 1 Stück für 18 Gulden 11 Groschen – wie teuer kommen $23\frac{1}{2}$ Stück?

Ergebnis: 435 Gulden $6\frac{1}{2}$ Groschen

Nun sprich weiter: 2 Gulden 8 Groschen geben 1 Pfund Seide. Was geben 435 Gulden $6\frac{1}{2}$ Groschen?

Rechne es aus, so kommt das Ergebnis heraus, wie oben angeführt.

188) Zwei wollen miteinander tauschen. Die Ware des Ersten kostet in bar 8 Gulden. Die setzt er beim Tausch für 11 Gulden an. Der andere setzt seine Ware beim Tausch um 4 Gulden höher an, als er sie gegen Bargeld abgibt. Dabei ist sie im gleichen Verhältnis überhöht wie die Ware des Ersten. Wie hat der Zweite seine Ware in bar verkauft?

Ergebnis: für $10\frac{2}{3}$ Gulden

Mach's so: Ziehe 8 Gulden, den Barpreis des Ersten, von 11 Gulden beim Tausch ab. Es bleiben 3 Gulden. Sprich: 3 Gulden geben 8 Gulden Bargeld. Was geben 4 Gulden, die der andere höher angesetzt hat?

Rechne es aus, so kommt das angegebene Ergebnis heraus.

189) Einer hat Zinn, das er gegen Blei eintauschen will. 1 Zentner Zinn kostet in bar 17 Gulden. Den setzt der Erste für 20 Gulden an. Der Zweite gibt 1 Zentner Blei für 3 Gulden und beim Tausch für 4 Gulden ab. Nun ist die Frage: Wenn jeder für 100 Gulden Ware beim Tausch hatte, wie hoch hat einer den anderen übervorteilt?

Ergebnis: der mit dem Blei den anderen mit dem Zinn um 10 pro 100 Gulden

Mach's so. Sprich: 20 Gulden beim Tausch geben 17 Gulden in bar. Was geben 4 Gulden?

Ergebnis: $3\frac{2}{5}$ Gulden

Es sollten aber 3 Gulden sein. Also wird der mit dem Zinn beim Tausch um $\frac{2}{5}$ Gulden pro 4 Gulden übervorteilt.

Willst du wissen, wie viel das pro 100 Gulden beim Tausch ausmacht, so sprich: 4 Gulden geben $\frac{2}{5}$ Gulden. Was geben 100 Gulden?

Das Ergebnis siehe oben.

Mache folgende Probe: Berechne, wie viel beim Tausch jeweils 100 Gulden Ware in bar erbringen. Für den Ersten kommen 85 und für den Zweiten 75 Gulden heraus. Das sind 10 Gulden weniger an Bargeld.

Und ebenso ähnliche Beispiele.

190) Zwei wollen miteinander tauschen. Einer hat Tuch, der andere Wolle. 3 Ellen Tuch kosten 1 Gulden in bar. Die setzt der Erste beim Tausch für 1 Gulden 1 Ort an. Davon will er ein Drittel in bar haben. Der Zweite hat 1 Zentner Wolle, der 7 Gulden in bar kostet. Wie hoch soll er den Zentner ansetzen?

Ergebnis: für 10 Gulden

Mach's so: Betrachte, wie viel $\frac{1}{3}$ vom Tauschpreis ist, d. h. von $1\frac{1}{4}$ Gulden. Das macht $\frac{5}{12}$ Gulden. Die ziehe von 1 Gulden in bar und von $1\frac{1}{4}$ Gulden beim Tausch ab. Es bleiben $\frac{7}{12}$ Gulden in bar bzw. $\frac{5}{6}$ Gulden beim Tausch. Sprich: $\frac{7}{12}$ Gulden Bargeld geben $\frac{5}{6}$ Gulden beim Tausch. Was geben 7 Gulden?

Ergebnis: 10 Gulden beim Tausch, wie oben angesprochen

Nun hat der Erste 126 Ellen einzutauschen. Wie viel Wolle muss der Zweite haben?

Mach's so: Rechne aus, wie viel die 126 Ellen beim Tausch ergeben. Sprich: 3 Ellen für 1 Gulden 1 Ort – wie teuer kommen 126 Ellen?
Ergebnis: $52\frac{1}{2}$ Gulden
Davon ziehe den dritten Teil ab, den der Zweite mit genügend Geld bezahlt, das sind $17\frac{1}{2}$ Gulden. Es bleiben 35 Gulden: Für so viel Gulden beim Tausch soll ihm der Zweite Wolle geben; das sind $3\frac{1}{2}$ Zentner.
Mache folgende Probe: Berechne, wie viel die 126 Ellen in bar ausmachen. Es kommen 42 Gulden heraus. So viel werden auch $3\frac{1}{2}$ Zentner Wolle mitsamt den $17\frac{1}{2}$ Gulden ergeben, die der mit der Wolle in bar bezahlt. Und ebenso führe alle anderen ähnlichen Beispiele durch.

Obwohl es noch etliche Aufgaben mehr zum Warentausch gegeben hat, die man hätte aufschreiben und erklären können, hat es aber die Zeit nicht erlauben wollen. Deshalb magst du hiermit vorliebnehmen und dir zum Abschluss dieses Büchleins folgende Methode mit Fleiß merken.

Die Regel der falschen Zahlen oder der Falsche Ansatz

wird angesetzt mit zwei falschen Zahlen, die der Aufgabe entsprechend gründlich überprüft werden sollen in dem Maße, wie es die gesuchte Zahl erfordert. Führen sie zu einem höheren Ergebnis, als es in Wahrheit richtig ist, so bezeichne sie mit dem Zeichen + plus, bei einem zu kleinen Ergebnis aber beschreibe sie mit dem Zeichen —, minus genannt. Sodann ziehe einen Fehlbetrag vom anderen ab. Was dabei als Rest bleibt, behalte für deinen Teiler. Danach multipliziere über Kreuz jeweils eine falsche Zahl mit dem Fehlbetrag der anderen. Ziehe eins vom anderen ab, und was da als Rest bleibt, teile durch den vorher berechneten Teiler. So kommt die Lösung der Aufgabe heraus.

Führt aber eine falsche Zahl zu einem zu großen und die andere zu einem zu kleinen Ergebnis, so addiere die zwei Fehlbeträge. Was dabei herauskommt, ist dein Teiler. Danach multipliziere über Kreuz, addiere und dividiere. So kommt die Lösung der Aufgabe heraus, wie folgende Beispiele gründlich erläutern werden.

1) Einer spricht: Gott grüße euch, ihr 30 Gesellen. Einer antwortet: Wenn wir noch einmal so viele und halb so viele wären, so wären wir 30. Die Frage: Wie viele sind es gewesen?
Mach's so: Nimm dir eine Zahl vor, die durch 2 geteilt werden kann, z.B. 16. Überprüfe die und sprich: 16 und 16 und die Hälfte von 16 – das sind 8 – macht in einer Summe 40. Es sollten aber 30 sein, also »lügt« 16 um 10 zu viel.
Setze deshalb an, es seien 14 Gesellen gewesen. Sprich: 14 und 14 und 7 macht zusammen 35, also »lügt« 14 um 5 zu viel. Dann steht:

16	plus	10	
			5
14	plus	5	

Ziehe 5 von 10 ab; es bleiben 5, der Teiler. Danach multipliziere über Kreuz, ziehe eins vom anderen ab und teile. So kommt 12 heraus, und so viele Gesellen sind es gewesen.

2) Ein Sohn fragt seinen Vater, wie alt er sei. Der Vater antwortet ihm und spricht: Wenn du noch einmal so alt, halb so alt, ein Viertel so alt und noch ein Jahr älter wärest, so wärest du gerade 100 Jahre alt.

Die Frage: Wie alt ist der Sohn?
Mach's so: Nimm dir zwei Zahlen vor, die Halbe und Viertel enthalten, wie z. B. 40 und 48. Überprüfe diese der Aufgabe nach, etwa die 40 folgendermaßen. Sprich: 40 und 40 und die Hälfte, das ist 20, und das Viertel, das ist 10, und 1 Jahr mehr machen zusammen 111 Jahre. Ziehe davon die 100 Jahre ab: Es bleiben 11 Jahre plus. Ebenso überprüfe auch die 48. Dann steht:

40	plus	11	
			22
48	plus	33	

Rechne es aus. Dann kommen 36 Jahre heraus. So alt ist der Sohn.

3) Einer findet in seines Vaters Buch eine Rechnung über einen, der ihm noch Geld schuldet. Sie lautet so: 4 Ellen Tuch für 5 Gulden – wie teuer kommen 21 Ellen? Das macht 26 Gulden 6 Groschen und 9 Pfennig.
Nun wollte ich gern wissen, wie der Gulden gerechnet ist, wobei 1 Groschen einen Wert von 12 Pfennig hat.
Mach's so. Sprich: 4 Ellen für 5 Gulden – wie teuer sind 21 Ellen?
Rechne den Gulden für 30 Groschen. Das macht 26 Gulden 7 Groschen 6 Pfennig. Es sollten aber 26 Gulden 6 Groschen 9 Pfennig sein. Das sind 9 Pfennig zu viel.
Rechne den Gulden für 40 Groschen und prüfe nach. Dann kommen 3 Groschen 3 Pfennig, d. h. 39 Pfennig, zu viel heraus, und dann steht:

30	plus	9	
			30
40	plus	39	

Führe die Rechnung durch. Dann kommen 27 Groschen heraus. So wird der Gulden gerechnet. Und ebenso ähnliche Beispiele.

4) Einer hat einiges Geld. Das legt er an, gewinnt ebenso viel dazu und verbraucht 1 Gulden. Den Rest legt er abermals an, gewinnt ebenso viel dazu und verbraucht 2 Gulden. Was er behält, legt er zum dritten Mal an, gewinnt ebenso viel dazu, verbraucht 3 Gulden und behält 10 Gulden. Wie viel hat er zuerst gehabt?
Mach's so: Setze an, er habe 3 Gulden gehabt. Überprüfe die so. Sprich: 2 mal 3 macht 6, davon 1 abgezogen – bleiben 5. Verdopple, so kommen 10 heraus. Davon 2 Gulden abgezogen – bleiben 8. Verdopple die auch, so werden es 16. Davon ziehe 3 ab; es bleiben 13. Es sollten aber 10 sein. Also sind es 3 zu viel.
Setze deshalb 4 an und überprüfe die wie eben. Dann steht:

3	plus	3	
			8
4	plus	11	

Rechne es aus. Dann kommen $2\frac{5}{8}$ Gulden heraus. So viel Geld hat er zuerst gehabt oder dazubekommen.

5) Einer hat Geld, verspielt davon $\frac{1}{3}$, verbraucht vom Übrigen 4 Gulden, handelt mit dem Rest, verliert $\frac{1}{4}$ und behält 20 Gulden. Wie viel hat er zu Anfang mit sich geführt?
Mach's so: Setze an, er habe 12 Gulden mit sich geführt. Ziehe $\frac{1}{3}$, das sind 4 Gulden, und die 4 Gulden, die er verbraucht, davon ab: Es bleiben 4 Gulden. $\frac{1}{4}$ davon ziehe ab. Dann bleiben 3, es sollten aber 20 Gulden sein. Das sind 17 Gulden zu wenig.

Setze deshalb 24 an und überprüfe die wie eben. Dann steht:

12	minus	17	
			6
24	minus	11	

Führe die Rechnung durch. Dann kommen 46 Gulden heraus. So viel hat er gehabt.

6) Einer hat Geld, gewinnt $\frac{1}{3}$ dazu, legt alles an, gewinnt aus Kapital und Zins $\frac{1}{4}$ dazu und bringt 30 Gulden zustande. Wie viel hat er zuerst gehabt?
Mach's so: Nimm dir eine Zahl vor, die durch 3 geteilt werden kann, z. B. 6. Sprich: $\frac{1}{3}$ von 6 sind 2. Die addiere zu 6; es kommen 8 heraus. Ziehe $\frac{1}{4}$ davon ab, also 2, und gib die zu 8. Es werden 10, sollten aber 30 sein. Das sind 20 zu wenig.
Setze deshalb an, er habe 12 gehabt, und überprüfe auch die. Das ergibt 10 zu wenig. Dann steht:

6	minus	20	
			10
12	minus	10	

Mach's wie zuvor, so kommen 18 Gulden heraus.

7) Ein Kaufmann zieht mit Geld los. Er gewinnt $\frac{1}{3}$ seines Kapitals und 4 Gulden dazu, legt Kapital und Zins an, gewinnt davon $\frac{1}{4}$ und bringt 40 Gulden zusammen. Wie viel Geld hat er zu Anfang mit sich geführt?
Setze 6 Gulden an. Dazu addiere den dritten Teil und 4 Gulden, also 6; es werden 12. Davon sind 3 der vierte Teil. Die addiere zu 12. Dann kommen 15 heraus, es sollten aber 40 sein. Das sind 25 Gulden zu wenig.

Setze deshalb an, er habe 12 Gulden mit sich geführt. Prüfe wie eben. Dann steht:

6	minus	25	
			10
12	minus	15	

Rechne es aus, so kommen 21 Gulden heraus. So viel hat er mit sich geführt.

8) Einer zieht nach Naumburg und kauft Fisch. $\frac{1}{3}$ davon werden ihm gestohlen, $\frac{1}{4}$ des Geldes verliert er an den Fischen, und der Erlös beträgt 8 Gulden. Wie viel Geld hat er zuerst gehabt?
Setze 12 Gulden an. Sprich: $\frac{1}{3}$ von 12 sind 4. Nun nimm auch $\frac{1}{4}$ von 12, das sind 3. Die addiere zu 4; es werden 7. Ziehe 7 von 12 ab. Es bleiben 5, sollten aber 8 sein. Also »lügt« 12: minus 3.
Setze deshalb an, er habe 24 Gulden gehabt. Prüfe nach, und dann steht:

12	minus	3	
			5
24	plus	2	

Rechne es aus, so kommen $19\frac{1}{5}$ Gulden heraus. So viel hat er mit sich geführt.

9) Einer fragt, wie alt er sei. Man antwortet ihm: Wenn er noch einmal so alt und halb so alt wie die Summe und noch ein Viertel all dieser Jahre alt wäre, so wäre er 100 Jahre alt.
Die Frage: Wie alt ist er?

Mach's so: Setze an, er sei 16 Jahre alt. Noch einmal so alt wäre auch 16, die Hälfte der Summe wäre auch 16, und ein Viertel all dieser Jahre wäre 12. Diese Jahre alle zusammen machen 60. Das sind 40 zu wenig.
Setze deshalb 20 Jahre an und überprüfe sie. Dann steht:

16	minus	40	
			15
20	minus	25	

Rechne es aus, so kommen $26\frac{2}{3}$ Jahre heraus.

10) Einer nimmt einen Arbeiter 30 Tage unter Vertrag. Wenn er arbeitet, gibt er ihm 7 Pfennig pro Tag. Wenn er aber faulenzt, rechnet er ihm 5 Pfennig pro Tag ab. Und als die 30 Tage vorbei sind, ist keiner dem anderen etwas schuldig geblieben.
Die Frage: Wie viel Tage hat er gearbeitet und wie viel Tage hat er gefaulenzt?
Mach's so: Setze an, er habe 15 Tage gearbeitet und 15 Tage gefaulenzt.
Multipliziere 15 mit 7 und 15 mit 5: Es kommen 105 und 75 heraus. Ziehe eins vom anderen ab; es bleiben 30. So viel sind es zu wenig. Setze deshalb an, er habe 10 Tage gearbeitet und 20 Tage gefaulenzt, und prüfe wie eben nach. Dann steht:

15	minus	30	
			60
10	plus	30	

Rechne es aus. Dann kommen $12\frac{1}{2}$ Tage heraus: So viel hat er gearbeitet. Die ziehe von 30 Tagen ab. Es bleiben $17\frac{1}{2}$ Tage: So viel hat er gefaulenzt.

11) Einer hat Geld, legt es an und gewinnt 4 Gulden. Er legt alles zum zweiten Mal an und gewinnt die Hälfte des verzinsten Kapitals und 5 Gulden dazu. Zum dritten Mal legt er alles an und gewinnt ein Viertel der ganzen Summe. Er bringt 70 Gulden zustande.
Die Frage: Wie viel hat er zuerst gehabt?
Mach's so: Setze an, er habe 6 Gulden gehabt. Addiere 4, das gibt 10. Addiere die Hälfte und 5 dazu; es werden 20. Davon $\frac{1}{4}$ sind 5. Die gib zu 20. Es kommen 25 heraus, sollten aber 70 sein. Das sind 45 zu wenig.
Setze deshalb 12 an und überprüfe die ebenfalls. Dann steht:

6	minus	45
12	minus	$33\frac{3}{4}$

Verwandle die Fehlbeträge in ganze Zahlen. Dann steht wie hier:

6	minus	180	
			45
12	minus	135	

Rechne es aus. Dann kommen 30 Gulden heraus. So viel hat er gehabt.

12) Nenne mir eine Zahl: Wenn ich $\frac{5}{6}$ dieser Zahl abziehe und zum Rest $\frac{1}{4}$ der ersten Zahl addiere, dann kommt 7 heraus.
Setze an, die Zahl sei 24. Ziehe davon $\frac{5}{6}$, also 20, ab; es bleiben 4. Addiere dazu $\frac{1}{4}$ der ersten Zahl, also 6. Das werden 10, sollten aber 7 sein. Es sind 3 zu viel.
Setze deshalb an, die Zahl sei 12. Überprüfe sie wie eben. Dann steht:

24	plus	3	
			5
12	minus	2	

Rechne es aus, so kommt $16\frac{4}{5}$ heraus.

13) Zwei, etwa A und B, wollen ein Pferd für 15 Gulden kaufen. A spricht zu B: Gib mir $\frac{1}{3}$ von deinem Geld, so will ich meines dazutun und das Pferd bezahlen. B spricht zu A: Gib mir von deinem Geld $\frac{1}{4}$, so will ich mit meinem Geld zusammen das Pferd bezahlen.
Nun frage ich, wie viel Geld jeder Einzelne hat.
Setze für A 12 Gulden an. Dann fehlen ihm an der Bezahlung 3 Gulden, die $\frac{1}{3}$ des Geldes von B ausmachen. Also muss B 9 Gulden haben. – Überprüfe das so. Sprich: $\frac{1}{3}$ des Geldes von B sind 3 Gulden; zu den 12 von A addiert, kommen 15 Gulden heraus, der Preis des Pferdes. Nun will B von A $\frac{1}{4}$ haben, das sind 3 Gulden. Addiere 3 zu 9; es werden 12, das sind 3 zu wenig.
Setze deshalb an, A habe 8 Gulden. Dann muss B 21 Gulden haben. Überprüfe das ebenfalls: Es sind 8 zu viel. Und dann steht:

A	B			
12	9	minus	3	
				11
8	21	plus	8	

Rechne das Geld von A zuerst aus: Es kommen $10\frac{10}{11}$ Gulden heraus. Danach das Geld von B: Es werden $12\frac{3}{11}$ Gulden.

14) Zwei wollen ein Haus für 39 Gulden kaufen. A will von B von dessen Geld und B von A $\frac{3}{4}$ von dessen Geld haben. Die Frage: Wie viel Geld hat jeder Einzelne gehabt?
Setze an, A habe 36 Gulden gehabt. Also fehlen ihm 3 an der Bezahlung, welche $\frac{2}{3}$ des Geldes von B ausmachen. Suche deshalb den gesamten Betrag von B. Sprich: 2 gibt 3. Was geben 3? Das macht $4\frac{1}{2}$. Überprüfe das so. Sprich: $\frac{2}{3}$ des Geldes von B sind 3 Gulden. Gib sie zum Geld von A: es werden 39 Gulden.
Nun sprich: $\frac{3}{4}$ des Geldes von A sind 27 Gulden. Die gib zum Geld von B: Es werden $31\frac{1}{2}$ Gulden. Das sind $7\frac{1}{2}$ Gulden zu wenig.
Setze deshalb an, A habe 32 Gulden. Dann muss B $10\frac{1}{2}$ Gulden haben. Prüfe wie eben nach. Dann steht:

A	B			
36	$4\frac{1}{2}$	minus	$7\frac{1}{2}$	
				3
32	$10\frac{1}{2}$	minus	$4\frac{1}{2}$	

Berechne zuerst das Geld von A. Verwandle die Fehlbeträge in ganze Zahlen. Dann steht:

36	minus	15	
			6
32	minus	9	

Führe die Rechnung durch. Dann kommen für A 26 Gulden heraus.
Wenn diese von 39 abgezogen werden, bleiben 13 Gulden, die $\frac{2}{3}$ des Geldes von B ausmachen. Deshalb sprich: 2 geben 13 – was geben 3?
Ergebnis: $19\frac{1}{2}$ Gulden
Oder mach's ebenfalls nach der Regel: Setze die zu B gehörenden falschen Zahlen, schreibe sie als Brüche und gehe mit dem Nenner heraus. Dann steht:

9	minus	15	
			12
21	minus	9	

Rechne es aus. Dann kommt das Ergebnis ebenfalls heraus, wie oben aufgeschrieben.

15) A spricht zu B: Gib mir 1 Pfennig, dann habe ich so viel, wie du behältst. B antwortet: Gib mir 1 Pfennig, dann habe ich dreimal so viel, wie du behältst.
Nun frage ich, wie viel ein jeder hat.
Setze an, A habe 5 Pfennig. Dann muss B 7 Pfennig haben, denn wenn A 1 Pfennig erhält, so hat jeder 6 Pfennig.
Erhält aber B von A 1 Pfennig, so bekommt B 8 Pfennig, und A behält 4 Pfennig. Nun soll aber B dreimal so viel haben wie A, das sind 12 Pfennig. Also sind es 4 Pfennig zu wenig.

Setze deshalb an, A habe 4 Pfennig. Dann muss B 6 Pfennig haben. Prüfe wie eben nach. Dann steht:

A	B			
5	7	minus	4	
				2
4	6	minus	2	

Rechne es für einen nach dem anderen aus. Dann kommen für A 3 Pfennig und für B 5 Pfennig heraus.

16) Drei Gesellen wollen ein Haus für 200 Gulden kaufen. Der erste gibt dreimal mehr als der zweite und der zweite viermal mehr als der dritte. Die Frage: Wie viel soll jeder bezahlen?
Setze an, der dritte gebe 10 Gulden. Dann muss der zweite 40 und der erste 120 geben. Zähle zusammen; es werden 170 Gulden. Das sind 30 zu wenig.
Setze deshalb für den dritten 15 Gulden an und überprüfe es: Es sind 55 Gulden zu viel. Dann steht:

10	minus	30	
			85
15	plus	55	

Rechne es aus. Dann kommen für den dritten $11\frac{13}{17}$ Gulden heraus. Multipliziere mit 4; dann ergeben sich $47\frac{1}{17}$ Gulden für den zweiten. Die multipliziere mit 3; dann kommt heraus, dass der erste $141\frac{3}{17}$ Gulden zu geben hat.

17) Einer hat Arbeiter. Wenn er jedem 7 Pfennig gibt, behält er 30 Pfennig. Gibt er aber jedem 9 Pfennig, so fehlen ihm 30 Pfennig. Wie viel Arbeiter hat er gehabt?

Setze an, es seien 20 Arbeiter gewesen: Multipliziere mit 7 und addiere 30; es werden 170 Pfennig. Multipliziere 20 mit 9 und subtrahiere 30. Es bleiben 150, sollten aber 170 sein. Also sind es 20 zu wenig.
Setze deshalb 40 an und prüfe. Dann steht:

20	minus	20	
			40
40	plus	20	

Führe die Rechnung durch. Dann kommen 30 Arbeiter heraus.

18) Drei, nämlich A, B und C, wollen einen Weiher für 100 Gulden kaufen. A will von B die Hälfte des Geldes haben, B von C ein Drittel und C von A ein Viertel.
Wie viel hat jeder gehabt?
Setze an, A habe 60 Gulden. Dann muss B 80 Gulden haben, denn A fehlen 40 Gulden, die die Hälfte des Geldes von B ausmachen. Nun fehlen B an der Bezahlung 20 Gulden, die $\frac{1}{3}$ des Geldes von C sind. Deshalb muss C auch 60 Gulden haben. Überprüfe diese: Es fehlen C an der Bezahlung 25 Gulden.
Ebenso setze eine andere falsche Zahl an, etwa: A habe 68 Gulden gehabt. Dann muss B 64 Gulden und C 108 Gulden haben. Prüfe nach, so kommt heraus, dass C für die Bezahlung des Weihers 25 Gulden zu viel hat. Dann steht:

A	B	C			
60	80	60	minus	25	
					50
68	64	108	plus	25	

Rechne es für einen nach dem anderen aus.

Es ergeben sich für A 64 Gulden, für B 72 Gulden und für C 84 Gulden.
So viel hat jeder Einzelne gehabt.

19) Einer spricht zum anderen: Wenn ich noch einmal so viel und ein Drittel und ein Viertel so viel hätte, so hätte ich so viel Geld mehr als 100 Gulden, wie ich jetzt weniger als 100 Gulden habe. Wie viel hat er gehabt?
Mach's so: Setze 48 an. Das sind 52 weniger als 100. Überprüfe folgendermaßen. Sprich: 48, 48, 16 und 12 macht in einer Summe 124. Ziehe 100 ab. Dann bleiben 24, es sollten aber 52 sein. Das sind 28 zu wenig. Deshalb setze an, er habe 60 Gulden gehabt. Überprüfe das ebenfalls: Es kommen 15 zu viel heraus. Dann steht:

48	minus	28	
			43
60	plus	15	

Rechne es aus. Dann kommen $55\frac{35}{43}$ Gulden heraus.

20) Einer kauft 7 Eier minus 2 Pfennig für 5 Pfennig und ein Ei. Wie teuer kommt 1 Ei?
Setze 1 Ei für 5 Pfennig an und sprich: 5 mal 7 sind 35. Ziehe 2 Pfennig ab; es bleiben 33. So viel sollen auch 5 Pfennig und 1 Ei ergeben, also 10 Pfennig. Es kommen 23 Pfennig zu viel heraus.
Setze weiter an, 1 Ei habe 4 Pfennig gekostet, und überprüfe es wie eben. Dann steht:

5	plus	23	
			6
4	plus	17	

Führe die Rechnung durch. Dann kommt $1\frac{1}{6}$ Pfennig heraus. So teuer ist 1 Ei.

21) Einer hat zusammen 20 Pfund Safran und Ingwer. 1 Pfund Safran kostet 3 Gulden, und 2 Pfund Ingwer kosten 1 Gulden. Beim Verkauf erzielt er daraus 45 Gulden.
Nun frage ich, wie viel Pfund es von jeder einzelnen Ware gewesen sind.
Setze 10 Pfund Safran und 10 Pfund Ingwer an. Berechne jedes für sich und addiere. Es kommen 10 Gulden zu wenig heraus.
Setze beim zweiten Mal 12 Pfund Safran und 8 Pfund Ingwer an und überprüfe diese. Dann steht:

10	minus	10	
			5
12	minus	5	

Rechne es aus. Dann kommen 14 Pfund Safran heraus. Die ziehe von 20 Pfund ab; es bleiben 6 Pfund. So viel Ingwer ist es gewesen bzw. so viel Ingwer hat er gehabt.

22) Einer hat 2 silberne Becher und 1 Deckel. Wenn dieser auf den ersten Becher gesetzt wird, hat er das vierfache Gewicht des anderen. Wird der Deckel aber auf den zweiten Becher gesetzt, so ist der zweite Becher dreimal schwerer als der erste. Dabei wiegt der Deckel 16 Lot. Wie viel wiegt jeder Becher für sich?
Mach's so: Setze an, der erste habe 12 Lot gewogen. Addiere den Deckel, d.h. 16 Lot; es werden 28. Das wäre viermal mehr als der zweite Becher. Also muss der zweite 7 Lot an Gewicht haben. Addiere 16 zu 7; es kommen 23 heraus, die 3 mal 12 ergeben sollten. Daran fehlen aber 13.
Setze eine andere zu überprüfende Zahl, etwa 8, an und gehe der Aufgabenstellung gemäß vor. Es kommt 2 zu wenig heraus. Dann steht:

12	minus	13	
			11
8	minus	2	

Rechne es aus. Dann kommen $7\frac{3}{11}$ Lot heraus. So viel wiegt der erste Becher. Suche den zweiten, wie beschrieben: Es werden $5\frac{9}{11}$ Lot. Oder berechne ihn durch Ansatz der falschen Zahlen mitsamt den dazugehörenden Fehlbeträgen.

23) Einer kauft etliche Ellen Tuch, je 3 Ellen für 2 Gulden, und verkauft wieder 4 Ellen für 3 Gulden. Nach Kauf und Verkauf hat er 10 Gulden gewonnen.
Die Frage: Wie viel Ellen waren es?
Setze 60 Ellen an und berechne, was die kosten. Sprich: 60 Ellen – je 3 Ellen für 2 Gulden – machen 40 Gulden. Schaue, welchen Erlös er daraus hat. Sprich: 4 Ellen für 3 Gulden – wie teuer kommen 60 Ellen? Das macht 45

Gulden. Davon ziehe 40 ab. Es bleiben 5, sollten aber 10 sein. Das sind 5 zu wenig.
Setze eine andere falsche Zahl an, etwa 90. Überprüfe sie: Es kommen $2\frac{1}{2}$ zu wenig heraus. Verwandle die Fehlbeträge in ganze Zahlen. Dann steht:

60	minus	10	
			5
90	minus	5	

Verfahre nach Vorschrift. Dann kommen 120 Ellen heraus.

24) Einer transportiert von Wien nach Regensburg 60 Fuder Wein. Eines davon gibt er dem Zöllner, von dem er 30 Gulden zurückerhält. Nun kommt ein anderer, bringt 200 Fuder und gibt dem Zöllner 1 Fuder und 20 Gulden.
Die Frage: Wie viel ist 1 Fuder wert gewesen?
Setze 40 Gulden an. Sprich: 30 weniger – bleiben 10, die er dem Zöllner gegeben hat. Sprich: 60 geben 10 Gulden. Was geben 200?
Das macht $33\frac{1}{3}$ Gulden, es sollten aber 60 Gulden sein. Also sind es $26\frac{2}{3}$ Gulden zu wenig.
Setze weiter an, 1 Fuder koste 50 Gulden, und überprüfe dies ebenfalls. Dann kommen $3\frac{1}{3}$ Gulden zu wenig heraus.
Verwandle die Fehlbeträge in ganze Zahlen. Dann steht:

40	minus	80	
			70
50	minus	10	

Führe die Rechnung durch. Dann kommen $51\frac{3}{7}$ Gulden heraus. So viel hat 1 Fuder Wein gekostet.

25) Einer erzielt aus dem Verkauf von einigen Waren 160 Gulden. Die eine Sorte Gulden ist 4 Dickpfennig, die andere 3 Dickpfennig wert. In einer Summe ergeben sie 560 Dickpfennig.

Die Frage: Wie viele von den Gulden waren 4 Dickpfennig und wie viele 3 Dickpfennig wert?

Setze 50 Gulden zu 4 und 110 Gulden zu 3 Dickpfennig an. Multipliziere 50 mit 4 und 110 mit 3 und addiere. Es kommen 30 zu wenig heraus. Setze deshalb 60 Gulden zu 4 und 100 Gulden zu 3 Dickpfennig an und überprüfe wie eben. Es kommen 20 zu wenig heraus. Dann steht:

50	minus	30	
			10
60	minus	20	

Führe die Rechnung durch. Es kommen 80 Gulden zu je 4 Dickpfennig heraus. Ziehe die von 160 Gulden ab. Dann bleiben 80: So viele Gulden sind es von der anderen Sorte gewesen.

26) Drei bilden eine Handelsgesellschaft. Der erste nimmt die Hälfte des Gewinns, der zweite $\frac{1}{3}$ und der dritte $\frac{1}{4}$. Zusammen haben sie dann 50 Gulden.
Die Frage: Wie viel haben sie gewonnen?
Setze eine Zahl an, in der die Anteile enthalten sind, etwa 36. Sprich: Die Hälfte von 36 macht 18, ein Drittel macht 12, und ein Viertel macht 9. Addiere: es werden 39. Das sind 11 zu wenig.
Deshalb setze an, sie hätten 48 Gulden gewonnen, und überprüfe wie eben. Dann steht:

36	minus	11	
			13
48	plus	2	

Führe die Rechnung durch. Dann kommen $46\frac{2}{13}$ Gulden heraus: So viel haben sie gewonnen.

27) Einer kauft 3 Mark Silber für 30 Dukaten 7 Groschen, der Dukaten für 30 Groschen gerechnet, und zwar so: Die zweite Mark ist um 5 Groschen mehr als doppelt so teuer wie die erste, für die dritte Mark bezahlt er 11 Groschen mehr als den dreifachen Preis der ersten beiden zusammen.
Die Frage: Was hat er jeweils für eine Mark bezahlt?
Setze für die erste 5 Dukaten an. Dann muss die zweite 10 Dukaten 5 Groschen und die dritte 45 Dukaten 26 Groschen kosten. Zähle zusammen: Es kommen 61 Dukaten 1 Groschen heraus, es sollten aber 30 Dukaten 7

Groschen sein. Das sind 30 Dukaten 24 Groschen oder $30\frac{4}{5}$ Dukaten zu viel.
Setze deshalb an, die erste Mark sei 2 Dukaten wert gewesen, und überprüfe wie eben. Dann kommen $5\frac{1}{5}$ Dukaten zu wenig heraus. Verwandle die Fehlbeträge in ganze Zahlen. Dann steht, wie hier folgt:

5	plus	154	
			180
2	minus	26	

Rechne es aus. Dann kommen 2 Dukaten und 13 Groschen heraus. So viel war die erste Mark wert. Verdopple, dann ergeben sich – mit den 5 Groschen dazu – 5 Dukaten 1 Groschen. Jetzt kostet die dritte Mark dreimal so viel wie die ersten beiden zusammen (und noch 11 Groschen mehr): Das sind 22 Dukaten und 23 Groschen.

28) Einer hat zweierlei Sorten gekörntes Silber: Von der ersten hat 1 Mark einen Feingehalt von 10 Lot, von der zweiten hat 1 Mark einen Feingehalt von 15 Lot. Von diesen beiden will er eine Sorte haben, bei der 1 Mark einen Feingehalt von $13\frac{1}{2}$ Lot besitzt.
Die Frage: Wie viel soll er von jeder Sorte nehmen?
Mach's so: Setze an, er nehme von der ersten Sorte 8 Lot und von der zweiten auch 8 Lot. Berechne den Feingehalt folgendermaßen:

16	10 Lot	8
16	15 Lot	8

Multipliziere, addiere und dividiere: Es kommen $12\frac{1}{2}$ Lot Feingehalt heraus, es sollten aber $13\frac{1}{2}$ Lot sein. Das ist 1 Lot zu wenig.

Setze deshalb an, er nehme von der ersten Sorte 6 Lot und von der zweiten 10 Lot, und überprüfe dies wie eben. Es kommen $\frac{3}{8}$ Lot zu wenig heraus.
Schreibe die Fehlbeträge als ganze Zahlen. Dann steht:

8	minus	8	
			5
6	minus	3	

Rechne es aus. Es kommt heraus, dass von der ersten Sorte Silber $4\frac{4}{5}$ Lot zu nehmen sind. Die ziehe von 1 Mark ab. Es bleiben $11\frac{1}{5}$ Lot: So viel muss er von der anderen Sorte nehmen.

29) Einer hat zwei Sorten Groschen: Von der einen haben 20, von der anderen haben 30 den Wert von 1 Gulden. Nun kommt einer und will insgesamt 27 Groschen für 1 Gulden haben. Wie viel soll er ihm von jeder Sorte geben?
Setze von der ersten Sorte die Hälfte und von der zweiten auch die Hälfte an und prüfe so. Sprich: $\frac{1}{2}$ von 20 sind 10, und $\frac{1}{2}$ von 30 sind 15. Addiere 10 und 15. Es kommen 25 heraus, sollten aber 27 sein. Das sind 2 zu wenig.
Setze deshalb $\frac{1}{4}$ vom Gulden zu 20 und $\frac{3}{4}$ vom Gulden zu 30 Groschen an und prüfe auch wie eben. Dann steht:

$\frac{1}{2}$	$\frac{1}{2}$	minus	2
$\frac{1}{4}$	$\frac{3}{4}$	plus	$\frac{1}{2}$

Verwandle die Fehlbeträge hinten in ganze Zahlen, verwandle vorne in Viertel und gehe mit 4 in den Teiler hinein:

2	2	minus	4	
				20
1	3	plus	1	

Führe die Rechnung nach der Regel durch. Dann kommen von der ersten Sorte zu 20 Groschen $\frac{3}{10}$ Gulden und von der zweiten Sorte zu 30 Groschen $\frac{7}{10}$ Gulden heraus.

30) Nenne mir eine Zahl: Wenn ich dazu $\frac{2}{3}$ dieser Zahl addiere, die Summe mit 4 multipliziere, zum Produkt 8 addiere, diese Zahl halbiere, diese Hälfte durch 4 dividiere und 4 subtrahiere, dann verbleiben 20.
Es stellt sich die Frage nach der Zahl.
Mach's so: Setze an, die Zahl sei 12. Sprich: $\frac{2}{3}$ von 12 machen 8. Addiere zu 12; dann kommt 20 heraus. Multipliziere mit 4 – es werden 80. 8 dazu ergeben 88. Halbiere – es werden 44. Teile durch 4 – es werden 11. Ziehe 4 ab. Es bleiben 7, sollten aber 20 sein. Das sind 13 zu wenig.
Setze deshalb an, 24 sei die Zahl, und überprüfe sie. Es kommen 3 zu wenig heraus. Dann steht:

12	minus	13	
			10
24	minus	3	

Führe es nach der Regel durch. Dann kommt $27\frac{3}{5}$ heraus.

31) Ein Fuhrmann fährt von Leipzig nach Nürnberg in 6 Tagen. Ein anderer Fuhrmann fährt am selben Tag von Nürnberg ab und kommt in 8 Tagen nach Leipzig. In wie viel Tagen treffen sie zusammen?
Mach's so: Setze an, sie träfen in 3 Tagen zusammen, und überprüfe es: Dann hat der erste die Hälfte, der zweite $\frac{3}{8}$ des Weges zurückgelegt. Addiere; es kommen $\frac{7}{8}$ des Weges heraus. Das ist $\frac{1}{8}$ zu wenig.
Setze deshalb an, sie träfen in 6 Tagen zusammen, und prüfe wie eben nach. Es kommen $\frac{6}{8}$ zu viel heraus. Dann steht:

3	minus	1	
			7
6	plus	6	

Rechne es aus, es kommen $3\frac{3}{7}$ Tage heraus. Nach so langer Zeit treffen sie zusammen.

32) Etliche Personen, und zwar Landsknechte und Bauern, haben sich unterstanden, eine Beute zu holen. Zusammen waren es 400 Leute.
Die Frage: Wie viele sind es jeweils von beiden Gruppen gewesen? Denn wenn ein Viertel der Bauern zur Hälfte der Landsknechte addiert wird, dann kommt die Zahl der Landsknechte heraus.
Mach's so: Setze an, es seien 200 Landsknechte und ebenso viele Bauern gewesen. Prüfe es nach: Dann kommen 150 heraus. Das sind 50 zu wenig.
Deshalb setze 100 Landsknechte und 300 Bauern an und prüfe wie eben nach. Dann steht:

200	minus	50	
			75
100	plus	25	

Führe die Rechnung durch. Dann kommen $133\frac{1}{3}$ Landsknechte heraus. Die ziehe von 400 ab. Dann bleiben $266\frac{2}{3}$ Bauern übrig.

33) 8 Pfund Feigen kosten 1 Gulden, und 5 Pfund Rosinen kosten auch 1 Gulden. Wie viel habe ich für 2 Gulden zu bekommen, wenn die beiden Warenmengen gleich sein sollen?
Mach's so: Setze von jeder Ware 8 Pfund an und überprüfe es. Dann kommen $\frac{3}{5}$ Gulden zu viel heraus.

Setze deshalb von jeder Ware 16 Pfund an und prüfe nach: Es sind $3\frac{1}{5}$ Gulden zu viel.
Verwandle die Fehlbeträge in ganze Zahlen. Dann steht:

8	plus	3	
			13
16	plus	16	

Führe die Rechnung durch. Dann kommen $6\frac{2}{13}$ Pfund heraus. So viel soll er für die 2 Gulden von jeder Ware nehmen.

34) Einer fragt, welche Stunde es geschlagen hat. Man antwortet ihm: Du weißt, dass der Tag 15 Stunden lang ist. Wenn du die Stunden wissen willst, nimm $\frac{2}{3}$ von den vergangenen und $\frac{1}{7}$ von den noch kommenden. Dann hast du, welche Stunde es geschlagen hat.
Mach's wie bei den bisher beschriebenen Beispielen: Dann kommen $4\frac{1}{2}$ Stunden heraus.

Hiermit will ich die Regel der falschen Zahlen für dieses Mal abgeschlossen haben. Obwohl noch andere Fragen mehr vorhanden waren, die zu erklären gewesen wären, habe ich diese wegen der Schwierigkeit für die Anfänger ausgelassen.

Zech- oder Jungfrauenrechnung

Über Vieles und Verschiedenes wird unter den Laien und des Rechnens Unkundigen geredet, z.B. über folgendes Problem:

Männer, Frauen und Jungfrauen sind in einem Wirtshaus versammelt, vertrinken einen Geldbetrag und zahlen unterschiedlich.

Um eine solche Aufgabe zu lösen, sollst du dir diese hübsche Rechnung gewissenhaft merken, die Zechrechnung genannt wird.

Mach's so: Schreibe dir linker Hand die Anzahl der Personen auf, rechter Hand, wie viel sie vertrunken haben, und in die Mitte schreibe, wie viel jeweils eine Person von jeder Gruppe im Einzelnen bezahlt. Danach wandle das Geld überall in die kleinste Benennung um. Sodann multipliziere die kleinste Zeche mit den Personen und ziehe das Ergebnis von dem ab, was sie vertrunken haben. Was dann bleibt, ist die Zahl, die geteilt werden soll.

Und du sollst im Besonderen wissen, dass es stets einen Teiler weniger gibt, als Personengruppen vorhanden sind. Diese Teiler berechne so: Du erhältst sie, wenn du die kleinste Zeche jeweils von den anderen abziehst.

Ist 1 Teiler vorhanden, so teile. Dann kommt die Personengruppe heraus, die am meisten Zeche zahlt. Ziehe diese Gruppe von den Personen ab, so hast du die Gruppe, die am wenigsten bezahlt.

Gibt es aber 2 Teiler, so zerlege die Zahl, die geteilt werden soll, als Summe in zwei Teile, und zwar so, dass zugleich der eine Teil mit dem größeren Teiler und der andere mit dem kleineren Teiler gekürzt werden kann. Danach addiere und ziehe die Summe von den Personen ab. So erhältst du aus dem Rest die Anzahl der dritten Personengruppe.

Ebenso geht es auch, wenn mehr Teiler vorhanden sind, wie folgende Beispiele deutlich aufzeigen werden.

1) 21 Personen – Männer und Frauen – haben 81 Pfennig vertrunken. Jeder Mann soll 5 Pfennig und jede Frau 3 Pfennig geben.
Nun frage ich, wie viele Personen beiderlei Geschlechts es im Einzelnen gewesen sind.
Setze:

	Mann	5		
21 Personen			Pfennig	81 Pfennig
	Frau	3		

Ziehe 3 Pfennig von 5 Pfennig ab; es bleiben 2, der Teiler. Nun multipliziere 3 mit 21; es kommen 63 heraus. Die ziehe von 81 Pfennig ab; es bleiben 18. Die teile durch 2. Es kommen 9 Männer heraus. Die ziehe von 21 Personen ab. Dann bleiben 12: So viele Frauen sind es gewesen. Und ebenso ähnliche Beispiele.

2) 20 Personen – Männer, Frauen und Jungfrauen – haben 20 Pfennig vertrunken. Jeder Mann gibt 3 Pfennig, jede Frau 2 Pfennig und jede Jungfrau 1 Heller.
Wie viele Personen von jeder Gruppe sind es gewesen? Mach's nach der Rechenvorschrift. Setze:

	Mann	3 Pfennig	
20 Personen	Frau	2 Pfennig	20 Pfennig vertrunken
	Jungfrau	1 Heller	

Wandle überall in Heller um und setze:

	6.	5	
20	4.	3	40
	1		

Berechne deine Teiler: Ziehe 1 von 6 (und von 4) ab; es bleiben 5, der Teiler für die Männer, bzw. 3, der Teiler für die Frauen.
Nun multipliziere 1 Heller, den jede Jungfrau bezahlt, mit 20 Personen; es kommen 20 heraus. Die ziehe von 40 ab; dann bleiben 20. Zerlege 20 als Summe in zwei Teile, sodass zugleich der eine mit 5 und der andere mit 3

gekürzt werden kann: Das sind 5 und 15. Teile jeden Teil durch seinen Teiler: Es kommen 1 Mann und 5 Frauen heraus. Ziehe diese von 20 Personen ab. Es bleiben 14: So viele Jungfrauen sollst du errechnet haben.
Und ebenso rechne ähnliche Beispiele.

3) Einer hat 100 Gulden. Dafür will er 100 Stück Vieh kaufen, nämlich Ochsen, Schweine, Kälber und Ziegen. 1 Ochse kostet 4 Gulden, 1 Schwein $1\frac{1}{2}$ Gulden, ein Kalb $\frac{1}{2}$ Gulden und 1 Ziege 1 Ort von 1 Gulden. Wie viel Vieh soll er von jeder Art für die 100 Gulden haben?
Mach's nach den vorigen Beispielen. Wandle die Preise für jede Art in Örter um, ebenso die 100 Gulden, und setze danach:

	16.	15	
	6.	5	
100			400
	2.	1	
	1		

Multipliziere 1 mit 100; es kommen 100 heraus. Ziehe diese von 400 ab; es bleiben 300. Zerlege 300 als Summe in 3 Teile, sodass zugleich jeder mit seinem Teiler gekürzt werden kann, etwa 180, 100 und 20. Teile jede Zahl durch ihren Teiler: Dann kommen 12 Ochsen, 20 Schweine und 20 Kälber heraus. Zähle Ochsen, Schweine und Kälber zusammen; es werden 52. Ziehe die von 100 ab. Dann bleiben 48: So viele Ziegen sind es gewesen.
Willst du nun prüfen, ob du es richtig gemacht hast, so rechne aus, wie viel jede Art Vieh im Einzelnen kostet, und zähle zusammen. Dsann kommen gerade 100 Gulden heraus.
Und ebenso mach's bei ähnlichen Beispielen.

Nach dieser Regel folgen nun andere Probleme.

4) Einer stellt die Aufgabe, aufeinanderfolgende Zahlen zu schreiben wie hier, sodass überall 15 herauskommt.

1	2	3
4	5	6
7	8	9

Willst du solches und Ähnliches lösen, so sprich jedes Mal: 15 gibt 5 in der Mitte. Was gibt dann die Zahl, die du überall haben willst – in diesem Fall 15?
Es kommt wieder 5 heraus. Die setze in die Mitte und setze danach sofort:

6	7	8
1	5	9
2	3	4

Danach wechsle 8 und 2 so aus.

Dann hast du überall 15:

6	7	2
1	5	9
8	3	4

5) Du sollst mir Zahlen setzen, die aufeinanderfolgen, sodass überall 24 herauskommt – auch in drei Zeilen. Mach's so: Suche die Zahl, die in die Mitte kommt. Sprich: 15 gibt 5. Was gibt 24? Das macht 8. Setze daher so:

9	10	11
4	8	12
5	6	7

Wechsle die beiden Ecken mit 5 und 11 aus, wie folgt:

9	10	5
4	8	12
11	6	7

6) Nach oben beschriebener Weise seien Zahlen in drei Zeilen zu setzen, sodass überall 7 herauskommt. Mach's so. Suche die Zahl, die in die Mitte kommt. Sprich: 15 gibt 5. Was gibt 7? Das macht $2\frac{5}{15}$. Setze daher so:

$2\frac{6}{15}$	$2\frac{7}{15}$	$2\frac{8}{15}$
$2\frac{1}{15}$	$2\frac{5}{15}$	$2\frac{9}{15}$
$2\frac{2}{15}$	$2\frac{3}{15}$	$2\frac{4}{15}$

Wechsle aus. Dann steht es wie hier:

$2\frac{6}{15}$	$2\frac{7}{15}$	$2\frac{2}{15}$
$2\frac{1}{15}$	$2\frac{5}{15}$	$2\frac{9}{15}$
$2\frac{8}{15}$	$2\frac{3}{15}$	$2\frac{4}{15}$

Und ebenso verfahre bei ähnlichen Beispielen.

7) Es seien die Zahlen 1. 2. 3. 4. 5. 6. 7. 8. 9. 10. 11. 12. 13. 14. 15. 16. in vier Zeilen zu setzen, sodass überall 34 herauskommt.
Mach's so. Setze sie nacheinander wie hier:

1	2	3	4
5	6	7	8
9	10	11	12
13	14	15	16

Vertausche die Diagonalzahlen spiegelbildlich. Dann steht:

16	2	3	13
5	11	10	8
9	7	6	12
4	14	15	1

Und ebenso führe nach diesem Beispiel andere gleicher Art durch.

8) Eine Schnecke befindet sich 32 Ellen tief in einem Brunnen. Jeden Tag kriecht sie $4\frac{2}{3}$ Ellen herauf und fällt jede Nacht $3\frac{3}{4}$ Ellen zurück. In wie viel Tagen kommt sie heraus?
Mach's so: Löse beide Brüche in ihre Teile auf, setze also $\frac{14}{3}$ und $\frac{15}{4}$. Multipliziere über Kreuz: Dann kommt mit 56 das Steigen und mit 45 das Fallen heraus. Ziehe eins vom anderen ab; dann bleibt 11, der Teiler. Nun multipliziere die Nenner miteinander: es werden 12. Damit multipliziere die 32 Ellen; es kommen 384 heraus. Davon ziehe das Fallen, d.h. 45, ab; es bleiben 339. Die teile

durch 11. Dann werden es $30\frac{9}{11}$ Tage. Nach so langer Zeit kommt die Schnecke heraus.
Das ist die richtige Lösung! Sie wurde von Hans Conrad, Erzprüfer in Eisleben, als erstem gefunden.
Dazu kannst du die Probe machen, wenn du ihm keinen Glauben schenken willst, und zwar mit dem Zirkel: Nimm dir eine lange Linie vor, teile sie in 32 Teile und jeden dieser Teile wiederum in 12 Teile. Danach nimm zwei Zirkel: den einen für das Steigen und den anderen für das Fallen. Führe es durch: Dann kommt das Ergebnis wie oben heraus.
Oder mache folgende zahlenmäßige Probe: Löse die 32 Ellen, die die Schnecke zu steigen hat, in Zwölftel auf und teile durch das Steigen. Was herauskommt, schreibe gesondert auf. Multipliziere es mit dem Fallen und addiere dazu den Rest aus dem ersten Steigen. Teile nun wiederum durch das Steigen, und was herauskommt,

schreibe zum Vorigen. Multipliziere es abermals mit dem Fallen und addiere, was vom Steigen übrig geblieben ist. Teile weiter durch das Steigen und schreibe es zum Vorigen. Fahre fort, bis keine Zahl mehr von der anderen abgezogen werden kann. Danach zähle zusammen, was aus jeder Teilung herausgekommen ist. Stimmt diese Summe dann mit der Zahl überein, die zuerst bei der Teilung herausgekommen ist, dann hast du es richtig gemacht.

Mit diesem kurzgefassten Büchlein möchte ich allen Liebhabern der Rechenkunst meine Verehrung zum Ausdruck gebracht haben. Ich bitte diese recht freundlich, das vorliegende Büchlein wohlwollend anzunehmen und bereitwillig zu entschuldigen, wenn irgendein Versehen vorliegt oder irgendetwas nicht ganz gründlich beschrieben ist. Ich möchte danach bestrebt sein, einem jeden nach meinem Vermögen zu dienen, und will zu einer anderen Zeit die Inhaltsbestimmung von Fässern, die Regeln der Algebra und die Buchhaltung gewissenhaft darstellen.

Datum: am Freitag nach Michaelis im Jahre 1522
Gedruckt in Erfurt von
Mathes Maler

Der formale und inhaltliche Aufbau des Rechenbuchs

Das Buch beginnt nach dem Titelblatt mit einer *Vorrede*.

Das 1. Kapitel, *Nummerieren*, behandelt in aller Kürze das Lesen und Schreiben von Zahlen mit arabischen Ziffern im indischen Positionssystem.

Die insgesamt sehr knappe Darstellung des Linienrechnens wird mit einer Erklärung des Linienschemas im Abschnitt *Von den Linien* eingeleitet.

Es folgen die Rechenoperationen auf den Linien: das *Addieren oder Summieren* mit zwei Beispielen, das *Subtrahieren* mit einem Beispiel, das *Duplieren* (Verdoppeln) mit drei Beispielen, das *Medieren* (Halbieren) mit ebenfalls drei Beispielen, das *Multiplizieren* mit einer Einmaleinstafel und 19 Beispielen und schließlich das *Dividieren* mit ebenfalls 19 Beispielen. Keines der Beispiele wird jedoch konkret auf den Linien ausgeführt. Zu jeder der sechs Rechenoperationen wird die jeweilige Umkehroperation als Probe empfohlen.

Daran schließen sich die schriftlichen Rechenverfahren an: das *Addieren*, das *Subtrahieren*, das *Duplieren* und das *Medieren* mit jeweils drei Beispielen, das *Multiplizieren* mit zwei Regeln für einstellige Faktoren (dazu vier bzw. fünf Beispiele) und mit insgesamt acht Beispielen für höherstellige Multiplikanden bzw. für Zehnerzahlen als Multiplikatoren und schließlich das *Dividieren* mit insgesamt sechs Beispielen für ein- bis dreistellige Divisoren bzw. solche mit der Endziffer 0. Zu allen Rechenarten wird neben der jeweiligen Umkehroperation als Rechenprobe stets auch die Neunerprobe erläutert.

Es folgt der Abschnitt *Progression* mit der Berechnung der Summen von je zwei arithmetischen und geometrischen Reihen.

Das Kapitel *Dreisatz* leitet eine Sammlung von 190 Sachaufgaben ein, bei denen der Dreisatz als Lösungsmethode eine mehr oder weniger zentrale Rolle spielt. Die Nummern 4–46, 67, 72–76, 87, 97, 137, 138 und 187 sind allerdings Anwendungsaufgaben zur Multiplikation oder Division, die nur formal als Dreisatzaufgaben behandelt werden: Als erstes Stück bzw. als zweites oder drittes Stück steht jeweils die Einheit. Im ersten und dritten Rechenbuch [18, 29] hat Ries solche Aufgaben als Beispiele zur Multiplikation und Division deklariert und direkt nach der Erläuterung der entsprechenden Rechenoperationen vorgestellt.

1–3:	einfache Dreisatzaufgaben
4–12:	einfache Anwendungen der Multiplikation
13–15:	einfache Anwendungen der Multiplikation mit gemischten Geldwerten
16–31:	Anwendungen der Multiplikation, größtenteils mit gemischten Geldwerten und Gewichtseinheiten
32–38:	Anwendungen der Division, teilweise mit gemischten Geldwerten und Gewichtseinheiten

Es folgt eine Erläuterung des Euklidischen Algorithmus zum Kürzen von Brüchen.

39–43:	»Anwendung« dieses Verfahrens bei Divisionsaufgaben, bei deren Ergebnissen Bruchteile von Größen auftreten

Daran schließt sich ein Lehrgang im Bruchrechnen an: Im 1. Abschnitt *Von gebrochenen Zahlen* wird die Bruchschreibweise erläutert und der Wert einer gebrochenen Größe durch Umwandlung in kleinere Einheiten bestimmt. Das *Addieren von gebrochenen Zahlen* erklärt Ries anhand dreier Beispiele mit gleichnamigen und ungleichnamigen Brüchen. Im Abschnitt *Subtrahieren* geht es wiederum um gleichnamige und ungleichnamige Brüche, aber auch um Subtraktionen mit dem Minuenden 1 und von gemischten Zahlen (insgesamt fünf Beispiele). Es folgen *Duplieren von Brüchen* und *Medieren von Brüchen* (jeweils zwei Beispiele), *Multiplizieren von Brüchen* (drei Beispiele, wobei auch die Multiplikation mit ganzen Zahlen und von gemischten Zahlen berücksichtigt wird), *Dividieren von Brüchen* (sieben Beispiele, wiederum unter Berücksichtigung ganzer und gemischter Zahlen) und schließlich *Bruchteile von Bruchteilen berechnen* (drei Beispiele, das letzte mit einer gemischten Zahl).

44–46:	einfache Anwendungen der Division, wobei gemischte Zahlen vorkommen
47–66:	Dreisatzaufgaben, fast ausschließlich mit gemischten Zahlen
67:	Anwendung der Division
68–70:	Dreisatzaufgaben mit gemischten Zahlen
71:	Dreisatzaufgabe mit reiner Bruchzahl
72:	Divisionsaufgabe mit Brüchen
73–74:	Anwendungen der Multiplikation, ohne Brüche
75:	Anwendung der Division mit Brüchen im Ergebnis
76:	Anwendung der Multiplikation, ohne Brüche
77:	Dreisatzaufgabe mit gemischten Zahlen
78:	Dreisatzaufgabe mit gemischten Zahlen, Rabatt

Es folgen etliche Aufgabenbeispiele in Goldwährung, nämlich Nr. 79–108: Bislang wurde in Silberwährung (Gulden, Groschen, Pfennig, Heller) gerechnet; in diesem Kapitel geht es um Aufgaben mit Preisen in Goldwährung (Gulden, Schilling, Heller).

79–85: Dreisatzaufgaben mit gemischten Zahlen
86: eine gekünstelte Schachtelaufgabe zum Dreisatz, bei der die verschiedenen Rechenoperationen mit Brüchen eingeübt werden sollen
87: eine Anwendung der Multiplikation
88–89: weitere Dreisatzaufgaben
90–91: Dreisatzaufgaben mit Taren
92: weitere Dreisatzaufgabe (ohne Tara)
93–94: Dreisatzaufgaben mit Taren
95: Dreisatzaufgabe ohne Tara
96: Dreisatzaufgabe mit Tara
97: Anwendung der Division auf eine Aufgabe mit Tara
98–102: Dreisatzaufgaben mit Taren
103–107: Aufgaben zur Prozentrechnung
108: Aufgabe mit zweimaliger Dreisatzrechnung

Das anschließende Kapitel *Vom Geldwechsel* enthält 11 Aufgaben (Nr. 109–119) mit wachsendem Schwierigkeitsgrad.

120–126: Aufgaben zum Warentransport mit Fuhrlohn und verschiedenen Währungs- und / oder Gewichtssystemen der jeweiligen Handelsplätze. Die Nummern 120, 121 und 122 sind mit *Gewand*, *Minderwertige Ware* bzw. *Safran* überschrieben.
127: Aufgabe mit mehrfacher Dreisatzrechnung
128–130: weitere Aufgaben zur Prozentrechnung; das Ergebnis von Nr. 129 ist ungenau.
131–135: weitere Dreisatzaufgaben
136: eine Aufgabe mit Tara
137–141: weitere Dreisatzaufgaben
142–143: Aufgaben zum umgekehrten Dreisatz
144–145: Dreisatzaufgaben mit Fragen nach dem Gewichts- bzw. Münzsystem
146: Eine Aufgabe zum Siebensatz

147–148: Aufgaben zum zusammengesetzten Dreisatz
149–150: Zinsrechnungen
151: Zinseszinsrechnung
152–153: weitere Dreisatzaufgaben mit höherem Schwierigkeitsgrad
154: eine Dreisatzaufgabe mit Tara und Rabatt

Es folgt das Kapitel *Silber- und Goldrechnung* (Nr. 155–163): Hierin geht es um Preisberechnungen von Gold und Silber, wobei das Feingewicht eine Rolle spielt.

Im anschließenden Kapitel *Beschickung des Schmelztiegels* (Nr. 164–168) werden Aufgaben zur Legierung von Edelmetallen mithilfe der Mischungsrechnung gelöst.

Der Abschnitt *Vom Münzschlag* (Nr. 169–175) beinhaltet zum Teil recht verwickelte Aufgaben zur Münzprägung. Die zugrunde liegende Lösungsmethode ist wieder der Dreisatz.

Um Gesellschaftsrechnung (Verhältnisrechnung) geht es im Kapitel *Von Handelsgesellschaften* (Nr. 176–185). Dabei fällt Nr. 180 als Aufgabe zur Unterhaltungsmathematik thematisch, nicht aber methodisch aus dem Rahmen.

Im anschließenden Kapitel *Vom Warentausch* (Nr. 186–190) geht es letztmalig um Aufgaben, die mithilfe des Dreisatzes gelöst werden können. In Nr. 187 kommt man allerdings auch ohne Dreisatz aus.

Die zweite zentrale Methode des Buches ist der doppelte falsche Ansatz. Im Kapitel *Die Regel der falschen Zahlen oder der Falsche Ansatz* findet man 34 Aufgaben, die mithilfe dieses Verfahrens der vorsymbolischen Algebra gelöst werden. Neben einigen Aufgaben aus der Praxis behandelt Ries überwiegend traditionelle Probleme der Unterhaltungsmathematik, die wir heute als Denksportaufgaben bezeichnen würden (z. B. Nr. 1, 2, 4–20, 34). Oft sind die Grenzen zwischen den beiden Aufgabentypen nicht klar zu ziehen.

Die drei Aufgaben der *Zech- oder Jungfrauenrechnung* führen auf Systeme Diophantischer Gleichungen, d.h. solcher Gleichungen, die ganzzahlige Lösungen verlangen. Treten dabei mehr Variablen auf, als Gleichungen gegeben sind, so kann es mehrere Lösungen geben (vgl. Nr. 3).

Ohne eigene Kapitelüberschrift schließen sich vier Aufgaben zur Konstruktion magischer Quadrate an (Nr. 4–7).

4–6: magische Quadrate mit 9 Feldern

7: ein magisches Quadrat mit 16 Feldern

Als letzte Aufgabe des Buchs (Nr. 8) behandelt Ries das bekannte Problem der Schnecke, die zum Rand eines Brunnens hochkriecht und dabei Vorwärts- und Rückwärtsbewegungen ausführt. Die Lösung (mittels geometrischer oder arithmetischer Überlegungen) ist nicht ganz korrekt.

Nach einem Abschlusstext, in dem Ries auf eine geplante Veröffentlichung zur Inhaltsbestimmung von Fässern, zur Algebra und zur Buchhaltung hinweist, findet man noch einen Kolophon mit Datum (Freitag nach Michaelis im Jahre 1522) und Angaben über Druckort (Erfurt) und Drucker (Mathes Maler).

Es sei noch einmal bemerkt, dass der Originaltext keine Aufgabennummern enthält. Zur besseren Übersicht und zur Erleichterung beim Zitieren für die weitere Ries-Forschung, insbesondere für Quellenstudien, habe ich eine Nummerierung eingeführt, wie sie Ries selbst in seinem dritten Rechenbuch vorgenommen hat. Gerade auch im Hinblick auf das erste Rechenbuch ist eine solche Nummerierung vorteilhaft (vgl. die Aufgabenkonkordanz zum ersten und zweiten Rechenbuch in der Neuedition [19]).

Kommentar

Vorrede (S. 32):

Dieser Einleitungstext beginnt in der Erstausgabe von 1522 ohne Überschrift; erst in späteren Drucken wird er mit *Vorrede in diß Rechenbuch* o. Ä. überschrieben.

Für ein Werk der Renaissancezeit ist es typisch, dass der Autor zunächst die Bedeutung des behandelten Themas anhand von Quellen der klassischen Antike nachzuweisen versucht. Darüber hinaus greift Ries auf eine biblische und eine frühchristliche Quelle zurück.

Die Aussage, dass alles aus gewissen Zahlen und Maßen zusammengesetzt ist, geht auf das alttestamentliche Buch der Weisheit zurück: »Du aber hast alles nach Maß, Zahl und Gewicht geordnet« (11, 20).

Die berühmte Formel μηδεὶς ἀγεωμέτρητος εἰσίτω (Niemand trete ein, der nichts von Geometrie versteht!), die Platon über die Tür seiner Akademie geschrieben haben soll, ist erst seit dem 4. Jh. n. Chr. durch Kaiser Julian belegt und galt seither als authentisches Verbot Platons. Heute muss sie als legendarische Ausschmückung der hohen Wertschätzung angesehen werden, die Platon der Geometrie gegenüber zum Ausdruck brachte (vgl. »Der Staat«, 6. Buch in [16, Band V, S. 266 f.], 7. Buch in [16, Band V, S. 287 ff.]).

Häufig kommt Platon in seinen Werken auf die (angebliche) Weisheit des Menschen zu sprechen; die von Ries genannte Aussage, dass niemand ohne Kenntnis der Arithmetik, Musik und Geometrie als klug bezeichnet werden kann, findet man allerdings höchstens sinngemäß bei Platon. Vielleicht bezieht sich Ries auf eine Stelle im 7. Buch der »Gesetze«: »Und nun gar ein Mensch – wie kann er sich auch nur entfernt zur Gottähnlichkeit erheben, wenn er nicht weiß, was Eins und Zwei und Drei und überhaupt was Gerade und Ungerade ist, und jeder Kenntnis der Zahlenlehre bar ist und von einer Berechnung von Nacht und Tag nichts versteht und jeder Bekanntschaft mit dem Umlauf des Mondes, der Sonne und der übrigen Gestirne entbehrt. Daß nun alles dies keine notwendigen Lehrgebiete seien für den, der von den allerherrlichsten Wissenschaften sich auch nur die geringsten Kenntnisse verschaffen will, das auch nur zu denken wäre schon eine starke Torheit.« (»Gesetze« in [16, Band VII, S. 307 f.])

Ohne Zweifel hingegen ist nach Platon die Rechenkunst Grundlage für alle anderen Wissenschaften: »… es gibt kein einziges Lehrfach für die Jugend, das für die Haus- und Staatsordnung sowie für alle Künste so wichtig wäre wie die Übung im Rechnen. Der wesentlichste Nutzen dabei aber ist der, daß es die schlummernde und unwissende Seele weckt und sie gelehrig, gedächtnisstark und scharfsinnig macht, dergestalt, daß sie auch trotz widerstrebender Naturanlage dank dieser vom Himmel stammenden Kunst vorwärts schreitet.« (»Gesetze«, 5. Buch in [16, Band VII, S. 172])

Die letzte Passage dieser Platon-Stelle ähnelt verblüffend dem Wort, das Ries dem bekannten jüdischen Geschichtsschreiber in römischen Diensten, Flavius Josephus (37–95 n. Chr.), in den Mund legt. In den Werken des Josephus selbst lässt sich ein solches Zitat nicht nachweisen. Andererseits wird auch Josephus aufgrund der (historisch nicht belegbaren) Umstände, die er im Zusammenhang mit seiner Gefangennahme durch die Römer in seinem Werk *De Bello Judaico* schildert, nach einer jüngeren Überlieferung mit der Rechenkunst in Verbindung gebracht (vgl. Buch III, S. 340–391 in [8, Band II, S. 671–687]):

Bei der Eroberung der galiläischen Festung Jotapata durch den späteren Kaiser Vespasian hielt sich eine Gruppe von Juden, deren Kommandant Josephus war, in einer Höhle versteckt. Nach Verrat entdeckt, beschloss man, sich gegenseitig mit dem Schwert zu töten, um nicht dem Feind in die Hände zu fallen. Josephus machte den Vorschlag, das Los solle entscheiden, wer wen zu töten habe. Durch einen glücklichen Zufall blieb er verschont und konnte sich den Römern ergeben.

Einer Legende zufolge, die sich explizit wohl erst in der *Practica arithmeticae generalis* von Cardano (1539) [5, S. 13–216] nachweisen lässt, soll sich Josephus eines planvollen Abzählverfahrens bedient haben, das ihn und den Schwächsten aus der Gruppe überleben ließ, den er gegebenenfalls hätte überwältigen können. Dieser Abzählmodus ist als »Josephsspiel« in die Geschichte der Mathematik eingegangen und findet sich in verschiedenen Variationen in arabischen, hebräischen und abendländischen Handschriften und Rechenbüchern (vgl. [95, S. 200 f.]).

Das weitere angebliche Zitat von Platon über die Überlegenheit des Menschen gegenüber dem Tier lässt sich nicht einmal sinngemäß verifizieren. Auch das »griechische Sprichwort« ist unbekannt. Hingegen ist das Wort des Bischofs Isidor von Sevilla (560?–636) authentisch. Im 3. Buch seines umfangreichen Werks über Theologie und Naturwissenschaften, *Etymologiarum sive originum libri XX* [9, Kap. IV, ohne Seitenzählung] schreibt er: *Tolle numerum in rebus omnibus, et omnia pereunt. ... nec differi potest a ceteris animalibus, qui calculi nesciunt rationem.* (»Hebe die Zahl in allen Dingen auf, und alles vergeht. ... Und es kann nicht unterschieden werden von den übrigen Lebewesen, die die Rechenkunst nicht kennen«.)

In der Vorrede erwähnt Ries zweimal die »freien Künste«: Die Einteilung der theoretischen Wissenschaften in sieben *artes liberales* geht letztlich auf die Pythagoreer zurück und wurde von Nikomachos von Gerasa (2. Jh. n. Chr.) und Boëtius

(480–524/25) nachhaltig propagiert. Das »Quadrivium« enthielt die vier Zweige Arithmetik, Musik, Geometrie und Astronomie, die Ries namentlich aufführt; das »Trivium« bestand aus den Teilgebieten Grammatik, Rhetorik und Dialektik. Dieses Wissenschaftssystem ist in den Lehrplan der mittelalterlichen Schulen und Universitäten eingegangen und blieb bis zum Beginn der Neuzeit vorherrschend.

Nummerieren (S. 33):

Noch zu Riesens Zeiten gab es Widerstände gegen die positionelle Zahlenschreibweise. Vielen einfachen Menschen, die nur die römischen Zahlen kannten, war vor allem die Null zunächst unverständlich, ja geradezu unheimlich: Ohne einen eigenen Wert zu besitzen, erhöht sie den Wert der vor ihr stehenden Ziffern. Der »heidnische« Ursprung des ungewohnten Zahlensystems verstärkte das Misstrauen noch zusätzlich. Auch amtlicherseits hatte man mancherorts starke Bedenken gegen die Verwendung der neuen Zahlen, da sie angeblich nicht fälschungssicher seien [110, S. 40].

Zur besseren Lesbarkeit werden große Zahlen durch Punkte auf den Tausenderpotenzen gegliedert; wir schreiben heute die Punkte rechts neben die Tausenderpotenzen oder lassen einen kleinen Abstand. Die Anzahl der Punkte stimmt mit dem Exponenten der auszusprechenden Tausenderpotenz überein. Dabei fällt auf, dass Ries die Zahlwörter »Million« und »Milliarde« noch unbekannt waren: »Million« ist italienischen Ursprungs und seit 1250 im italienischen Sprachraum verschiedentlich belegt. In Deutschland finden wir den Ausdruck zuerst bei Christoff Rudolff [33, a3^r] im Jahre 1526 [98, S. 16]. Merkwürdig erscheint uns heute auch die separate Aussprache der Hunderter vor Zehnern und Einern: »dreihunderttausend fünfundzwanzigtausend« statt »dreihundertfünfundzwanzigtausend«.

Von den Linien (S. 34):

Das Linienrechnen ist die mittelalterliche Version des Abakusrechnens. Es war in Deutschland bis weit in das 16. Jährhundert hinein verbreitet. Gerechnet wurde entweder auf einem Rechentisch, auf dem entsprechende Linien eingekerbt waren, oder auf einem (transportablen) Rechentuch, und zwar mit sog. Rechenpfennigen.

Das Linienschema ist mit dem altrömischen Zahlensystem kompatibel: So lässt sich z. B. die Zahl MDCCCCLXXXXII (= 1992) sofort auflegen:

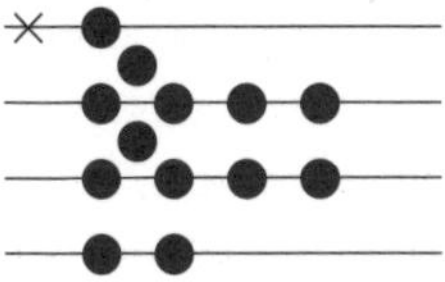

Der besseren Übersicht diente das Kreuz auf der Tausenderlinie, das bei jeder weiteren Tausenderpotenz wiederholt wurde, wenn das Linienschema überhaupt so weit nach oben markiert war.

Historische Rechenpfennige

Addieren oder Summieren (*S. 35*):

Bei der Addition von natürlichen Zahlen werden die Summanden zunächst nacheinander aufgelegt, danach wird die Summe nach den angegebenen beiden Vorschriften zum Fünfer- und Zehnerübergang »höhergebündelt«.

Für das Rechnen mit Geldbeträgen, Gewichten und anderen Größen gliederte man das Linienschema durch vertikale Unterteilungen in Felder (Cambien) für je eine Einheit. Bei der Addition von Größen sind im Allgemeinen noch Umwandlungen von kleineren Einheiten in größere durchzuführen. Ries führt hierzu zwei Beispiele an, ohne sie allerdings konkret durchzuführen. Das Vorgehen ist jedoch unmittelbar verständlich. Die Probe erfolgt mithilfe der inversen Operation, der Subtraktion auf den Linien, die im nächsten Kapitel erklärt wird.

Subtrahieren (*S. 36*):

Nach einer kurzen Begriffserklärung erläutert Ries das allgemeine Verfahren, wobei er auf die Fälle der Zehner- und Fünferunterschreitung eingeht, in denen entbündelt werden muss. Entsprechende Entbündelungen sind im Allgemeinen auch bei der Subtraktion von Geldwerten und anderen Größen erforderlich, wenn verschiedene Einheiten auftreten.

Das angegebene Beispiel (396 Gulden 8 Groschen 7 Pfennig – 279 Gulden 16 Groschen 9 Pfennig) würde auf den Linien wie folgt gerechnet:

a) 96 Gulden 8 Groschen 7 Pfennig – 270 Gulden = 126 Gulden 8 Groschen 7 Pfennig

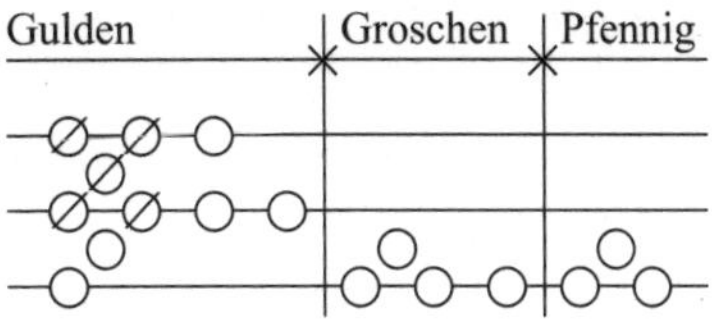

b) 10 Gulden werden entbündelt (⦰), danach wird subtrahiert: 126 Gulden 8 Groschen 7 Pfennig – 9 Gulden = 117 Gulden 8 Groschen 7 Pfennig

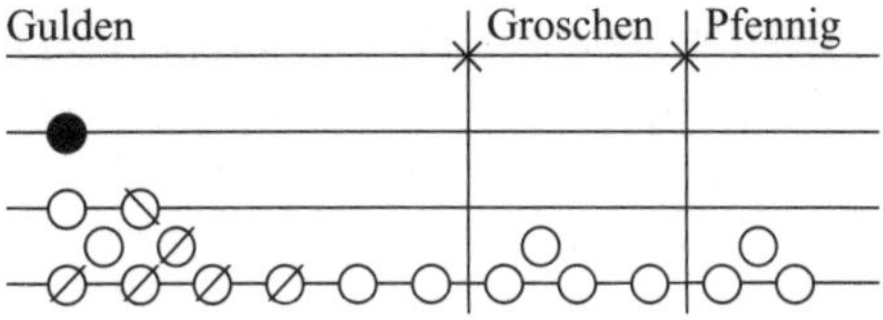

c) 1 Gulden wird in 21 Groschen umgewechselt (⦰), danach wird subtrahiert:
117 Gulden 8 Groschen 7 Pfennig – 16 Groschen = 116 Gulden 13 Groschen 7 Pfennig

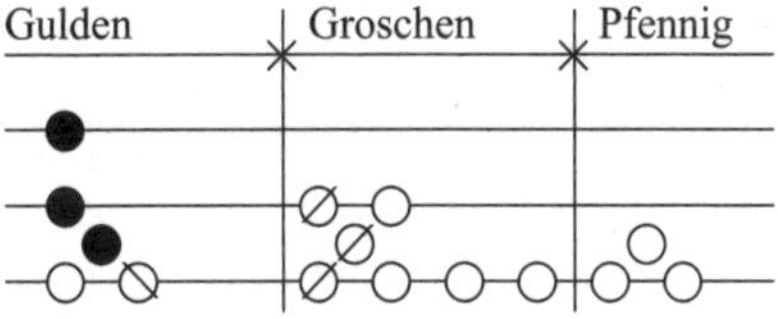

d) 1 Groschen wird in 12 Pfennig umgewechselt (⦰), danach wird subtrahiert:
116 Gulden 13 Groschen 7 Pfennig – 9 Pfennig = 116 Gulden 12 Groschen 10 Pfennig

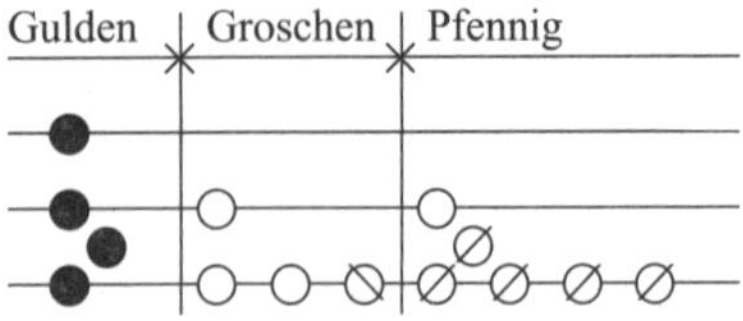

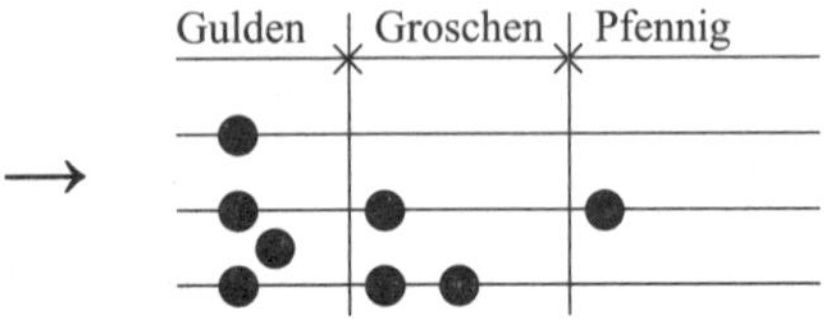

Die Probe erfolgt durch Addition von Subtrahend und Differenz: Die Summe muss wieder den Minuenden ergeben.

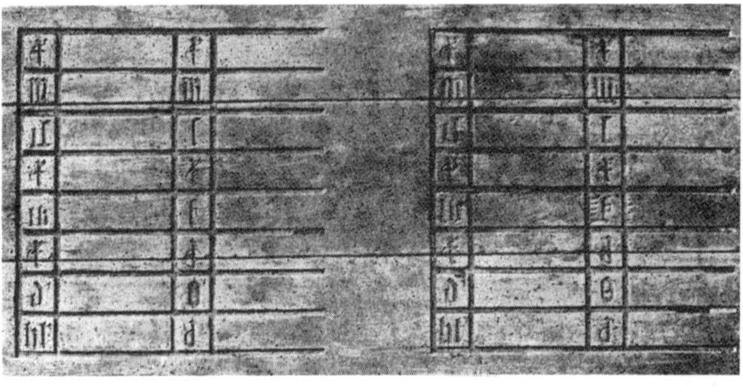

Platte eines Rechentischs aus dem 16. Jahrhundert, der im historischen Museum in Dinkelsbühl steht. Hier sind jeweils zwei verschiedene Münzreihen senkrecht eingekerbt – links für die Pfundrechnung (*hl* Heller, *d'* Pfennig, *X* 10 Pfennig, *lb* Pfund *(libra)* und 10, 100, 1000, 10000 Pfund), rechts für die Guldenrechnung (*d* halber Ort, *O* Ort, *d* halber Gulden, *f* Gulden *(florin)* und 10, 100, 1000 und 10000 Gulden). Die Anordnung der Münzwerte ist gegenüber der von Ries beschriebenen um 90 Grad gedreht; darüber hinaus findet sich bei Ries keine selbstständige Pfundrechnung: Bei ihm ist die Münzeinheit »Pfund« stets Untereinheit von Gulden.

Duplieren (S. 37):

Das Duplieren galt im Mittelalter als eigenständige Rechenoperation. Tatsächlich ist das Verdoppeln die »psychologisch elementarste« Form des Multiplizierens und wird auch im heutigen Mathematikunterricht der Grundschule vor der allgemeinen Multiplikation behandelt. Die Ägypter benutzten zur Multiplikation ein Verfahren, bei dem nach wiederholter Verdoppelung des Multiplikanden geeignete Teilprodukte addiert werden; es beruhte – modern gesprochen – auf der Darstellung des Multiplikators im Zweiersystem, z. B.: $19 \cdot 14 = 19 \cdot (2 + 4 + 8) = 38 + 76 + 152 = 266$.

Ries spricht klar aus, dass das Duplieren nur einen Sonderfall der allgemeinen Multiplikation darstellt. Die Erläuterungen zum Wert der jeweils betrachteten (mit den Fingern berührten) Linie lassen erkennen, dass die Zahl auf den Linien »stellenwertgemäß« behandelt wird. Ries begnügt sich hier mit einer allgemeinen Erklärung des Verfahrens, das von oben nach unten abläuft; in seinem ersten Rechenbuch [18] hingegen hat er ein Beispiel näher ausgeführt.

In Ziffern geschrieben, rechnet man im Fall $2 \cdot 8967$ wie folgt:

Der Darstellung der Zahl 8967 auf den Linien entspricht die Zerlegung

$$\tfrac{1}{2} \cdot 10000 + 3 \cdot 1000 + \tfrac{1}{2} \cdot 1000 + 4 \cdot 100 + \tfrac{1}{2} \cdot 100 + 1 \cdot 10 + \tfrac{1}{2} \cdot 10 + 2 \cdot 1.$$

Schrittweises Verdoppeln ergibt:

$$\begin{array}{lll}
2 \cdot \tfrac{1}{2} = 1 & \rightarrow 1\ \text{ZT} & \rightarrow 1\ \text{ZT} \\
2 \cdot 3 = 6 & \rightarrow 1\ \text{FT},\ 1\ \text{T} & \rightarrow 1\ \text{FT} \\
2 \cdot \tfrac{1}{2} = 1 & \rightarrow 1\ \text{T} & \rightarrow 2\ \text{T} \\
2 \cdot 4 = 8 & \rightarrow 1\ \text{FH},\ 3\ \text{H} & \rightarrow 1\ \text{FH} \\
2 \cdot \tfrac{1}{2} = 1 & \rightarrow 1\ \text{H} & \rightarrow 4\ \text{H}
\end{array}$$

$$2 \cdot 1 = 2 \quad \rightarrow 2\,Z \qquad \rightarrow 3\,Z$$
$$2 \cdot \tfrac{1}{2} = 1 \quad \rightarrow 1\,Z$$
$$2 \cdot 2 = 4 \quad \rightarrow 4\,E \qquad \rightarrow 4\,E \qquad (17934)$$

Als Probe empfiehlt Ries die inverse Operation, das Medieren, das im folgenden Kapitel erklärt wird.

Medieren (S. 38):

Das Medieren (Halbieren) – traditionell ebenfalls eine eigenständige Rechenoperation – wird von Ries als Spezialfall der Division herausgestellt. Diese elementarste Form des Dividierens beginnt auf den Linien unten und schreitet nach oben fort, und zwar so, dass jeweils eine Linie mit dem darüberliegenden Zwischenraum (Spacium) betrachtet wird. Dies entspricht wieder einem stellenwertgemäßen Vorgehen bei der in Ziffern geschriebenen Zahl. Ries beschreibt wieder nur das allgemeine Verfahren und führt die Beispiele nicht aus.

Analog zu einem Beispiel aus dem ersten Rechenbuch ist im Fall 7892 : 2, in Ziffern geschrieben, so vorzugehen:

$$7892 : 2 = \tfrac{1}{2} \cdot 2 \cdot 1 + \tfrac{1}{2} \cdot 9 \cdot 10 + \tfrac{1}{2} \cdot 8 \cdot 100 + \tfrac{1}{2} \cdot 7 \cdot 1000$$
$$\tfrac{1}{2} \cdot 2 = 1 \quad \rightarrow 1E$$
$$\tfrac{1}{2} \cdot 9 = 4\tfrac{1}{2} \quad \rightarrow 1F, 4Z$$
$$\tfrac{1}{2} \cdot 8 = 4 \quad \rightarrow 4\,H$$
$$\tfrac{1}{2} \cdot 7 = 3\tfrac{1}{2} \quad \rightarrow 1\,FH, 3\,T \qquad (3946)$$

Ist die unterste Linie nicht besetzt, z. B. bei 70, so geht man zur nächsthöheren Linie über. Liegt ein Rechenpfennig im Spacium über einer unbesetzten Linie, die bei geraden Zahlen nicht die unterste sein kann, z. B. bei 50, so ist das Spacium allein zu halbieren ($1/2 \cdot 5 = 2\tfrac{1}{2} \rightarrow 25$). Ries geht auf diese beiden Fälle nicht ein.

Die Probe zum Medieren besteht wieder darin, die Umkehroperation (Duplieren) auf den Quotienten anzuwenden.

Anzumerken ist noch, dass die beiden Rechenoperationen »Duplieren« und »Medieren« auf den Linien in gerade umgekehrter Weise ablaufen, wie es bei unserem schriftlichen Rechnen üblich ist: Die Multiplikation mit 2 (Multiplikator) beginnt bei den Einern des Multiplikanden, wenn dieser als erster Faktor geschrieben wird. Unsere schriftliche Division beginnt stets mit den höchsten Stellenwerten des Dividenden.

Multiplizieren (S. 39):

Ries gibt eine Tabelle des kleinen Einmaleins in der sog. Listenform. Aufgrund des Kommutativgesetzes genügt es, $9 + 8 + \ldots + 2 + 1 = 45$ Einzelmultiplikationen auswendig zu lernen.

Als alternative Darstellungsformen für das kleine Einmaleins waren auch die Dreiecksform, der ebenfalls das Kommutativgesetz zugrunde liegt, oder die quadratische Form mit vollständiger Vertafelung üblich.

Die Multiplikation der niedergelegten Zahl verläuft von oben nach unten. Ries unterscheidet zwei Hauptfälle:

a) Ein Rechenpfennig liegt in einem Spacium.
b) Rechenpfennige liegen auf einer Linie.

Das weitere Vorgehen hängt nun jeweils von der Ziffernzahl des Multiplikators ab:

Fall a): Ist der Multiplikator einstellig, so ist die Hälfte auf die Linie über dem Spacium zu legen. Anschließend wird der Rechenpfennig im Spacium weggenommen.
Hat der Multiplikator hingegen n Ziffern ($n > 1$), so muss man auf die n-te Linie über dem Spacium die Hälfte der ersten Ziffer, auf die darunterliegende Linie die Hälfte der zweiten Ziffer legen usw.; schließlich legt man die Hälfte der letzten Ziffer des Multiplika-

tors auf die Linie über dem Spacium. Anschließend wird der im Spacium liegende Rechenpfennig weggenommen.

Fall b): Ist der Multiplikator einstellig, so multipliziert man ihn mit der Anzahl der Rechenpfennige der besetzten Linie. Das Produkt ist auf dieser Linie niederzulegen. Hat der Multiplikator hingegen n Ziffern ($n > 1$) so multipliziert man die erste Ziffer mit der Anzahl der Rechenpfennige auf der besetzten Linie, legt aber das Produkt auf die (n–1)-te Linie darüber. Entsprechend multipliziert man mit der zweiten Ziffer und legt das Produkt auf die (n–2)-te Linie usw.; schließlich multipliziert man die letzte Ziffer des Multiplikators mit der Anzahl der Rechenpfennige auf der besetzten Linie und legt das Produkt dort nieder.

Unter Anwendung dieser Regeln operiert man mit dem Multiplikanden schrittweise von oben nach unten.

Die Begründung für das Verfahren ist evident:

- Der Wert des Multiplikanden im Spacium verdoppelt sich, wenn man ihn um »eine halbe Linie«, d. h. um ein Spacium, nach oben verschiebt.
- Der Wert des Multiplikanden verzehnfacht sich, wenn man ihn um eine Linie nach oben verschiebt. Entsprechend erhöht sich sein Wert um den Faktor 10^n, wenn man ihn um n Linien nach oben verschiebt.

Ries begnügt sich wieder damit, einige Multiplikationsergebnisse vorzustellen, und führt die Rechnung auf den Linien nicht vor.

Das Beispiel 6789 · 3 ist – analog zur näheren Beschreibung einer ganz ähnlichen Rechnung im ersten Rechenbuch – so durchzuführen:

6789

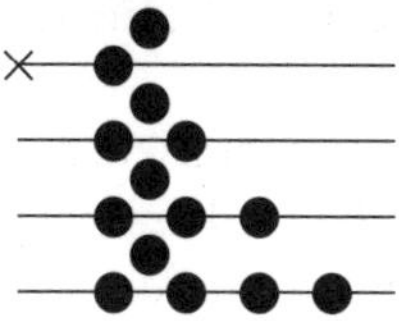

6789 · 3

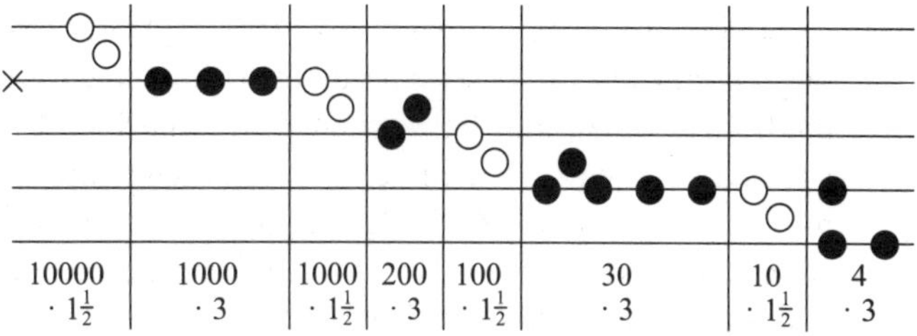

Höherbündeln: 20367

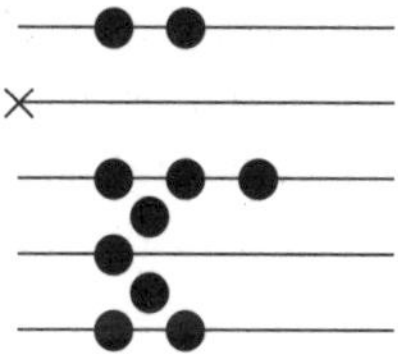

Das Produkt 6987 · 345 aus der Gruppe der Beispiele mit dreistelligem Multiplikator ergibt sich auf den Linien wie folgt:

6987

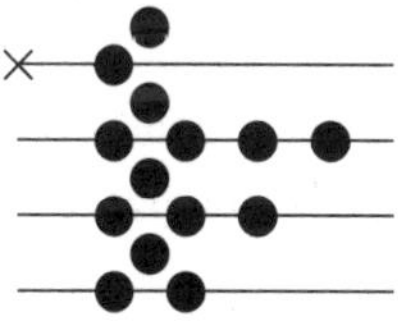

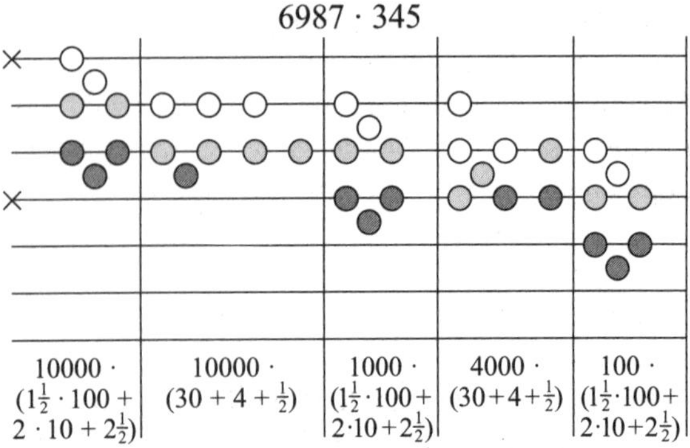

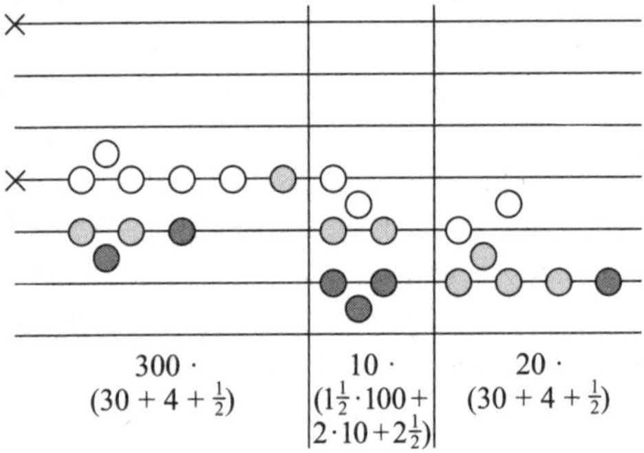

Erläuterung:

Die Rechenpfennige in verschiedenen Graustufen entsprechen den jeweils aufzulegenden Teilprodukten.

Höherbündeln:

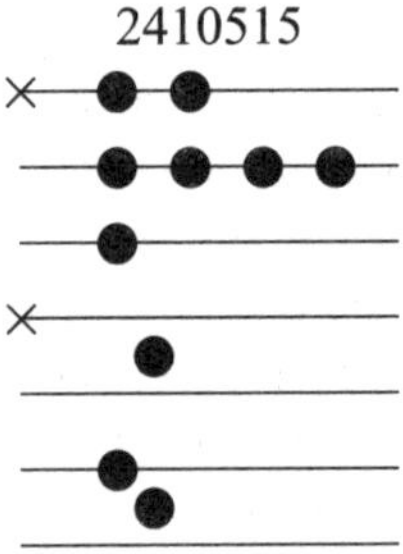

Für die Linienmultiplikation genügt es, das kleine Einmaleins bis zur Viererreihe einschließlich zu kennen.

Als Probe empfiehlt Ries die Division des Produkts durch den Multiplikator. Als Quotient muss sich dann wieder der Multiplikand ergeben – vgl. das folgende Kapitel.

Dividieren (S. 41):

Der Dividend wird niedergelegt, der Divisor notiert.

Das beschriebene Verfahren lässt die Grundvorstellung der Division als wiederholte Subtraktion desselben Subtrahenden deutlich werden.

Die Division auf den Linien verläuft schrittweise von oben nach unten, analog zu unserem schriftlichen Verfahren, bei dem man mit den höchsten Stellen des Dividenden beginnt.

Im Fall eines zweistelligen Teilers ist bei der Subtraktion der Ziffer des höchsten Stellenwerts zu berücksichtigen, dass die zweite Ziffer ebenso oft abgezogen werden muss; Entsprechendes gilt für drei- oder mehrstellige Teiler. Dieses Phänomen ist uns von der schriftlichen Division her vertraut, wenn wir einzelne Teilquotienten abschätzen. Bei der Berechnung von 940 : 19 etwa lautet der erste Teilquotient 4, denn 5 · 19 ergibt bereits 95.

Anders formuliert: Zieht man die Ziffer 1 fünfmal von 9 ab, so bleibt der Rest 44; davon aber lässt sich 5 · 9 nicht mehr abziehen.

Zur Liniendivision sind uns zwei unterschiedliche Verfahren überliefert.

Das eine Verfahren läuft in weitgehender Analogie zu unserem schriftlichen Verfahren ab: Man legt den Teiler zu Beginn rechts neben den Dividenden, und zwar so hoch, dass er mindestens einmal und höchstens neunmal vom Dividenden abgezogen werden kann. Zum Vergleich: Bei der schriftlichen Division 4942 : 7 beginnt man nicht mit 4 : 7 oder 494 : 7, sondern mit 49 : 7 (= 7 Rest 0). Nach der Berechnung des ersten Teilquotienten legt man den Teiler jeweils schrittweise eine Linie tiefer, wobei sich auch der Teilquotient 0 ergeben kann – analog zur schriftlichen Rechnung, bei der wir die einzelnen Stellen des Dividenden nacheinander von links nach rechts mit einbeziehen (»herunterholen«); vgl. unser Beispiel: 4 : 7 = 0 Rest 4 usw.

Ries bevorzugt aber ein anderes Verfahren, das sich für einstellige Divisoren wie folgt beschreiben lässt: Der Teiler wird anfangs so hoch neben den Dividenden gelegt, dass er mindestens einhalbmal und höchstens viermal abgezogen werden kann. (Ließe sich der Teiler mehr als viermal vom Dividenden subtrahieren, so läge er eine Linie zu tief, denn man könnte ihn dann auf der Linie darüber noch einhalbmal abziehen.) Im weiteren Verlauf wird der Teiler so lange auf einer Linie belassen, bis auch seine Hälfte größer als der restliche Dividend geworden ist; erst dann wird er eine Linie tiefer gelegt. Es kann also vorkommen, dass mit dem Teiler auf seiner jeweiligen Grundlinie zwei Operationen durchzuführen sind: zunächst die Bestimmung des ganzzahligen Teilquotienten q ($0 \leq q \leq 4$) und des restlichen Dividenden, sodann die Ermittlung der Differenz, die sich nach Abzug der Hälfte des Teilers von diesem Restdividenden ergibt. In diesem Fall sind q Rechenpfennige auf die Grundlinie des Teilers und ein Rechenpfennig ins Spacium darunter zu legen. (Diese zwei Operationen mit einem Teiler in unveränderter Linienposition sind genau dann erforderlich, wenn im Quotienten auf eine Ziffer, die größer als 0 ist, eine Ziffer folgt, die mindestens 5 beträgt.)

Bei mehrstelligen Divisoren ist, wie oben dargestellt, die Bestimmung der Teilquotienten schwieriger. Außerdem wird der restliche Dividend jeweils erst nach mehreren Schritten ermittelt: Man greift zunächst auf die oberste Linie, die vom Divisor besetzt ist, schätzt den Teilquotienten ab und bestimmt den Rest, danach greift man auf die Linie darunter, bestimmt mithilfe desselben Teilquotienten den neuen Rest usw., bis man zur Grundlinie des Teilers gekommen ist. (Dieses schrittweise »Heruntergreifen« entspricht der stellenwertgemäßen Behandlung des Teilers bei der Division.) Schließlich erhält man den restlichen Dividenden und hat dann zu prüfen, ob der Teiler davon noch einhalbmal abgezogen werden kann oder insgesamt eine Linie tiefer gelegt werden muss.

Bei dieser Divisionsmethode ist die Kenntnis des kleinen Einmaleins wiederum nur bis zur Viererreihe einschließlich erforderlich.

Die Beschreibung des Verfahrens bei Ries kann nicht zufriedenstellen: Sie ist unvollständig und ohne Vorkenntnisse kaum verständlich. Zu kritisieren ist wieder insbesondere, dass Ries hier, anders als in seinem ersten Rechenbuch, keines seiner Beispiele vorgerechnet hat. Es handelt sich dabei ausnahmslos um die Umkehrungen seiner vorherigen Multiplikationsaufgaben.

Zum besseren Verständnis der nachfolgenden Linienoperationen für die Beispiele 40734 : 6 und 2410515 : 345 sollen die Verfahren zunächst jeweils schriftlich simuliert werden.

a) 40734 : 6

$$40734 : 6 = \tfrac{1}{2}, 1;\ \tfrac{1}{2}, 2;\ \tfrac{1}{2}, 3;\ \tfrac{1}{2}, 4$$

$$\phantom{40734 : 6 = \tfrac{1}{2}}\ 6 \quad 7 \quad 8 \quad 9$$

$$\begin{array}{l}
\underline{-3}\\
\ \ 10\\
\ \ \underline{-6}\\
\ \ \ \ 4\\
\ \ \underline{-3}\\
\ \ \ \ 17\\
\ \ \underline{-12}\\
\ \ \ \ \ \ 5\\
\ \ \ \ \underline{-3}\\
\ \ \ \ \ \ 23\\
\ \ \ \ \underline{-18}\\
\ \ \ \ \ \ \ \ 5\\
\ \ \ \ \ \ \underline{-3}\\
\ \ \ \ \ \ \ \ 24\\
\ \ \ \ \ \ \underline{-24}\\
\ \ \ \ \ \ \ \ \ \ 0
\end{array}$$

Erläuterung:

$\tfrac{1}{2} \cdot 10 + 1 = \underline{6}$, $\tfrac{1}{2} \cdot 10 + 2 = \underline{7}$,

$\tfrac{1}{2} \cdot 10 + 3 = \underline{8}$, $\tfrac{1}{2} \cdot 10 + 4 = \underline{9}$

Division auf den Linien:

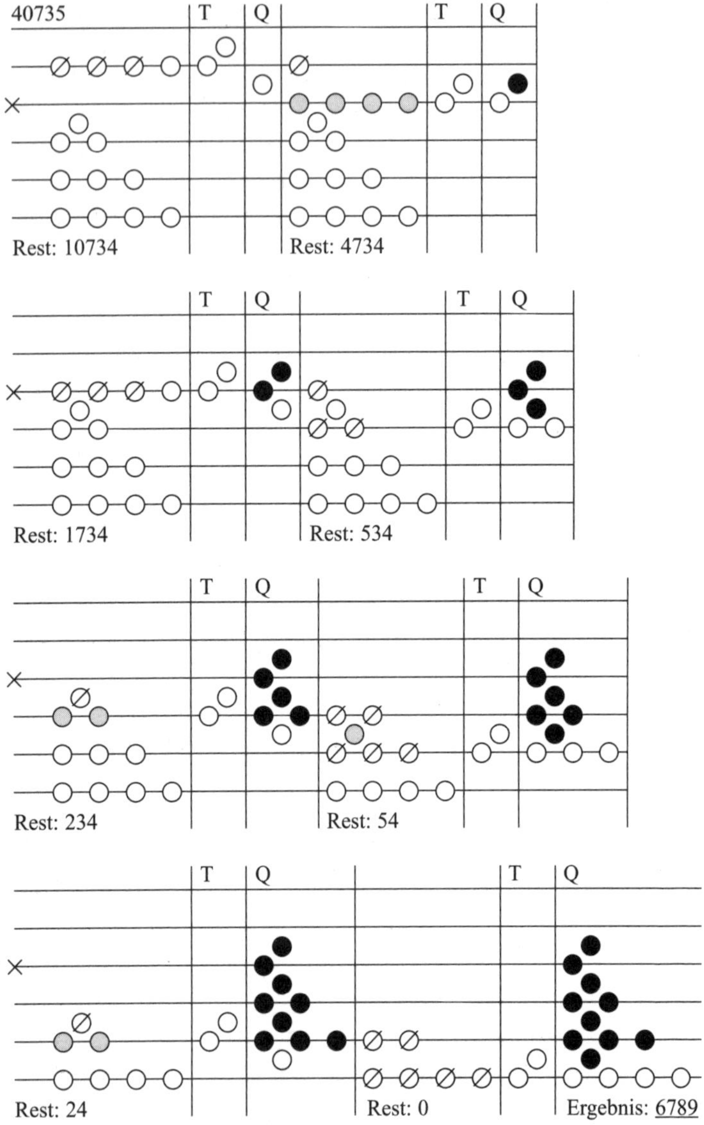

Erläuterungen:

– Dividend: Um die Subtraktionen durchführen zu können, müssen des Öfteren Rechenpfennige entbündelt werden. Es sind hier stets nur diejenigen notiert, die nach der Subtraktion übrig bleiben.
Ursprünglich aufgelegte Rechenpfennige des Dividenden: ○
Rechenpfennige in neuer Position nach der Subtraktion: ◍

– T: Teiler

– Q: (Teil-)Quotient
Rechenpfennige aus der jeweiligen Teildivision: ○
Rechenpfennige aus den vorherigen Teildivisionen: ●

b) 2410515 : 345

$$
\begin{array}{l}
2\;4\;1\;0\;5\;1\;5 : 345 = \tfrac{1}{2}, 1; \tfrac{1}{2}, 4; \tfrac{1}{2}, 3; \tfrac{1}{2}, 2 \\
\qquad\qquad\qquad\qquad\quad 6 \quad\; 9 \quad\; 8 \quad\; 7
\end{array}
$$

$$
\begin{array}{rl}
 & -1\;7\;2\tfrac{1}{2} \\
 & 6\;8\tfrac{1}{2}0 \\
\rightarrow & 6\;8\;5 \\
 & -3\;4\;5 \\
 & 3\;4\;0 \\
 & -1\;7\;2\tfrac{1}{2} \\
 & -1\;6\;7\tfrac{1}{2}5 \\
\rightarrow & 1\;6\;8\;0 \\
 & -1\;3\;8\;0 \\
 & 3\;0\;0 \\
 & -1\;7\;2\tfrac{1}{2} \\
 & 1\;2\;7\tfrac{1}{2}1 \\
\rightarrow & 1\;2\;7\;6 \\
 & -1\;0\;3\;5 \\
 & 2\;4\;1 \\
 & -1\;7\;2\tfrac{1}{2} \\
 & 6\;8\tfrac{1}{2}5 \\
\rightarrow & 6\;9\;0 \\
 & -6\;9\;0 \\
 & 0
\end{array}
$$

Erläuterungen zum

– Dividenden: Das Zahlwort $68\tfrac{1}{2}0$ bedeutet $6 \cdot 100 + 8\tfrac{1}{2} \cdot 10 + 0 = 68\tfrac{1}{2} \cdot 10 + 0 = 685$.
Analog: $167\tfrac{1}{2}5$ bedeutet $1 \cdot 1000 + 6 \cdot 100 + 7\tfrac{1}{2} \cdot 10 + 5 = 167\tfrac{1}{2} \cdot 10 + 5 = 1680$,
$127\tfrac{1}{2}1$ bedeutet $1 \cdot 1000 + 2 \cdot 100 + 7\tfrac{1}{2} \cdot 10 + 1 = 127\tfrac{1}{2} \cdot 10 + 1 = 1276$,
$68\tfrac{1}{2}5$ bedeutet $6 \cdot 100 + 8\tfrac{1}{2} \cdot 10 + 5 = 68\tfrac{1}{2} \cdot 10 + 5 = 690$.

– Quotienten: $\tfrac{1}{2} \cdot 10 + 1 = \underline{6}$, $\tfrac{1}{2} \cdot 10 + 4 = \underline{9}$, $\tfrac{1}{2} \cdot 10 + 3 = \underline{8}$, $\tfrac{1}{2} \cdot 10 + 2 = \underline{7}$

Division auf den Linien:

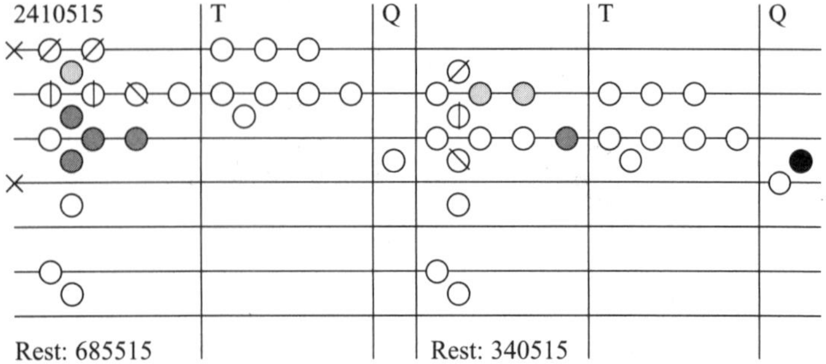

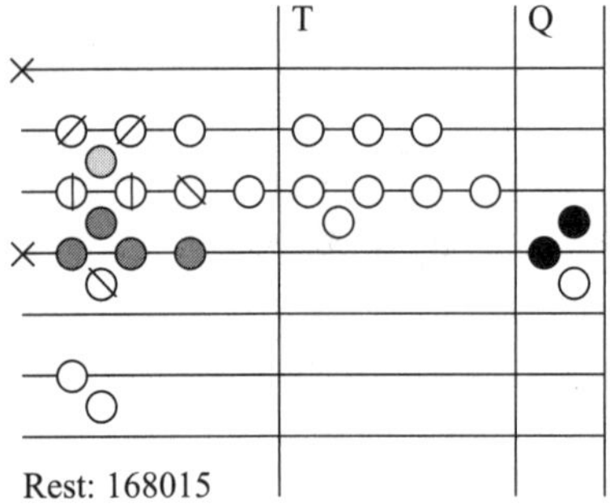

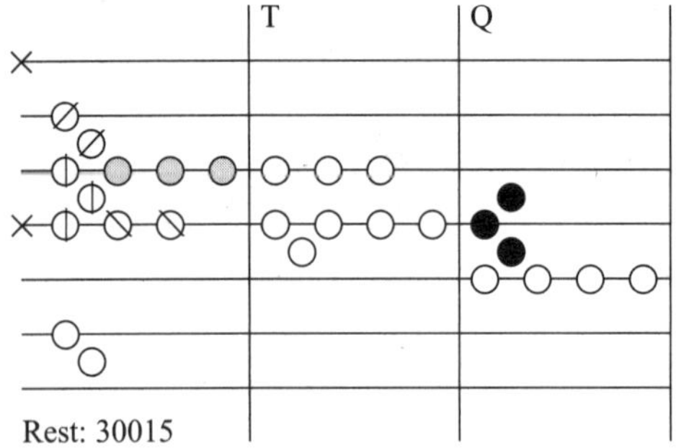

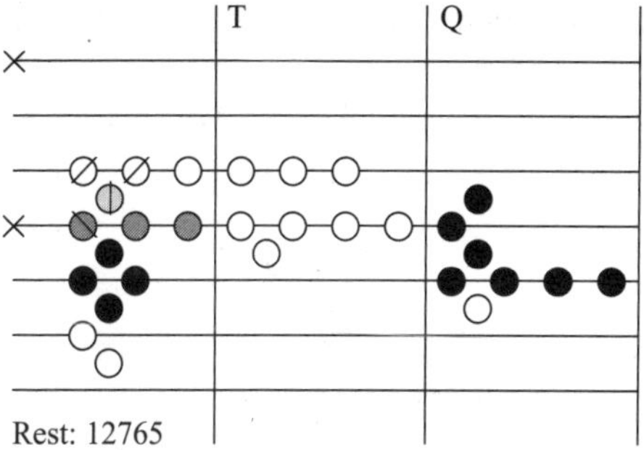

Rest: 12765

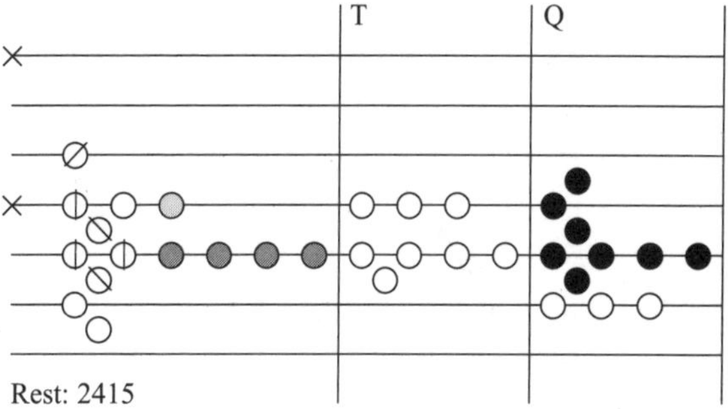

Rest: 2415

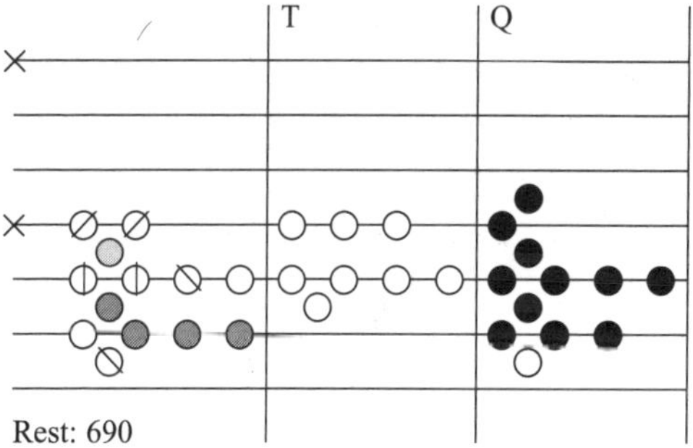

Rest: 690

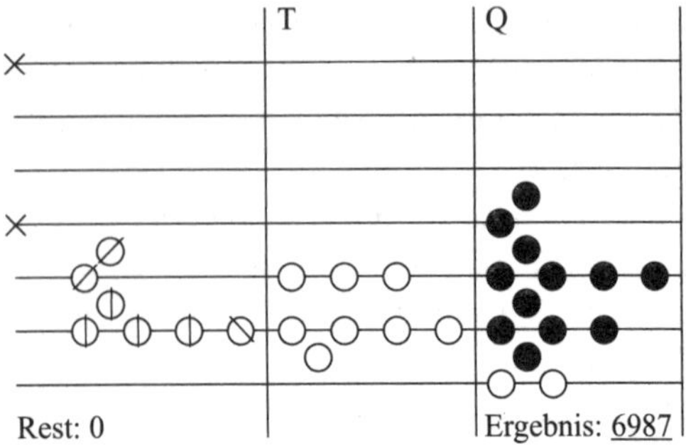

Erläuterungen: siehe oben

– Dividend: Rechenpfennige in neuer Position nach der Subtraktion:

Streichungen nach der Subtraktion der ersten, zweiten und dritten Ziffer des Teilers: ⁄, | bzw. \

Als Probe empfiehlt Ries die Multiplikation des Quotienten mit dem Divisor. Als Produkt muss sich dann wieder der Dividend ergeben – vgl. das vorige Kapitel.

Wie schon erwähnt, setzte Ries das Linienrechnen aus didaktischen Gründen stets zur Vorbereitung des Ziffernrechnens ein. Aus seiner sehr knappen und zum Teil unvollständigen Abhandlung wird jedoch deutlich, dass er die veraltete Methode rasch hinter sich lassen und so schnell wie möglich sein eigentliches Anliegen in diesem Buch in Angriff nehmen will: die Darstellung der schriftlichen Verfahren.

Das Linienrechnen trat im 16. Jahrhundert zunehmend in den Hintergrund, woran Riesens erfolgreiches Werk maßgeblichen Anteil hatte; schließlich kam die anschauliche, aber schwerfällige Methode völlig außer Gebrauch. In verschiedenen Redewendungen und Wörtern haben sich aber Begriffe aus dem Linienrechnen bis auf den heutigen Tag erhalten (vgl. auch [92, S. 538–541]).

- Der »grüne Tisch«, an dem (praxisferne) Entscheidungen getroffen werden, war ursprünglich der Tisch, über den ein grünes Rechentuch mit aufgenähten oder eingestickten Linien gebreitet war.
- Der Rechentisch hieß in Frankreich *bureau*.
- Auch heute spricht man noch von »Rechnungslegung« und – in übertragener Bedeutung – davon, dass jemand »Rechenschaft ablegen« muss.
- Die Ausdrucksweise »Das hebt sich auf« erinnert noch an die Subtraktion auf den Linien.
- Ein Redner, der den Kern der Sache verfehlt und kein Ende findet, kommt »vom Hundertsten ins Tausendste«.
- Einem betrügerischen Händler oder Geldwechsler wurde die Rechenbank zerbrochen. Falls er Italiener war, hatte er nun eine *banca rotta* (zerbrochene Bank), woraus sich der Begriff »Bankrott« herleitet.

Die schriftlichen Rechenarten

Addieren (S. 43):

Das Verfahren stimmt mit dem heutigen überein, mit Ausnahme der Überträge, die in der Rechnung nicht notiert werden.

Ries gibt zwei Rechenproben an:

Die erste besteht in der Subtraktion der Summanden von der Summe, woraus sich 0 ergeben muss.

Die zweite besteht in der Neunerprobe, die uns bei Ries noch öfter begegnen wird. Die Neunerprobe bezüglich der Addition beruht auf folgendem Sachverhalt: Der Neunerrest der Summe $a + b$ zweier natürlicher Zahlen ist gleich dem Neunerrest der Summe der Neunerreste von a und b.

Der zahlentheoretische Hintergrund hierzu ist die Additivität der Kongruenzrelation: Aus $a \equiv a'$ mod m und $b \equiv b'$ mod m folgt $a + b \equiv a' + b'$ mod m.

Bei der Neunerprobe werden also $m = 9$ und a', b' als kleinste nichtnegative Reste von a bzw. b mod 9 gewählt. Der Vorteil der Wahl von $m = 9$ liegt darin, dass der Neunerrest einer natürlichen Zahl im Dezimalsystem stets mit dem Neunerrest ihrer Quersumme übereinstimmt. (Ein Sonderfall davon ist die sog. Quersummenregel: Eine natürliche Zahl ist im Dezimalsystem genau dann durch 9 teilbar, wenn ihre Quersumme durch 9 teilbar ist.) Zur Durchführung der Neunerprobe braucht man daher – im Unterschied etwa zur Siebenerprobe, die daneben auch eine gewisse Rolle spielte – nicht zu dividieren, sondern erhält die gesuchten Reste viel schneller mithilfe der Quersummen; dabei muss man allerdings gegebenenfalls die Quersummenbildung mehrfach wiederholen, um die Reste unter 9 zu drücken.

Ries hingegen bezieht sich, wie seine Ausdrucksweise verrät, auf die Methode des »Neunerauswerfens« (vgl. [48]): Aus einer Zahl werden – ungeachtet des Stellenwerts – die Neuner entfernt, danach die restlichen Ziffern zu Neunern zusammengefasst und wieder entfernt, bis ein Rest (evtl. auch 0) übrig bleibt, der Neunerrest der Ausgangszahl. Dieses Verfahren ist nicht ungeschickter als die Quersummenmethode, die bereits im 12. Jahrhundert in arabischen Quellen nachweisbar ist (vgl. [98, S. 166]).

Andererseits schätzt Ries die Zuverlässigkeit der Neunerprobe falsch ein, deren Richtigkeit ja nur eine notwendige, nicht aber eine hinreichende Bedingung für das korrekte Ergebnis der Rechenoperation ist. (Man denke nur an die Vertauschung zweier Ziffern, die auf die Quersumme keinen Einfluss hat.)

Bei einer Additionsaufgabe in der Coss [25] benutzt er für die Neunerprobe ein Schema: In die horizontalen Winkelfelder eines Andreaskreuzes trägt er die Neunerreste der Summanden, in das obere Feld die Summe dieser Reste (bzw. den Neunerrest dieser Summe) und in das untere Feld den Neunerrest der Summe ein. Die Zahlen in den beiden vertikalen Feldern müssen nun übereinstimmen. Zumindest schließt Ries jetzt in einer Richtung korrekt, dass man aus einer fehlenden Übereinstimmung dieser Zahlen auf eine falsche Summenberechnung schließen kann.

Ries hat dieses Schema als Handsiegel benutzt, das zu seiner Zeit einem eigenhändigen Namenszug gleichkam; man kann es wohl auch als Zunftzeichen des Rechenmeisters deuten. Ein solches Schema wurde vor allem durch das Titelblatt seines dritten Rechenbuchs bekannt, wo er es – ohne arithmetischen Bezug – seinem Brustporträt beifügte (vgl. die Abbildung S. 27). Dennoch hat Ries der Neunerprobe keine vorrangige Bedeutung zuerkannt. Im Einleitungstext zur Coss schreibt er, dass ihm unter den Rechenproben *die ... am besten behagtt, auch die gewiße ist, das eyne species die andere probirrt ...*, also die Proberechnung mithilfe der Umkehroperation (vgl. [56, S. 481–485]). Ihm war also doch vertraut, dass die Neunerprobe keine hinreichende Gewähr für ein korrektes Ergebnis bietet.

Subtrahieren (S. 44):

Im Fall einer Subtraktion mit Zehnerunterschreitung verfährt Ries nicht nach unserer Übertragsmethode, sondern nach der Methode der Zehnerergänzung des Subtrahenden.

Ein passendes Beispiel hierzu ist bei Ries 79864 – 67876 = 11988. Das Verfahren lässt sich schrittweise so erklären:

$$\begin{array}{r} 79864 \\ -67876 \\ \hline \end{array} \rightarrow \begin{array}{ccccc} 7 & 9 & 8 & 6 & 4 \\ -6 & -7 & -8 & -8 & +(10-6) \\ \hline & & & & 8 \end{array} \rightarrow \begin{array}{cccccc} 7 & 9 & 8 & & 6 & 4 \\ -6 & -7 & -9 & & +(10-8) & +4 \\ \hline & & & & 8 & 8 \end{array}$$

$$\rightarrow \begin{array}{cccccc} 7 & 9 & 8 & 6 & 4 \\ \hline -6 & -8 & +(10-9) & +2 & +4 \\ \hline 1 & 1 & 9 & 8 & 8 \end{array}$$

Im Grunde unterscheidet sich die Methode nur geringfügig von der unseren; die Differenz zweier beliebiger zweistelliger Zahlen $(10a + b) - (10c + d)$ mit Zehnerunterschreitung $(0 < c < a < 10, 0 < b < d < 10)$ berechnet Ries gemäß der Formel

$$10\,(a - (c + 1)) + (b + (10 - d)),$$

unsere Ergänzungsmethode führt dagegen zu dem Term

$$10\,(a - (c + 1)) + ((10 + b) - d).$$

Die erste Rechenprobe erfolgt durch die Umkehroperation: Die Summe von Subtrahend und Differenz ergibt wieder den Minuenden.

Die zweite, etwas ungenau formulierte Probe ist die Neunerprobe zu dieser Addition.

Duplieren (S. 45):

Das Duplieren (Verdoppeln) entspricht unserer schriftlichen Multiplikation mit 2. Die Schreibfigur ist anders, insbesondere wird der Faktor 2 nicht notiert.

Als erste Probe wird das Medieren (vgl. das nächste Kapitel), also die Durchführung der Umkehroperation, empfohlen.

An zweiter Stelle steht wieder die Neunerprobe – vgl. die Neunerprobe zur Multiplikation.

Medieren (S. 46):

Das Medieren (Halbieren) entspricht unserer schriftlichen Division durch 2, nur ist die Schreibfigur wieder anders, insbesondere wird der Divisor 2 nicht notiert.

Im ersten Beispiel hat der Dividend nur gerade Ziffern, sodass bei jedem Schritt restlos halbiert werden kann. Die beiden anderen Beispiele enthalten auch ungerade Ziffern und illustrieren den geschilderten Umgang mit den Resten. In seiner Erläuterung geht Ries auch auf den Sonderfall ein, dass die Ziffer 1 allein zu halbieren ist – vgl. das 3. Beispiel: 1 : 2 = 0 Rest 1. Offenbar will er dem auch heute noch bei Schülern immer wieder auftretenden »Zwischennullfehler« vorbeugen: Wenn die vorhergehende Teildivision aufgeht und die »heruntergeholte« Ziffer kleiner ist als der Divisor, wird die Null oft nicht notiert; stattdessen wird sofort die nächste Ziffer heruntergeholt (vgl. [85]).

Die erstgenannte Rechenprobe erfolgt mithilfe der Umkehroperation »Duplieren«. Die anschließend erwähnte Neunerprobe bezieht sich auf diese Verdoppelung.

Multiplizieren (S. 46):

Die Multiplikation beginnt mit den Einern der Faktoren. Die Kenntnis des kleinen Einmaleins wird vorausgesetzt.

Als Alternative bietet Ries zwei kurios anmutende Regeln an, die die Beherrschung des kleinen Einmaleins teilweise entbehrlich machen.

Die erste Regel erklärt sich aus der Formel

$$a \cdot b = 10\,(a + b - 10) + (10 - a) \cdot (10 - b).$$

Die Anwendung dieser Formel ist nur sinnvoll für $a > b \geq 5$ oder $b > a \geq 5$, da man in diesem Fall nur die Produkte $m \cdot n$ einstelliger Faktoren $m, n \leq 5$ kennen muss.

Unter der genannten Bedingung für a und b erhält man dann

- $a + b - 10$ Zehner und $(10 - a) \cdot (10 - b)$ Einer, falls $a + b \geq 14$ ist.
  (kein Übertrag)
- $a + b - 9$ Zehner und $((10 - a) \cdot (10 - b) - 10)$ Einer, falls $12 \leq a + b \leq 13$ ist.
  (Übertrag = 1)
- $a + b - 8$ Zehner und $((10 - a) \cdot (10 - b) - 20)$ Einer, falls $a + b = 11$ ist.
  (Übertrag = 2)

Die ersten drei Beispiele bei Ries, $8 \cdot 9 = 72$, $7 \cdot 8 = 56$ und $6 \cdot 8 = 48$, repräsentieren den ersten, das 4. Beispiel $6 \cdot 7 = 42$ den 2. Fall. Die einzige Möglichkeit für den 3. Fall, $6 \cdot 5 = 30$ oder $5 \cdot 6 = 30$, kommt hier nicht vor.

$6 \cdot 8 = 48$: $10 - 6 = 4$, $10 - 8 = 2$, $6 + 8 = 1\underline{4}$, $4 \cdot 2 = \underline{8}$. Resultat: $\underline{48}$

$6 \cdot 7 = 42$: $10 - 6 = 4$, $10 - 7 = 3$, $6 + 7 = 1\underline{3}$, $4 \cdot 3 = 1\underline{2}$, $\underline{3} + 1 = \underline{4}$. Resultat: $\underline{42}$

($6 \cdot 5 = 30$: $10 - 6 = 4$, $10 - 5 = 5$, $6 + 5 = 1\underline{1}$, $4 \cdot 5 = 2\underline{0}$, $\underline{1} + 2 = \underline{3}$. Resultat: $\underline{30}$)

Die zweite Regel beruht auf der Formel

$$a \cdot b = 10\,a - a \cdot (10 - b).$$

Die Anwendung dieser Formel ist nur sinnvoll für $b \geq 5$, denn andernfalls würde man ja ein kleineres Produkt mithilfe eines größeren berechnen. Darüber hinaus ergibt sich ein besonderer Vorteil für $a \leq 5 < b$, da man in diesem Fall wieder nur die Produkte $m \cdot n$ einstelliger Faktoren $m, n \leq 5$ kennen muss. Allerdings weisen nur die letzten beiden Beispiele von Ries diese zusätzliche vorteilhafte Bedingung auf.

Ries gibt 5 Beispiele an; das erste rechnet er vor, die übrigen vier stellt er in Diagrammen dar:

$7 \cdot 8 = 56$: $7 \rightarrow 70$, $10 - 8 = 2$, $7 \cdot 2 = 14$, $70 - 14 = \underline{56}$

In einem Diagramm – analog zu den folgenden Beispielen – sähe dieses erste Beispiel so aus:

$$\begin{array}{cc} 7 & 0 \\ \underline{8} & \underline{2} \\ 5 & 6 \end{array}$$

Auch in zahlreichen anderen arithmetischen Handschriften und Büchern des Mittelalters bzw. der Renaissancezeit werden diese oder ähnliche Verfahren beschrieben. Offenbar wollten die Autoren aufzeigen, dass das moderne Ziffernrechnen, um dessen Verbreitung sie sich bemühten, keine höheren Fertigkeiten im Kopfrechnen erfordert als das herkömmliche Linienrechnen. Die Durchführung der Rechenoperationen auf den Linien setzt ja, wie wir gesehen haben, nur die Kenntnis des kleinen Einmaleins bis zur Viererreihe einschließlich voraus (vgl. [42, S. 22–26]).

In heutiger didaktischer Hinsicht ist das zweite Verfahren von Ries hochaktuell: Im Sinne des operativen Prinzips sollen die Einmaleinsreihen im Unterricht der Grundschule nicht voneinander isoliert, sondern in wechselseitigem Zusammenhang erarbeitet werden. So lässt sich beispielsweise die Siebenerreihe über das Distributivgesetz aus der Dreierreihe herleiten. Die entsprechende Identität $a \cdot 7 = a \cdot 10 - a \cdot 3$ ergibt sich aus der allgemeinen Formel für $b = 7$.

Im Folgenden erklärt Ries die schriftliche Multiplikation an Beispielen, die bereits im Abschnitt über die Linienmultiplikation aufgetreten sind. Der Leser soll offenbar dazu veranlasst werden, die beiden Methoden direkt miteinander zu vergleichen und sich vom Vorteil der schriftlichen Methode zu überzeugen.

Ein jeweils vierstelliger Multiplikand wird mit drei einstelligen, zwei zweistelligen und zwei dreistelligen Multiplikatoren multipliziert. Das Verfahren beginnt – im Unterschied zu unserer Methode – stets mit der Multiplikation der Einerziffern beider Faktoren. Auch die Schreibfigur unterscheidet sich von der unseren. Ansonsten stimmen die Verfahren überein.

Beispiel 6987 · 234:

Ries:	6987	heute:	6987 · 234
	234		13974
	27948		20961
	20961		27948
	13974		1634958
	1634958		

Das Rechenschema zu dieser Multiplikation ist leicht verständlich:

In der ersten Zeile unter dem Strich steht das Produkt von 4 · 6987, in der zweiten Zeile eingerückt das Produkt von 3 · 6987 und in der dritten Zeile, um eine weitere Stelle eingerückt, das Produkt von 2 · 6987.

Zum Vergleich nebenstehend unsere heutige Schreibfigur.

Auch die Multiplikation mit Zehnerzahlen führt Ries in dieser Weise durch; dabei werden die Endnullen des Multiplikators dem Multiplikanden zugewiesen. *Wir* multiplizieren zunächst die Faktoren ohne Endnullen und hängen diese erst an das Produkt an. Ries berechnet also 6789 · 4500 mithilfe von 678900 · 45 und nicht mittels (6789 · 45) · 100.

Als erste Rechenprobe wählt er wieder die Umkehroperation: Das Produkt, durch den Multiplikator geteilt, muss wieder den Multiplikanden ergeben.

Die zweite Probe ist wieder die Neunerprobe. Bezüglich der Multiplikation beruht sie auf folgendem Sachverhalt: Der Neunerrest des Produkts $a \cdot b$ zweier natürlicher Zahlen ist gleich dem Neunerrest des Produkts der Neunerreste von a und b.

Der zahlentheoretische Hintergrund hierzu ist die Multiplikativität der Kongruenzrelation: Aus $a \equiv a'$ mod m und $b \equiv b'$ mod m folgt $a \cdot b \equiv a' \cdot b'$ mod m. Wie bei der Addition (vgl. dort den Kommentar) schätzt Ries auch hier die Zuverlässigkeit der Neunerprobe falsch ein.

Die Neunerprobe zur Multiplikation wurde in der Bundesrepublik noch in den Sechzigerjahren des letzten Jahrhunderts im Rechenunterricht der damaligen Volksschuloberstufe (Klassen 5–8) behandelt.

Dividieren (S. 49):

Ries unterscheidet drei Fälle hinsichtlich der Stellenzahl der Divisoren und zusätzlich den Fall, dass der Divisor eine reine Zehnerzahl ist. Von den insgesamt sechs Beispielen (40734 : 6, 54312 : 8, 95472 : 12, 572832 : 72, 859401 : 123 und 30550500 : 4500) stellen die ersten beiden, das vierte und das letzte die Umkehroperationen zu vorher betrachteten Multiplikationsbeispielen dar. Zu diesen Aufgaben aus dem vorigen Abschnitt führt er also hiermit die von ihm bevorzugte Rechenprobe durch. Andererseits stammen alle sechs Beispiele aus dem Kapitel über die Liniendivision. Deshalb darf man annehmen, dass Ries auch hier den Leser zu einem Methodenvergleich animieren will.

1) Einstellige Divisoren:
   Unter die erste Ziffer des Dividenden schreibt man den Teiler, falls er nicht größer ist, andernfalls unter die zweite. Der Teilquotient wird rechts neben dem Dividenden notiert, das Teilprodukt subtrahiert und der Rest stellengerecht über den Dividenden geschrieben. Nun rückt man den Teiler eine Stelle nach rechts, und der nächste Dividend setzt sich aus dem obigen Rest und der nächsten Ziffer zusammen. Der neue Teilquotient wird als zweite Ziffer rechts notiert und

so fort. Das Verfahren endet, nachdem der Teiler unter die Einerziffer des Dividenden gerückt und dividiert worden ist.

Im Allgemeinen wurden, wie Ries auch nach Abschluss aller seiner Beispiele verlangt, verbrauchte Teildividenden und Divisoren gestrichen, was aber im Druck unterblieben ist, vielleicht um die Lesbarkeit nicht zu beeinträchtigen. Allerdings finden sich im Originaltext entsprechende Streichungen von fremder Hand. Im Einzelnen läuft die Division 54312 : 8 im zweiten Beispiel so ab:

a)
  6
~~5~~ ~~4~~ 3 1 2 (6
  ~~8~~

b)
  ~~6~~ 7
~~5~~ ~~4~~ ~~3~~ 1 2 (6 7
  ~~8~~ ~~8~~

c)
  ~~6~~ ~~7~~ 7
~~5~~ ~~4~~ ~~3~~ ~~1~~ 2 (6 7 8
  ~~8~~ ~~8~~ ~~8~~

d)
  ~~6~~ ~~7~~ ~~7~~
~~5~~ ~~4~~ ~~3~~ ~~1~~ ~~2~~ (6 7 8 9
  ~~8~~ ~~8~~ ~~8~~ ~~8~~

a) $\underline{6}$ · 8 = 48; 54 – 48 ist eine Subtraktion mit Zehnerunterschreitung (»Die 8 kannst du von 4 nicht abziehen.«). Deshalb wird die geschilderte Methode der Zehnerergänzung im Kopf durchgeführt: 54 – 48 = 56 – 50 = 6. (Im ersten Beispiel kommentiert Ries in entsprechender Weise sogar die noch einfachere Subtraktion 40 – 36, da die Endziffern nicht voneinander abzuziehen sind.)

b) Der Teiler wird um eine Stelle eingerückt: $\underline{7}$ · 8 = 56, 63 – 56 = 7

c) Der Teiler wird um eine weitere Stelle eingerückt: $\underline{8}$ · 8 = 64, 71 – 64 = 7

d) Der Teiler rückt unter die Endziffer des Dividenden: $\underline{9}$ · 8 = 72, 72 – 72 = 0; die Division ist aufgegangen.

2) Zweistellige Divisoren:

Nach Ries ist darauf zu achten, dass die beiden Ziffern des Teilers bei jedem Schritt jeweils gleich oft abgezogen werden. Eine ähnliche Bemerkung fanden wir schon bei der Liniendivision: Wie bei unserer schriftlichen Division auch geht man im Allgemeinen fehl, wenn man sich nur an den stellenhöchsten Ziffern von Dividend und Divisor orientiert. Man muss den Teilquotienten erst schätzen und seine Richtigkeit mithilfe des Teilprodukts kontrollieren. Dabei erhöht sich die Schwierigkeit des Schätzens mit der Anzahl der Teilerziffern. Im Übrigen glauben die Entwickler der aktuellen Grundschullehrpläne unseren Kindern das Schätzen gar nicht mehr zumuten zu dürfen (Beschränkung auf einstellige Teiler). Der Hinweis, dass der Teiler wenigstens einmal, höchstens aber neunmal vom Dividenden subtrahiert werden muss, bezieht sich nur auf den ersten Schritt: Der Teiler ist entsprechend einzurücken (vgl. die obige Vorschrift zur Positionierung des einstelligen Teilers). Bei den weiteren Schritten kann sich natürlich auch der Teilquotient 0 ergeben. Der Hinweis grenzt aber auch das schriftliche Divisionsverfahren vom Verfahren auf den Linien ab, wo der Teiler mindestens einhalbmal und höchstens viermal abzuziehen ist.

Das vierte Beispiel bei Ries, 572832 : 72, ist in folgenden Schritten durchzuführen:

6
~~8~~ 8
a) ~~5~~ ~~7~~ ~~2~~ 8 3 2 (7
~~7~~ ~~2~~

4
~~6~~ ~~5~~
~~8~~ ~~8~~(0)
b) ~~5~~ ~~7~~ ~~2~~ ~~8~~ 3 2 (7 9
~~7~~ ~~2~~ 2
~~7~~

~~4~~
~~6~~ ~~5~~ 4
~~8~~ ~~8~~ ~~5~~
c) ~~5~~ ~~7~~ ~~2~~ ~~8~~ 3 2 (7 9 5
~~7~~ ~~2~~ ~~2~~ ~~2~~
~~7~~ ~~7~~

~~4~~
~~6~~ ~~5~~ ~~4~~
~~8~~ ~~8~~ ~~5~~ ~~1~~
d) ~~5~~ ~~7~~ ~~2~~ ~~8~~ ~~3~~ ~~2~~ (7 9 5 6
~~7~~ ~~2~~ ~~2~~ ~~2~~ ~~2~~
~~7~~ ~~7~~ ~~7~~

a) $57 - \underline{8} \cdot 7 = 1$, aber $12 - \underline{8} \cdot 2$ geht nicht, also: $57 - \underline{7} \cdot 7 = 8$, $82 - \underline{7} \cdot 2 = 68$

b) Der Teiler wird um eine Stelle eingerückt; es folgen die Rechnungen:
$68 - \underline{9} \cdot 7 = 5$, $58 - \underline{9} \cdot 2 = 40$
Die 0 von 40 schreibt Ries nicht hin.

c) Der Teiler wird erneut eingerückt; es folgen die Rechnungen:
$40 - \underline{5} \cdot 7 = 5$, $53 - \underline{5} \cdot 2 = 43$
Die 3 von 53 kann weiterverwendet werden.

d) Der Teiler wird noch einmal eingerückt; es folgen die Rechnungen:
$43 - \underline{6} \cdot 7 = 1$, $12 - \underline{6} \cdot 2 = 0$.
Die Berechnung der Teilprodukte beginnt also, anders als bei unserer schriftlichen Division, mit der höchsten Stelle des Teilers. Die Division ist aufgegangen.

3) Drei- und mehrstellige Divisoren:
Das Verfahren (Beispiel $859401 : 123 = 6987$) verläuft ganz analog.

4) Zehnerzahlen als Divisoren:
Statt $30550500 : 4500$ berechnet Ries so wie wir auch nur $305505 : 45$, er schreibt aber den ungekürzten Dividenden formal hin. Damit nun nicht der gekürzte Teiler 45 unter die Endnullen des Dividenden gerückt wird, stehen stattdessen darunter – gleichsam als Begrenzung – zwei weitere Nullen.

Das vorliegende Divisionsverfahren, »Überwärtsdividieren« genannt, stammt von den Indern, die die Rechnung auf einem Staubbrett durchführten: Mit einem Griffel wurden die Ziffern in den Staub oder in den Sand geschrieben; das Löschen von entbehrlich gewordenen Ziffern geschah dadurch, dass man den Staub im Bereich der Ziffern wieder glättete (vgl. [98, S. 235 f., S. 238 f., S. 240 f.]). Das Überwärtsdividieren hat sich in Deutschland vereinzelt bis ins 19. Jahrhundert hinein erhalten (vgl. [92, S. 64 f.]).

Als erste Probe wird wieder die Umkehroperation empfohlen, wobei ein möglicher Divisionsrest miteinkalkuliert wird: Der Quotient, multipliziert mit dem Divisor, ergibt, wenn noch der Rest dazu addiert wird, den Dividenden. In Formeln: $a : b = q$ Rest r ist äquivalent zu $a = q \cdot b + r$ mit $0 \leq r < b$. Bei der an zweiter Stelle genannten Neunerprobe sollen die Neunerreste von q und von b multipliziert und dazu der Neunerrest von r addiert werden. Das Ergebnis (oder dessen Neunerrest – was Ries aber nicht so genau formuliert) ist mit dem Neunerrest des Dividenden zu vergleichen.

Progression (S. 51):

In vielen anderen Rechenbüchern der damaligen Zeit folgen nun Anleitungen zu höheren Rechenoperationen, insbesondere zum »Progredieren« und Radizieren (Bestimmung von Quadrat- und Kubikwurzeln); das Logarithmieren hingegen, mit dem man sich numerische Rechnungen erleichtern konnte, indem man z.B. aufwendige Multiplikationen und Divisionen größerer Zahlen durch Additionen bzw. Subtraktionen ersetzte, wurde erst ca. 100 Jahre später durch den Schotten Napier und den Schweizer Bürgi allgemein bekannt.

Beim Progredieren geht es um die bereits in der Antike geläufige Berechnung der Summen endlicher arithmetischer und geometrischer Reihen. Die traditionellen Kenntnisse über arithmetische Reihen dürften auf die Beschäftigung der Pythagoreer mit den sog. figurierten Zahlen zurückgehen. Über Boëtius (480–524/25) und seinen Zeitgenossen Cassiodorus gelangte dieser Stoff in den Lehrplan der mittelalterlichen Klosterschulen und Universitäten (vgl. [98, S. 344–354]).

Eine arithmetische Reihe ist die Summe $s = a_1 + a_2 + \ldots + a_n$ mit konstanter Differenz $d = a_{k+1} - a_k$ $(1 \leq k \leq n - 1)$ der Folgenglieder. Der Rechenvorschrift bei Ries liegt die Formel $s = \frac{1}{2} n \cdot (a_1 + a_n)$ zugrunde, doch trifft er – in symbolische Notation übertragen – folgende Fallunterscheidung:

a) $a_1 + a_n$ ist gerade: Dann ist dieser Wert zu halbieren und mit n zu multiplizieren.

b) $a_1 + a_n$ ist ungerade: Dann ist dieser Wert mit der Hälfte von n zu multiplizieren.

Ries geht nicht darauf ein, dass auch im Fall b) nur mit natürlichen Zahlen multipliziert wird. In der Tat ist n stets gerade, wenn $a_1 + a_n$ ungerade ist, da aus $a_n = a_1 + (n - 1) \cdot d$ unmittelbar $a_1 + a_n - 2a_1 = (n - 1) \cdot d$ folgt, sodass $n - 1$ und d ungerade sein müssen.
Im ersten Beispiel tritt Fall a) auf: $a_1 = 7$, $a_n = 25$, $n = 19$ $(d = 1)$:
$s = \frac{7+25}{2} \cdot 19 = 304$.
Beim zweiten Beispiel liegt Fall b) vor: $a_1 = 3$, $a_n = 48$, $n = 16$ $(d = 3)$:
$s = \frac{16}{2} \cdot (3 + 48) = 408$.

Natürlich ist die Fallunterscheidung unnötig. Sie bietet aber den Rechenvorteil, dass die Faktoren so klein wie möglich bleiben.

Eine endliche geometrische Reihe ist die Summe $s = a_1 + a_2 + \ldots + a_n$ mit konstantem Quotienten $q = a_{k+1}/a_k$ $(1 \leq k \leq n - 1)$ der Folgenglieder. Der Riesschen Rechenvorschrift liegt die Formel
$$s = \frac{a_n q - a_1}{q - 1}$$
zugrunde, die wegen $a_n = a_1 \cdot q^{n-1}$ mit $s = a_1 \cdot \frac{q^n - 1}{q - 1}$ äquivalent ist.

Ries führt zwei Beispiele an: $a_1 = 2$, $a_n = 2048$, $q = 2$ ($n = 11$), $s = 4094$ bzw. $a_1 = 3$, $a_n = 6561$, $q = 3$ ($n = 8$), $s = 9840$

Ries weiß, dass der Leser nun die recht schwierige Operation des Wurzelziehens erwartet. Als erfahrenem Rechenmeister liegt ihm aber auch daran, den Anfänger nicht zu überfordern, und daher verweist er auf ein künftiges Buch, in dem er auch die Inhaltsbestimmung von Fässern (das sog. Visieren mit der Messrute) und die Algebra behandeln will. Tatsächlich hat er in seinem großen Rechenbuch von 1550 [29] im Rahmen eines Kapitels über die Visierkunst (S. 182^v–196^r) auch die Berechnung von Quadratwurzeln (S. 182^v –183^v) dargelegt. Sein Manuskript zur Algebra hingegen blieb, wie bereits erwähnt, unveröffentlicht; dort wird neben dem Algorithmus für das Quadratwurzelziehen auch das Verfahren zur Berechnung von Kubikwurzeln gelehrt.

Dreisatz (S. 53):

Entgegen seiner Ankündigung am Ende der Vorrede führt Ries nur *schriftliche* Dreisatzrechnungen vor.

Das Dreisatzschema weicht von dem heute üblichen ab: Das dritte Stück, das die gleiche Maßeinheit wie das erste hat, setzt Ries nach hinten, während wir es heute aus Gründen der Übersichtlichkeit unter das erste schreiben. Auch die Ausrechnung ist heute im Allgemeinen günstiger: Während wir heute zuerst auf die Einheit zurückgehen, also zunächst dividieren, und dann multiplizieren, multipliziert Ries zunächst die beiden letzten Stücke und dividiert dann erst durch das erste Stück. Dadurch können sich in der Zwischenrechnung unvorteilhaft große Zahlen ergeben.

Die Formulierung des allgemeinen Lehrtextes verrät, dass Ries bei der Anwendung des Dreisatzes in erster Linie an Ware-Preis-Relationen denkt.

1) Die Rechnung wird nicht vorgeführt. Mit den Umrechnungen 1 Gulden = 21 Groschen, 1 Groschen = 12 Pfennig ergibt sich:
$\frac{28 \cdot 6}{32}$ Gulden = $5\frac{1}{4}$ Gulden = 5 Gulden $5\frac{1}{4}$ Groschen = 5 Gulden 5 Groschen 3 Pfennig
Die Probe besteht in der Umkehrung dessen, was gegeben und was gesucht ist.

2) Der Preis für 6 Ellen Tuch wird vorausgesetzt und daraus der Preis für 32 Ellen berechnet. Kontrollrechnungen dieser Art dienen im heutigen Mathematikunterricht dazu, Schülern das Verständnis für proportionale Beziehungen zu erschließen.
Mit denselben Umrechnungen gilt:
5 Gulden 5 Groschen 3 Pfennig = 1323 Pfennig, $\frac{1323 \cdot 32}{6}$ Pfennig = 28 Gulden

4–31) Das erste Stück des Dreisatzes ist jeweils die (kleinste) Einheitsgröße, sodass nur multipliziert werden muss. Es handelt sich um Anwendungsaufgaben zur Multiplikation, die nur formal als Dreisatzrechnungen angesetzt werden.

13–15) Eine langsame Steigerung des Schwierigkeitsgrades: In der Mitte stehen nun gemischte Geldwerte, die zuerst auf die kleinste Einheit umgerechnet und nach der Multiplikation so weit wie möglich zurückverwandelt werden.

15) Hier treten erstmals Heller auf: 1 Pfennig = 2 Heller

16–31) Das erste und das dritte Stück im Dreisatz müssen demselben Größenbereich angehören. Darüber hinaus hatten diese beiden Stücke bisher stets die gleiche Maßeinheit, sodass Ries nun erklären muss, wie andernfalls zu verfahren ist.
Zum besseren Verständnis der heute ungewohnten Größeneinheiten – etwa Tuch, Fuder, Stein, Malter und Scheffel – sei hier und für alle folgenden Aufgaben auf den metrologischen Anhang verwiesen.

23) Da derjenige, der das Tuch zuschneidet, wohl auch der Verkäufer ist, steht das Wörtchen »für« an der falschen Stelle.

32–38) Das dritte Stück des Dreisatzes ist jeweils die Einheit oder die kleinste Einheitsgröße, sodass nur (das zweite Stück durch das erste) dividiert werden muss. Es handelt sich um Anwendungsaufgaben zur Division, die nur formal als Dreisatzrechnungen angesetzt werden.

34–38) Das erste und das dritte Glied des Dreisatzes haben nun verschiedene Maßeinheiten. Wie bei den analogen Aufgaben zur Multiplikation erläutert Ries das Verfahren (Vereinheitlichung der Maßeinheiten).

Bei Sachaufgaben zur Division können Reste auftreten, die zu Größen mit gebrochenen Maßzahlen führen. Da Ries noch keine Dezimalbrüche kennt – sie wurden in West- und Mitteleuropa erst 1585 durch den niederländischen Finanzverwalter und Ingenieur Simon Stevin allgemein bekannt (vgl. [98, S. 114–118]) –, ist er darauf angewiesen, mit gewöhnlichen Brüchen zu rechnen. Hier erläutert er ein Verfahren zum Kürzen von Brüchen, wobei er auch noch einmal auf das Linienrechnen zurückgreift. Dem schriftlichen Rechner empfiehlt er die übliche Schreibweise für einen gewöhnlichen Bruch.

Zunächst soll der Bruch – Zähler und Nenner als gerade vorausgesetzt – so oft mit 2 gekürzt werden, bis eine ungerade Zahl auftritt. Für ungerade Zahlen gibt Ries ein Kriterium in der Linien- und in der Zifferndarstellung an.

Das weitere Vorgehen erfolgt nach dem Euklidischen Algorithmus; (Euklid beschreibt das Verfahren im 7. Buch seiner Elemente – vgl. [7, §§ 1, 2, S. 142 ff.]:

Sei $\frac{a}{b}$ ein Bruch mit $a<b$. Gesucht ist die maximale Kürzungszahl, d. h. der größte gemeinsame Teiler (ggT) von a und b.

Zunächst existieren $q_1, r_1 \in \mathbb{N}$ mit $b = q_1 a + r_1$ und $0 \leq r_1 < a$ (Division von b durch a mit Rest). Im Fall $r_1 = 0$ ist a Teiler von b, also $a = \text{ggT}(a, b)$.

Im Fall $r_1 > 0$ wird das Verfahren fortgesetzt: $a = q_2 r_1 + r_2$, $0 \leq r_2 < r_1$.

Falls nun $r_2 = 0$ ist, so ist r_1 Teiler von a, aber auch von b. Andererseits lässt sich leicht zeigen, dass jeder gemeinsame Teiler von a und b auch Teiler von r_1 ist. Daraus folgt: $r_1 = \text{ggT}$ (a, b)

Im Fall $r_2 > 0$ wird das Verfahren weiter fortgesetzt: $r_1 = q_3 r_2 + r_3$, $0 \leq r_3 < r_2$ usw.; es entsteht eine streng monoton fallende Folge nichtnegativer ganzer Zahlen $b > a = r_0 > r_1 > r_2 > r_3 > \ldots$, sodass ein n existiert mit $r_n > 0$, $r_{n+1} = 0$ $(n \geq 0)$. Dieses r_n, das bei den letzten beiden Divisionen $r_{n-2} = q_n r_{n-1} + r_n$, $r_{n-1} = q_{n+1} r_n + 0$ auftritt, ist Teiler von a und b.

Andererseits ist wieder jeder gemeinsame Teiler von a und b auch Teiler von r_n. Daraus folgt: $r_n = \text{ggT}$ (a, b)

Im Fall $r_n = \text{ggT}$ $(a, b) = 1$ sind a und b teilerfremd; der Bruch $\frac{a}{b}$ lässt sich daher nicht kürzen, worauf Ries besonders hinweist.

39–43) In den Ergebnissen dieser Sachaufgaben kommen jeweils Hellerbruchteile vor, die durch vorheriges Kürzen entstanden sind. Ries führt aber das Verfahren nicht explizit durch. Deshalb soll hier der Euklidische Algorithmus an weniger trivialen Beispielen vorgerechnet werden. Es sei etwa der Bruch $\frac{490}{1001}$ zu kürzen.
Folgende Divisionen sind durchzuführen:
$1001 = 2 \cdot 490 + 21$, $490 = 23 \cdot 21 + 7$, $21 = 3 \cdot \underline{7} + 0$. Also kann der Bruch mit 7 gekürzt werden $(\frac{70}{143})$.
Für den Bruch $\frac{18}{49}$ hingegen ergibt sich folgender Algorithmus:
$49 = 2 \cdot 18 + 13$, $18 = 1 \cdot 13 + 5$, $13 = 2 \cdot 5 + 3$, $5 = 1 \cdot 3 + 2$, $3 = 1 \cdot 2 + 1$, $2 = 2 \cdot \underline{1} + 0$.
Daher kann dieser Bruch nicht gekürzt werden.

Der Euklidische Algorithmus lässt sich heute im Rahmen eines Lehrgangs zur Bruchrechnung (6. Klasse) kaum realisieren.

Von gebrochenen Zahlen (S. 63):

Nach der Begriffserklärung von Zähler und Nenner wird der Wert einer Größe mit gebrochener Maßzahl durch Umrechnung auf kleinere Einheiten verdeutlicht ($\frac{3}{4}$ Gulden = 15 Groschen 9 Pfennig).

Addieren von gebrochenen Zahlen (S. 64):

Ries unterscheidet wie wir zwischen gleichnamigen und ungleichnamigen Brüchen. Im Fall der ungleichnamigen Brüche wird aber nicht der Hauptnenner (kgV der einzelnen Nenner) bestimmt, sondern einfach das Nennerprodukt gebildet. Dadurch können sich vor dem Kürzen im Zähler und Nenner unvorteilhaft hohe Zahlen ergeben. Bei den angeführten Beispielen sind die Nenner allerdings jeweils teilerfremd, sodass sich dieser Nachteil hier nicht bemerkbar macht.

Die Umwandlung unechter Brüche in gemischte Zahlen wird als bekannt vorausgesetzt.

Subtrahieren (S. 64):

Den Sonderfall der Subtraktion eines Bruches von 1 behandelt Ries auf zwei Weisen: Bei der ersten Methode greift er den Vorteil dieser Sondersituation auf (Bestimmung des Komplementärbruchs), während er mit der zweiten Methode die Aufgabe auf den allgemeinen Fall der Subtraktion von Brüchen zurückführt.

Für die Subtraktion von gemischten Zahlen erklärt Ries vorab die Umwandlung gemischter Zahlen in unechte Brüche.

Duplieren von Brüchen / Medieren von Brüchen (S. 65f.):

Wie bei den natürlichen Zahlen führt Ries auch bei den Brüchen die Rechenoperationen »Duplieren« und »Medieren« an. An den Beispielen wird der Vorteil der getroffenen Fallunterscheidungen deutlich.

Multiplizieren von Brüchen (S. 66):

Es fehlt der Hinweis darauf, dass – falls möglich – vorheriges Kürzen von Vorteil ist.

Ganze Zahlen werden vor der Multiplikation als Brüche mit Nenner 1, gemischte Zahlen als unechte Brüche geschrieben. Ries erläutert abschließend die Umwandlung von unechten Brüchen in gemischte Zahlen, von der er bereits bei der Addition Gebrauch gemacht hatte.

Dividieren von Brüchen (S. 67):

Ries weist auf die vereinfachte Möglichkeit der Division hin, falls der Zähler des Dividenden durch den Zähler des Divisors oder durch den ganzzahligen Divisor teilbar ist. Der Sonderfall »Bruch geteilt durch natürliche Zahl« wird im heutigen Unterricht vor dem allgemeinen Fall »Bruch geteilt durch Bruch« behandelt.

Mit der Multiplikation über Kreuz ist natürlich die Multiplikation mit dem Kehrwert des Teilerbruchs gemeint. An späterer Stelle dieses Abschnitts wird dasselbe Verfahren unpräzise »Dividieren über Kreuz« genannt.

Bruchteile von Bruchteilen berechnen (S. 68):

Ein in der Praxis wichtiger Aspekt des Bruchbegriffs ist der des Anteils. Der Berechnung von Anteilen widmet Ries daher einen eigenen kurzen Abschnitt. Der Zusammenhang mit der Multiplikation ist für Schüler zunächst nicht ohne Weiteres selbstverständlich.

Ohne eigene Kapitelüberschrift beginnt nun eine Reihe von Sachaufgaben mit gemischten Zahlen, zunächst reine Divisionsaufgaben (44–46), dann »echte« Dreisatzaufgaben (47–70); die Aufgaben 50, 53, 54, 57, 67 und 70 fallen insofern aus dem Rahmen, als keines der gegebenen Stücke eine gemischte Zahl enthält. Die Formulierung von 67 im Originaltext ist zudem fehlerhaft: Es muss »Ich verkaufe« statt »Ich kaufe« heißen.

Der Lehrtext zu Beginn erläutert, wie Brüche oder gemischte Zahlen bei den gegebenen Stücken aufzulösen sind. Aufgrund der Eigenschaften einer Proportionalität kann man das erste und das dritte Glied ebenso wie das erste und das zweite Glied des Dreisatzes mit derselben Zahl multiplizieren, was nur einer Erweiterung des Bruchterms für das gesuchte Stück entspricht. Im Fall von Brüchen oder gemischten Zahlen wird man jeweils mit dem Nenner multiplizieren (erweitern). Mit »brich die Ganzen in die Teile beim Bruch« ist gemeint, dass bei gemischten Zahlen der Zähler des unechten Bruchs stehen bleibt.

44) Hier wird das Vorgehen von Ries deutlich: Mit der Umrechnung 1 Zentner = 110 Pfund erhält man zunächst das Dreisatzschema 110 $16\frac{1}{8}$ 1, das nach Erweiterung des ersten und zweiten Gliedes mit 8 in das Schema 880 129 1 überführt wird.

46) 1 Stein = 22 Pfund – vgl. den metrologischen Anhang

53) Hier ist »Tuch« wieder Längeneinheit – im Unterschied etwa zu Nr. 51, wo von »7 Ellen Tuch« die Rede war.

56) 1 Schock = 60 Stück; Eine ungerade Anzahl von Hühnern zweier verschieden teurer Sorten müsste in der Praxis dazu führen, dass eine Sorte überwiegt. Ries rechnet aber mit dem Durchschnittspreis von $14\frac{1}{2}$ Pfennig pro Huhn.

57) 1 Jahr = 52 Wochen

61) Erstmals treten bei *zwei* Gliedern einer Dreisatzaufgabe gemischte Zahlen auf. Ries weist sinngemäß darauf hin, dass das erste Glied (36 Ellen) mit Rücksicht auf das zweite Glied ($9\frac{3}{4}$ Gulden) und das dritte Glied ($3\frac{2}{3}$ Ellen) zweimal zu multiplizieren ist (Erweiterung mit 4 und mit 3).

66) Nun haben das erste und das zweite Glied gemischte Maßzahlen. Deshalb wird zunächst das dritte Glied mit Rücksicht auf das erste erweitert. Anschließend wird der Zähler des unechten Bruchs aus dem ersten Glied im Hinblick auf das zweite Glied erweitert. Insgesamt wird das erste Glied mit 16, das zweite mit 8 und das dritte mit 2 multipliziert, sodass natürliche Maßzahlen entstehen.

67) 1 Pfund = 32 Lot. Im Unterschied zu allen bisherigen Dreisatzaufgaben handelt es sich jetzt um eine Preis-Ware-Relation, d.h. die Preise sind vorgegeben, und die Warenmenge ist gesucht. Daher gibt Ries auch den Hinweis: »Setze vorne und hinten Gulden.«

68) Bei dieser Aufgabe, bei der ebenfalls nach der Warenmenge gefragt ist, haben das erste und das dritte Glied gemischte Maßzahlen. Im Allgemeinen ist, wie Ries auch darlegt, das dritte Glied mit dem Nenner des ersten und der verbliebene Zähler des ersten Gliedes mit dem Nenner des dritten zu multiplizieren. In der vorliegenden Aufgabe erübrigt sich allerdings die zweite Multiplikation, da sich der Nenner des dritten Gliedes bereits vorher herauskürzt.

Nach Nr. 70 geht Ries auf den Fall ein, dass beim Dreisatz reine Brüche auftreten. Da er ja schon mit gemischten Zahlen im Dreisatz gerechnet hat, verweist er auf die »vorher betrachtete Unterrichtung« und gibt nur zwei Beispiele an (71, 72).

73–74) Sachaufgaben, die zwar formal als zusammengesetzte Dreisatzaufgaben behandelt werden könnten, aber jeweils nur zwei Multiplikationen erfordern; Ries erläutert dementsprechend nur die Multiplikationen.

75) Eine Erbschaftsaufgabe, bei der zweimal dividiert werden muss

76) Diese Aufgabe zur Verpflegung von Pferden erfordert im Wesentlichen zwei Multiplikationen.

77) Eine Dreisatzaufgabe, bei der zunächst die Gewichte der drei Scheiben Wachs addiert werden müssen; es gelten die Umrechnungen 1 Zentner = 110 Pfund, 1 Stein = 22 Pfund.

78) Wenn auf je 100 Ochsen 3 Ochsen gratis dazugegeben werden, so müsste der Käufer für insgesamt 3060 Ochsen 29-mal 100 Ochsen kaufen und dazu noch 73 einzelne Ochsen. Das ergäbe einen Preis von $11520\frac{3}{8}$ Gulden. Ries rechnet aber den entsprechenden Rabatt auf jeden einzelnen Ochsen um: Der Preis für 103 Ochsen ($399\frac{1}{8}$ Gulden) wird auf den Preis für 100 Ochsen ($387\frac{1}{2}$ Gulden) ermäßigt, das sind $2\frac{97}{103}$ % Nachlass.

Es folgen etliche Aufgabenbeispiele in Goldwährung – (S. 78):

79–84) Dreisatzaufgaben mit Preisen in Goldwährung; die Maßzahlen der Größen sind teilweise gemischte Zahlen.

85) Die erste Dreisatzaufgabe, bei der sämtliche Größen gemischte Maßzahlen haben. Zunächst sollen die gemischten Zahlen als unechte Brüche geschrieben werden. Das dritte Glied wird anschließend mit dem Nenner des ersten multipliziert, der entstehende Bruch $\frac{59 \cdot 3}{9}$ aber nicht gekürzt. Danach wird das erste Glied mit den Nennern des zweiten und des dritten Gliedes (7 und 9) multipliziert: Es entsteht das ganzzahlige Dreisatzschema 693 24 177. (Nach vorherigem Kürzen hätte sich das Schema 231 24 59 ergeben.)

86) Eine gekünstelte Schachtelaufgabe zum Dreisatz, bei der

es um die Rechen-Operationen mit Brüchen geht: $(\frac{2}{3} + \frac{3}{4})$ Pfund kosten $(6\frac{1}{3} + \frac{2}{3} \cdot \frac{3}{4} + \frac{1}{4} \cdot \frac{3}{5} \cdot \frac{4}{5})$ Gulden – gesucht ist der Preis für $(\frac{1}{2} + \frac{1}{3} + \frac{1}{4} \cdot \frac{1}{2} \cdot \frac{1}{5})$ Pfund. Wie das Dreisatzschema zeigt, hat es Ries auch hier versäumt, rechtzeitig zu kürzen.

87) Eine sehr einfache Anwendung der Multiplikation. Erstmals tritt – wie in der metrologischen Einleitung dieses Kapitels angekündigt – der Zentner mit 100 Pfund auf.

88–89) Weitere Dreisatzaufgaben. In Nr. 89 kommt erstmals die Gewichtseinheit »Quent« vor.

90–91) Dreisatzaufgaben mit Taren: Vor der Preisberechnung ist jeweils das Verpackungsgewicht abzuziehen.

Weitere Aufgaben mit Taren sind 93, 94, 96–99. Dabei ist 97 im Grunde nur eine Divisionsaufgabe.

100) Hier zieht Ries die Tara (11 Pfund pro Zentner) nicht von der Summe der Fassgewichte ab, sondern schlägt vor der Dreisatzrechnung auf jeden Zentner 11 Pfund auf. Dadurch erhöht sich der Verkaufspreis um den Faktor

$$((1 + \tfrac{11}{100}) \cdot (1 - \tfrac{11}{100}))^{-1}.$$

Diese Übervorteilung des Käufers kam offenbar in der Praxis häufig vor. In seinem dritten Rechenbuch [29, S. 25^{v} und Blatt 85] geht Ries auf die beiden Berechnungsweisen und den jeweiligen Vor- und Nachteil für den Käufer bzw. Verkäufer ausführlich ein.

Wegen der Relation $(1 + x) \cdot (1 - x) < 1$ für jedes $x \neq 0$ ist die Tararechnung gemäß Nr. 100 für den Verkäufer stets günstiger.

101–102) Weitere Tararechnungen »nach Verkäuferart«. In 102 wird mit Silberwährung (Groschen und Pfennig) gerechnet.

103) Eine praktische Aufgabe zur Prozentrechnung: Ein Händler hat 1 Zentner Wachs für $15\frac{3}{4}$ Gulden gekauft und möchte beim Verkauf 7% Gewinn haben. Es ist nach der Menge Wachs gefragt, die er für 1 Gulden abgeben kann, anstatt nach dem Verkaufspreis für 1 Pfund, was natürlicher gewesen wäre.

Auf den ersten Dreisatz zur Berechnung der Menge Wachs für 100 Gulden ($634\frac{58}{63}$ Pfund) geht Ries nicht näher ein. Die eigentliche Prozentrechnung erfolgt mithilfe des zweiten Dreisatzes.

104) Nun ist nach dem Einkaufspreis gefragt. Der moderne algebraische Ansatz zur Lösung dieser Aufgabe mit vermehrtem Grundwert lautet:

Ist x der Einkaufpreis für 1 Pfund, so gilt

$$x\,(1 + \tfrac{8}{100}) = 11 \text{ Schilling } 6 \text{ Heller.}$$

Natürlich wäre es falsch, von 11 Schilling 6 Heller einfach 8% abzuziehen.

Das erste Dreisatzschema bei Ries hat den Nachteil, dass durch Umwandlung von Gulden in Heller zu große Zahlen entstehen. Deshalb gibt er eine Alternative an: Nach Vertauschung des zweiten und dritten Gliedes, die – wie Ries zutreffend erläutert – am Ergebnis nichts ändert, kann die Einheit »Gulden« stehen bleiben.

105) Mithilfe des Dreisatzes berechnet Ries, dass der Verkaufspreis für 1 Pfund $3\frac{3}{8} \cdot (1 - \frac{7}{48})$ Gulden = 2 Gulden 17 Schilling $7\frac{7}{8}$ Heller beträgt.

Die Verlustangabe »7 Gulden an 48« ist so zu verstehen, dass der glücklose Händler tatsächlich für 48 Gulden Safran eingekauft hat. Ries kann daher auch das Gewicht des Safrans berechnen.

Die vorliegende Aufgabe ist die erste, bei der es um einen Handelsverlust geht. Weitere solche Aufgaben, die Ries zweifellos aus der Kaufmannspraxis geschöpft hat, sind Nr. 107, 121, 122 und 123.

106) Eine sehr einfache Aufgabe zur Prozentrechnung

107) Der moderne algebraische Ansatz zur Lösung dieser Aufgabe mit vermindertem Grundwert lautet:

Ist x der Einkaufspreis für 1 Elle, so gilt

$$x\,(1 - \tfrac{9}{100}) = 4 \text{ Gulden.}$$

Natürlich wäre es falsch, auf 4 Gulden einfach 9% aufzuschlagen.

Die Aufgabe ist parallel zu Nr. 104 zu sehen.

108) Anstelle der schwerfälligen Lösung mit zweifachem Dreisatz hätte sich folgende Überlegung angeboten:
1 Elle Tuch erbringt einen Gewinn von $(\frac{11}{7} - \frac{5}{4})$ Gulden. Also werden 24 Gulden Gewinn mit 24 : $(\frac{11}{7} - \frac{5}{4})$ Ellen = $74\frac{2}{3}$ Ellen erzielt.

Vom Geldwechsel (S. 88):

Im europäischen Wirtschaftsgebiet des 16. Jahrhunderts waren der Rheinische Gulden und der Ungarische Gulden zwei wichtige »Leitwährungen«. Deshalb spielten Umrechnungen zwischen diesen beiden Währungen im grenzüberschreitenden Handel eine große Rolle – vgl. die Aufgaben 110–116 und 119 mit verschiedenen Wechselkursen.

114) Aus 578 Rheinischen Gulden erhält man mithilfe des Dreisatzschemas

$132\frac{1}{2}$ Rh. Gulden 100 U. Gulden 78 Rh. Gulden

zunächst $436\frac{12}{53}$ Ungarische Gulden. Da die Untereinheiten des Ungarischen Gulden nicht bekannt sind, soll der Bruchanteil nach der vorherigen Erläuterung von Ries in Rheinische Schillinge zurückverwandelt werden: $\frac{12}{53}$ Ungarische Gulden sind »durch das Mittlere« (100 U. Gulden – siehe obiges Dreisatzschema) zu teilen (und anschließend mit dem ersten Glied des Dreisatzes zu multiplizieren, was Ries nicht erwähnt); da aber »Brüche vorhanden« sind, nämlich $\frac{1}{2}$ im ersten Dreisatzglied, ist vorher in der Mitte mit dem Nenner 2 zu multiplizieren.

Diese Anweisung wird verständlich, wenn man den Dreisatz neu ansetzt:

100 U. Gulden	132 Rh. Gulden	U. Gulden
→ 200 U. Gulden	265 Rh. Gulden	$\frac{12}{53}$ U. Gulden

Als Ergebnis erhält man $\frac{3}{10}$ Rh. Gulden = 6 Rh. Schilling.

115) Ein ähnliches Beispiel – Zwischenergebnis: $934\frac{2}{397}$ U. Gulden

116) 100 U. Gulden haben einen Wert von 142 Rh. Gulden abzüglich 13 Rh. Schilling, d. h. von 141 Rh. Gulden 7 Rh. Schilling. 1478 U. Gulden sind dementsprechend umzurechnen, und zum Ergebnis sind 16 Rh. Schilling $11\frac{7}{25}$ Rh. Heller zu addieren.

117) Ein ähnliches Beispiel, bei dem aber der skizzierte Lösungsweg teilweise falsch ist (durch eckige Klammern kenntlich gemacht). Bereits in der 2. Auflage des Buchs von 1525 [22, E^v] hat Ries den Text wie folgt korrigiert: »… Die

teile durch das Mittlere, d.h. durch 100 – es kommen 23 Schilling heraus, denn vorne stehen Schillinge. Es bleiben als Rest 68 Schilling. Verwandle in Heller und teile auch durch 100 – es werden $8\frac{4}{25}$ Heller.« (modernisierte Fassung) Das Dreisatzschema zeigt, dass Ries nicht rechtzeitig gekürzt hat. Das ungekürzte Zwischenergebnis lautet $568\frac{2368}{2774}$ Dukaten. Nun sind die Untereinheiten des Dukaten nicht bekannt, der Bruchanteil muss in rheinische Währung zurückverwandelt werden. Da 100 Dukaten zu 2774 Rh. Schilling gehandelt werden, haben $\frac{2368}{2774}$ Dukaten einen Wert von $\frac{2368}{100}$ Rh. Schilling. Die weitere Rechnung ist nach dem korrigierten Text leicht verständlich.

Ergebnis: 568 Dukaten 23 Rh. Schilling $8\frac{4}{25}$ Rh. Heller

118) Eine Aufgabe des sog. Fünfsatzes, eines Sonderfalls des »Kettensatzes« – vgl. [104, S. 79–82], [98, S. 366 f.]. Wir rechnen:

72 U. Gulden $\triangleq$ 100 Rh. Gulden, 100 Rh. Gulden $\triangleq \frac{100 \cdot 100}{124}$ Dukaten – für 72 U. Gulden hat man also $80\frac{20}{31}$ Dukaten. Der Bruchanteil soll wieder in Rh. Schilling verwandelt werden: Es ergeben sich $\frac{4}{5}$ Rh. Gulden = 16 Rh. Schilling.

Das Schema bei Ries ist so angelegt, dass das Produkt der Zahlen in der ersten und der zweiten Spalte zusammen mit den 72 (U. Gulden) aus der Frage ein Dreisatzschema ergibt. In einem solchen Schema können offenbar gemeinsame Faktoren der ersten und der zweiten Spalte sowie der ersten Spalte und der Zahl aus der Frage gekürzt werden, hier insbesondere 72. Wahrscheinlich hat Ries darauf verzichtet, um den Aufbau des Schemas in den Vordergrund zu stellen.

119) Eine einfache Aufgabe, bei der wie in Nr. 113 zum U. Gulden eine Untereinheit angegeben ist.

Gewand / Minderwertige Ware / Safran (S. 92ff.):

Es folgen sieben Aufgaben zum Warentransport mit Fuhrlohn, wobei die unterschiedlichen Währungs- und / oder Gewichtssysteme der jeweiligen Handelsplätze berücksichtigt werden müssen. Die Rechnungen sind nicht schwierig, zum Teil aber langwierig. Im Allgemeinen sind die einzelnen Lösungsschritte von Ries gut verständlich, sodass die Angabe von Zwischenergebnissen genügt:

120) Die Tücher kosten 594 Rh. Gulden, mit Fuhrlohn 628 Rh. Gulden. Der Verkaufspreis in Pressburg beträgt $566\frac{1}{2}$ U. Gulden, was $771\frac{137}{160}$ Rh. Gulden entspricht. In rheinischer Währung bleibt also ein Gewinn von $143\frac{137}{160}$ Gulden = 143 Gulden 17 Schilling $1\frac{1}{2}$ Heller. Dies sind $105\frac{127}{218}$ U. Gulden. Da die Untereinheiten des U. Gulden nicht bekannt sind, muss der Bruchanteil in rheinische Währung zurückverwandelt werden (vgl. Nr. 114). Es ergeben sich 105 U. Gulden 15 Rh. Schilling $10\frac{1}{2}$ Rh. Heller.

121)
- Einkaufspreis für die Nelken in Venedig: 294 Gulden 10 Schilling 6 Heller
- Einkaufspreis mit Fuhrlohn: 319 Gulden 10 Schilling 6 Heller
- Umrechnung des venezianischen Gewichts ($654\frac{1}{2}$ Pfund) in Nürnberger Gewicht: $392\frac{7}{10}$ Nürnberger Pfund
- Verkaufspreis für 1 Nürnberger Zentner, der 15 Pfund minderwertige Ware enthält: 71 Gulden
- Verkaufspreis für $392\frac{7}{10}$ Nürnberger Pfund: 278 Gulden 16 Schilling $4\frac{2}{25}$ Heller
- Differenz zwischen Einkaufs- und Verkaufspreis: 40 Gulden 14 Schilling $1\frac{23}{25}$ Heller Verlust

Auch ohne Fuhrlohn hätte der Händler einen Verlust erlitten.

122) Erstmals treten verschiedene Währungs- und Gewichtssysteme gleichzeitig auf:

- Wert des Safrans in Venedig: $59\frac{1}{2}$ Dukaten
- Aufschlag der Transportkosten: 62 Dukaten
- Umrechnung des venezianischen Gewichts ($25\frac{1}{2}$ Pfund) in Nürnberger Gewicht: $15\frac{3}{10}$ Nürnberger Pfund
- Verkaufspreis in Rh. Gulden: $68\frac{17}{20}$ Rh. Gulden
- Umrechnung des Warenwerts zuzüglich Fuhrlohn (62 Dukaten) in Rh. Gulden: $83\frac{2}{25}$ Rh. Gulden
- Differenz zwischen Warenwert (mit Fuhrlohn) und Verkaufspreis: 14 Gulden 4 Schilling $7\frac{1}{5}$ Heller Verlust

123) – Kosten des Zinns bis Nürnberg: 2080 Gulden

- Umrechnung des Egerer Gewichts (124 Zentner) in Nürnberger Gewicht: $165\frac{1}{3}$ Nürnberger Zentner
- Verkaufspreis des Zinns in Nürnberg: $1715\frac{1}{3}$ Gulden
- Verlust: 364 Gulden 13 Schilling 4 Heller

Bei der Aufgabenformulierung wechselt Ries unachtsamerweise von einer Person (»er«) in die andere (»du«).

124) In dieser Aufgabe ist zusätzlich eine Tara zu berücksichtigen.

- Gewicht des Sacks ohne Tara: $435\frac{1}{2}$ Pfund
- Preis des Sacks ohne Tara in Nürnberg: $3919\frac{1}{2}$ Schilling
- Preis mit Fuhrlohn: $3999\frac{1}{2}$ Schilling
- Umrechnung des Nürnberger Gewichts (ohne Tara) in Leipziger Gewicht: $479\frac{1}{20}$ Leipziger Pfund
- Verkaufspreis in Leipzig in Leipziger Währung: 4550 Groschen $11\frac{7}{10}$ Pfennig
- Umrechnung des Einkaufspreises mit Fuhrlohn ($3999\frac{1}{2}$ Schilling) in Leipziger (Silber-)Währung: 4199 Groschen $5\frac{7}{10}$ Pfennig
- Gewinn: 351 Groschen 6 Pfennig
- Umrechnung in Gulden / Groschen / Pfennig: 351 Groschen 6 Pfennig = $(16 \cdot 21 + 15)$ Groschen 6 Pfennig =

(16 · 20) Schilling 15 Groschen 6 Pfennig = 16 Gulden 15 Groschen 6 Pfennig

125) Eine Aufgabe zum Warentransport mit zusätzlicher Prozentrechnung:
- Einkaufspreis für 1 Breslauer Zentner in Breslau: $13\frac{1}{16}$ U. Gulden
- Einkaufspreis zuzüglich Fuhrlohn: $14\frac{9}{16}$ U. Gulden
- Preis für 1 Nürnberger Zentner in U. Gulden: $14\frac{4}{33}$ U. Gulden
- Umrechnung dieses Preises in Rh. Gulden: $18\frac{469}{660}$ Rh. Gulden
- 7%iger Gewinnaufschlag: 20 Rh. Gulden $4\frac{243}{275}$ Heller

126)
- Einkaufspreis für 1 Zentner (100 Pfund) in Nürnberg: 42 Gulden 1 Schilling 8 Heller
- Einkaufspreis für 1 Zentner zuzüglich Fuhrlohn: 43 Gulden 9 Schilling 8 Heller
- Preis für 1 Breslauer Stein (= 24 Breslauer Pfund) in Rh. Gulden: 8 Gulden 3 Schilling $\frac{3}{4}$ Heller
- Umrechnung in ungarische Währung: 6 U. Gulden 9 Groschen $7\frac{61}{80}$ Heller

127) Mit dieser Aufgabe werden Dreisatz und Bruchrechnung geübt:
75 Zobel kosten $141\frac{51}{64}$ Gulden, 789 Wieselfelle kosten $43\frac{79}{200}$ Gulden, 389 Hermelinfelle kosten $33\frac{441}{800}$ Gulden, und 2975 feine Lederarbeiten kosten $173\frac{47}{160}$ Gulden.

128–130) Drei weitere Aufgaben zur Prozentrechnung

128) Die 59 Zentner kosten insgesamt 480 Gulden, 1 Zentner kostet also im Durchschnitt $8\frac{8}{59}$ Gulden. 3% Aufschlag ergibt 8 Gulden 7 Groschen $11\frac{199}{295}$ Pfennig.

129) Ries berechnet zunächst mithilfe des Dreisatzes die Pfundpreise der drei Waren nach 7%igem Aufschlag. Danach soll der Gesamtgewinn bestimmt werden: Die Einkaufspreise betragen für den Safran 150 Gulden 10 Schilling, für die Nelken 46 Gulden 8 Schilling und für den

Ingwer 93 Gulden 15 Schilling, insgesamt also 290 Gulden 13 Schilling. 7% davon sind aber 20 Gulden 6 Schilling $10\frac{23}{25}$ Heller und nicht, wie Ries angibt, 20 Gulden 6 Schilling $10\frac{4}{5}$ Heller.

Bereits in der 2. Auflage seines Buchs von 1525 [22, E^{5v}] hat Ries diesen geringfügigen Fehler korrigiert.

Bei der Aufgabenformulierung unterläuft Ries wieder ein Personenwechsel (von »er« zu »ich«).

130) Die Einkaufspreise betragen pro Pfund Pfeffer $17\frac{7}{18}$ Schilling, pro Pfund Ingwer $17\frac{7}{15}$ Schilling und pro Pfund Safran 2 Gulden $12\frac{1}{6}$ Schilling. Ries gibt die um 12% erhöhten Preise an.

Insgesamt hat der Händler 175 Gulden 1 Schilling bezahlt. Mithilfe des Dreisatzes berechnet Ries davon 12%.

131–135) Weitere Dreisatzaufgaben

131) »Pfund« ist hier auch eine Währungseinheit. Der Preis für 1 Zentner (= 100 Pfund) beträgt $3463\frac{4}{5}$ Pfennig. Mittels Dreisatz erhält man den angegebenen Preis für 2556 Pfund.

132) 1 Zentner kostet $5\frac{2}{3} \cdot 234$ Pfennig = 1326 Pfennig

133) Der Preis für 1817 Pfund beträgt $12918\frac{87}{100}$ Pfennig = 72 Gulden $102\frac{87}{100}$ Pfennig.

134) Offenbar wiegen die vier Scheiben so viel wie die beiden genannten Gewichte zusammen, also 2824 Pfund.

135) Die vier Scheiben wiegen zusammen 2394 Pfund.

136) Eine Tara-Aufgabe, die in der bereits beschriebenen Weise (vgl. Nr. 100) zugunsten des Verkäufers gerechnet wird: 1 Zentner + 12 Pfund = 144 Pfund sollen $9\frac{1}{4}$ Mark kosten, woraus der Preis für das Öl (3030 Pfund) zu bestimmen ist. Die Mark als Währungseinheit tritt im Rechenbuch sonst nicht mehr auf.

137–138) Für einen festen Betrag sollen unterschiedlich teure Waren in einem bestimmten Mengenverhältnis gekauft werden.

137) Die Berechnung geht aus von dem Preis für 3 Pfund mit je 1 Pfund Safran, Nelken und Ingwer.

138) Hier geht die Berechnung von dem Preis für 3 Zentner aus, die 2 Zentner Wolle und 1 Zentner Wachs enthalten.

139) Die Scheiben wiegen zusammen 1673 Pfund. Die Währungseinheit »Pfund« entspricht hier und in der folgenden Aufgabe wieder 30 Pfennig.

140) Die Fässer wiegen insgesamt 1226 Pfund.

142–143) Zwei Aufgaben zum umgekehrten Dreisatz

142) Um eine Verteuerung des Getreidepreises weniger bewusst zu machen, soll der Brotpreis (1 Pfennig) konstant bleiben, stattdessen aber das Gewicht des Brotes entsprechend abnehmen. In einem Frankfurter Kapitular aus dem 8. Jahrhundert finden sich dafür bereits gesetzliche Regelungen (vgl. [98, S. 517 f.]). In seinem »Gerechent Büchlein auff den Schöffel, Eimer vnd Pfundtgewicht ...« [27] gibt Ries u. a. detaillierte Tabellen für das Brotbacken an, damit der *arme gemeine man ym Brotkauff nicht vbersetzt* (übervorteilt) werde, wie er im Vorwort schreibt. Über jemanden, der seine berufliche oder gesellschaftliche Position verloren hat oder seinen Lebensstandard nicht halten konnte, sagt noch heute der Volksmund nicht ohne Schadenfreude: »Er muss jetzt kleinere Brötchen backen.«

Der Begriff »umgekehrter Dreisatz« geht darauf zurück, dass das erste Stück (14 Groschen) und das dritte Stück (17 Groschen) vertauscht werden; anschließend kann wie üblich weitergerechnet werden, wie man sich aufgrund der indirekten Proportionalität leicht überzeugt.

143) Der Flächeninhalt des rechteckigen Futtertuchs soll mit dem Inhalt des Tuchs übereinstimmen. Bei konstantem Flächeninhalt stehen die Seitenlängen eines Rechtecks in umgekehrter Proportionalität zueinander. Auch dieser Aufgabentyp hat eine lange Tradition: Er ist bereits im 9. Jahrhundert in Indien nachweisbar [98, S. 518].

Der umgekehrte Dreisatz ist hier mit Brüchen durchzuführen.

144–145) Bei diesen Dreisatzaufgaben sind sämtliche Preise gegeben, dafür aber wird nach dem Gewichts- oder Währungssystem gefragt.

145) Es gilt $\frac{109}{150}$ Gulden = 19 Groschen $7\frac{11}{25}$ Pfennig, und gesucht ist der Umrechnungskurs für 1 Gulden. Der von Ries gewählte Dreisatz führt daher zum richtigen Ergebnis.

146) Eine Aufgabe zum Siebensatz, einem weiteren Spezialfall des sog. Kettensatzes – vgl. Nr. 118 und [104, S. 79–82], [98, S. 366 f.]

Wir rechnen: 1000 Pfund von Padua = $1000 \cdot \frac{5}{7}$ Pfund von Venedig = $1000 \cdot \frac{5}{7} \cdot \frac{6}{10}$ Pfund von Nürnberg = $1000 \cdot \frac{5}{7} \cdot \frac{6}{10} \cdot \frac{73}{100}$ Pfund von Köln.

Das Schema bei Ries ist wieder so angelegt, dass das Produkt der Zahlen in der ersten und der zweiten Spalte zusammen mit den 1000 (Pfund von Padua) aus der Frage ein Dreisatzschema ergibt. In einem solchen Schema können offenbar gemeinsame Faktoren der ersten und der zweiten Spalte sowie der ersten Spalte und der Zahl aus der Frage gekürzt werden, hier insbesondere 1000 gegen $10 \cdot 100$. Wahrscheinlich hat Ries wieder darauf verzichtet, um den Aufbau des Schemas in den Vordergrund zu stellen.

147–148) 2 Aufgaben zum zusammengesetzten Dreisatz

147) Der Fuhrlohn verhält sich proportional zum Gewicht und zur Entfernung. Die Rechenanweisung nach dem Diagramm, das dem Schema des Kettensatzes ähnelt, ist korrekt – Schüler rechnen heute ausführlich wie folgt:

3 Zentner und 24 Meilen $\triangleq$ 1 U. Gulden
1 Zentner und 24 Meilen $\triangleq \frac{1}{3}$ U. Gulden
11 Zentner und 24 Meilen $\triangleq \frac{11}{3}$ U. Gulden
11 Zentner und 1 Meile $\triangleq \frac{11}{24 \cdot 3}$ U. Gulden
11 Zentner und 120 Meilen $\triangleq \frac{11 \cdot 120}{24 \cdot 3}$ U. Gulden

148) Die Entfernung verhält sich proportional zum Fuhrlohn, bei konstantem Fuhrlohn aber umgekehrt proportional zum Gewicht; der Dreisatz setzt sich also aus einem geraden und einem ungeraden Verhältnis zusammen.

Das Diagramm hat die gleiche Struktur wie in der vorigen Aufgabe. Insbesondere steht unter den gegebenen Größen diejenige in der Mitte, auf deren Größenbereich die Frage abzielt. Hier sind es 7 Meilen, und nach der Entfernung ist auch gefragt.

Aufgrund des ungeraden Verhältnisses muss Ries nun jedoch über Kreuz multiplizieren: (1 Gulden 2 Pfund 9 Pfennig) · 48 = 279 Pfennig · 48 = 13392 Pfennig, 4 · 20 Gulden = 4 · 4200 Pfennig = 16800 Pfennig

Das anschließende Dreisatzschema führt, wie leicht zu überprüfen ist, zum richtigen Ergebnis.

149–150) Das Verfahren zur Lösung von Aufgaben des zusammengesetzten Dreisatzes wird nun auf zwei Probleme der einfachen Verzinsung angewendet. Auch hier besteht jeweils ein gerades und ein ungerades Verhältnis, denn die Verzinsungszeit ist proportional zum Zins (Gewinn), bei konstantem Zins aber umgekehrt proportional zum Kapital. Im Unterschied zu späteren Auflagen seines Buchs gibt Ries hier die Diagramme nicht mehr an, aus denen er nach Multiplikationen über Kreuz die Dreisatzschemata gewinnt.

149) Das Diagramm hätte die Gestalt:

12 Gulden	3 Jahre	20 Gulden
7 Gulden		12 Gulden

150) Das Diagramm hätte die Gestalt:

5 Monate	80 Gulden	1 Jahr
12 Gulden		30 Gulden

151) Eine komplizierte Zinseszinsrechnung

Aufgrund des jahrhundertelangen kirchlichen Verbots, Zinsen zu nehmen, waren es meist jüdische Geldverleiher, die in Zeiten wirtschaftlicher Prosperität das dringend benötig-

te Kapital zur Verfügung stellten, häufig zu recht hohen Zinsen (vgl. [98, S. 539 f.]).
Mit dieser Aufgabe leistet Ries eine wichtige Aufklärungsarbeit zum Schutz vor Übervorteilung: Der scheinbar niedrige Wochenzins von 2 Pfennig pro Gulden (= 252 Pfennig) führt zu einem Jahreszinssatz von ungefähr $45\frac{1}{2}\%$! Bewundernswert ist auch die rechnerische Leistung. Selbst mit einem modernen Taschenrechner lässt sich dieses exakte Ergebnis nicht ermitteln; da müssen wir schon zu Computerprogrammen greifen. Andererseits ist eine solche Genauigkeit für die Praxis völlig wertlos. Aber Ries rundet nirgendwo die Ergebnisse seiner Aufgaben, wie die zahlreichen Hellerbruchteile zeigen, für die im damaligen Handel natürlich keine Münzen im Umlauf waren. Vielleicht will er dem Leser, der die Aufgaben nachrechnen will, eine bis ins Detail gehende Ergebniskontrolle ermöglichen.

Ist K_8 das Kapital nach 4 Jahren (8 Halbjahren), so gilt:

$$K_8 = 5040 \cdot \left(\frac{6080}{5040}\right)^8 \text{ Pfennig}$$

Ries berechnet die Kapitalien schrittweise von einem Halbjahr zum anderen mit dem Dreisatz, wobei er den Wachstumsfaktor $\frac{6080}{5040}$ erst mit 10 und dann mit 8 kürzt. Außerdem beachtet er den Rechenvorteil, der darin besteht, die unechten Brüche stehen zu lassen und erst zum Schluss zu dividieren. Die ganzzahligen Pfennige werden abschließend in die höheren Geldwerte umgewandelt.
Es fällt auf, dass Ries eingangs von »Vierteljahren« (im Originaltext: »quartal«) spricht, die Verzinsungszeit in der Aufgabe aber jeweils ein halbes Jahr beträgt.

152–153) Der »Einkauf gleicher Mengen« war ein beliebtes Problem der Unterhaltungsmathematik (vgl. [98, S. 598–601]). Mit Nr. 137 ist uns schon ein Beispiel begegnet, Nr. 152 wird ganz ähnlich gelöst.

153) Für 1 Gulden soll von allen vier Groschenarten gleich viel erworben werden. Die Zahlen 7, 18, 21 und 28 sind die Nenner der Stammbrüche, die als Maßzahlen von Gulden bei den Preisen von je 1 Groschen auftreten. Die Summe dieser Guldenbruchteile – Ries erläutert hierfür die Berechnungsweise – beträgt (ungekürzt) $\frac{20874}{74088}$ Gulden: Das ist der Preis für 4 Groschen, je einer von jeder Sorte. Daraus wird das Dreisatzschema verständlich.

154) Eine Dreisatzaufgabe mit Tara und Rabatt
Das Nettogewicht beträgt nach Abzug der Tara, dem Holzgewicht der Butterkübel, $192\frac{11}{12}$ Pfund. Nach der Berechnung des Preises für das Nettogewicht sind noch 3 Pfennig abzuziehen.

In den folgenden drei Kapiteln präsentiert Ries Aufgaben aus seinem späteren beruflichen Umfeld: Als hoher Beamter im Annaberger Silberbergbau hatte er mit der *Silber- und Goldrechnung*, der *Beschickung des Schmelztiegels* und dem *Münzschlag* direkt zu tun.

Silber- und Goldrechnung (S. 107):

In den neun Aufgaben (Nr. 155–163) dieses Kapitels geht es um Preisberechnungen von Gold und Silber, wobei das Feingewicht eine Rolle spielt.

»Mark« kommt hier erstmals als Gewichtseinheit vor: Besondere Bedeutung hatte die aus Nordeuropa stammende Mark für die Münzprägung. Die alten Gewichte »Lot« (für Silber) sowie »Karat« und »Gran« (für Gold) finden heute noch in der Edelmetallverarbeitung und der Schmuckindustrie Verwendung; reines Gold hat 24 Karat.

Feinsilber hat einen Feingehalt von 16 Lot pro Mark; »gekörntes« Silber ist mit Kupfer legiert, sodass der Feingehalt niedriger ist. Der Begriff geht darauf zurück, dass man den Feingehalt eines Metallstücks herauslöst, indem man es schmilzt und das edlere Metall, meistens Silber, in Körner zerteilt – vgl. [100, S. 252], [98, S. 567]. Die heute noch gebräuchlichen Fachbegriffe »Schrot« (Gesamt- oder Raugewicht von Münzen) und »Korn« (Feingewicht von Münzen) sind vor allem aus einer Redensart bekannt: »... von echtem Schrot und Korn«.

155–156) Einfache Silberpreisberechnungen, bei denen die neuen Gewichtseinheiten eingeübt werden sollen

157) Eine typische Aufgabe, bei der der Feingehalt und der Preis für Feinsilber gegeben sind und nach dem Preis für die Silberlegierung gefragt wird. Ries erläutert ausführlich, wie man mithilfe zweier Dreisatzrechnungen zur Lösung kommt. Zu beachten ist noch, dass das zugesetzte unedlere Metall (Kupfer) ohne Berechnung bleibt.

158) Diese Aufgabe bringt gegenüber Nr. 157 inhaltlich nichts Neues. Deshalb kann Ries auch auf das Lösungsverfahren der vorigen Aufgabe verweisen.

Als Alternative bietet er aber eine zweite Methode an, die die Rechnung vorteilhafter gestaltet: Anstatt das Feingewicht des Silbers auf die größte Einheit umzurechnen (187 Mark 14 Lot 2 Quent $3\frac{27}{64}$ Pfenniggewicht), lässt er die Einheit »Pfenniggewicht« mit dem unechten Bruch als Maßzahl ($\frac{3078875}{64}$) stehen, so wie es sich aus dem ersten Dreisatz ergibt. Die weitere Erläuterung bezieht sich lediglich auf die Auflösung der Brüche im zweiten Dreisatz in der üblichen Weise (vgl. Nr. 61).

159) Eine einfache Goldpreisberechnung

Um den Goldgehalt zu prüfen, zog man mit dem Metallstück oder mit Goldwaren Striche auf einem Kieselschiefer, dem sog. Probierstein. Diese Striche konnte man nun mit »Probiernadeln« vergleichen, Stäbchen aus Legierungen verschiedenen, jeweils bekannten Goldgehalts.

160) Eine typische Aufgabe, bei der der Feingehalt und der Preis für Feingold gegeben sind und nach dem Preis für die Goldlegierung gefragt wird. Ries fasst sich kurz, da er das Lösungsverfahren bereits bei den analogen Aufgaben zur Silberrechnung (Nr. 157–158) ausführlich dargelegt hat.

Das Feingewicht des Goldstücks beträgt 19 Mark 4 Karat. Zu beachten ist wieder, dass das zugesetzte unedlere Metall nichts kostet: Es kann sich wohl nur um Kupfer handeln (vgl. auch Nr. 163).

161) Ries erläutert hier ausführlich die Lösung, die der ersten Methode zu Nr. 158 entspricht. Weniger umständlich wäre es gewesen, die zweiten Methode zu dieser »Silberrechnung« auch hier anzuwenden: Aus dem ersten Dreisatz ergibt sich der Wert $\frac{124125}{64}$ Gran, mit dem sich vorteilhaft weiterrechnen lässt.

162) Die Berechnung des Feingewichts erfolgt »durch Umstellen des Dreisatzes«, was aber nichts mit dem umgekehrten Dreisatz zu tun hat:

Anstelle des natürlichen Ansatzes

1 Mark 22 Karat 3 Gran 21 Mark 14 Lot 3 Quent 3 Pfenniggewicht, der zum Ergebnis 20 Mark 18 Karat 3 Gran $2\frac{223}{256}$ Grän führen würde, stellt Ries das zweite und das dritte Glied um. Dadurch verändert sich am Ergebnis nichts, jedoch erhält er das Feingewicht nun in den Einheiten Mark, Lot, Quent, Pfenniggewicht und Hellergewicht. Dies ist für die anschließende Preisberechnung von Vorteil, da der Preis pro Lot gegeben ist.

163) Die letzte und komplizierteste Aufgabe dieses Kapitels: Ein Stück vergoldeten Silbers hat einen Edelmetallanteil von 11 Lot 2 Quent pro Mark, wovon 2 Quent 2 Pfenniggewicht auf Gold entfallen, das aber selbst nur – mit Silber legiert – einen Feingehalt von 22 Karat 1 Gran hat. Gegeben sind die Preise für Feinsilber pro Mark und für Feingold pro

Karat, und der Preis des gesamten Metallstücks ist gesucht, wobei noch ein Scheidelohn pro Mark anfällt.
Die einzelnen Rechenschritte sehen so aus:

- Bestimmung des Feingewichts des Goldanteils von 1 Mark durch »Umstellen des Dreisatzes«: Anstelle des Ansatzes
  24 Karat 22 Karat 1 Gran 2 Quent 2 Pfenniggewicht
  vertauscht Ries das zweite und das dritte Stück. Das Ergebnis in Quent und Pfenniggewicht erweist sich bei der nächsten Teilrechnung als vorteilhaft.
- Abzug des Feingoldgewichts pro Mark vom Edelmetallgewicht pro Mark: Als Ergebnis erhält man das Feinsilbergewicht pro Mark.
- Berechnung des Feinsilberpreises pro Mark
- Berechnung des Feingoldpreises pro Mark: Dabei ist die Umrechnung 1 Karat = $\frac{2}{3}$ Lot zu berücksichtigen.
- Berechnung des Edelmetallpreises pro Mark (Summe der beiden vorherigen Preise)
- Abzug des Scheidelohnes pro Mark: Man erhält den Nettopreis für den Edelmetallanteil pro Mark.
- Berechnung des Preises für das vergoldete Silber

Beschickung des Schmelztiegels *(S. 113):*

Es folgen fünf Aufgaben zur Legierung von Silber, die im Wesentlichen mithilfe der Mischungsrechnung gelöst werden.

Wir verstehen die Lösungsmethoden besser, wenn wir auf algebraische Formeln zurückgreifen. Es sei darauf hingewiesen, dass die Variablen in den Formeln dieses Kapitels keine Größen, sondern nur deren Maßzahlen darstellen.

164) Drei verschieden schwere Mengen Silber von unterschiedlichem Feingehalt werden zusammengeschmolzen.

Gefragt ist nach dem Feingehalt der entstehenden Legierung.

Sind m_1, m_2, m_3 die Gewichte (Einheit: Lot) der drei Mengen und x_1, x_2, x_3 die zugehörigen Feingehalte (Einheit: Quent pro 16 Lot oder Quent pro Mark), so beträgt die Summe der Feingewichte

$$\frac{m_1}{16} \cdot x_1 + \frac{m_2}{16} \cdot x_2 + \frac{m_3}{16} \cdot x_3 \text{ Quent.}$$

Daher hat der Feingehalt der Legierung (Mischung) den Betrag

$$\frac{\frac{m_1}{16} \cdot x_1 + \frac{m_2}{16} \cdot x_2 + \frac{m_3}{16} \cdot x_3}{m_1 + m_2 + m_3} \quad \text{Quent pro Lot}$$

$$= \frac{m_1 x_1 + m_2 x_2 + m_3 x_3}{m_1 + m_2 + m_3} \quad \text{Quent pro Mark.}$$

Hier gilt: $m_1 = 408$ (Lot), $m_2 = 780$ (Lot), $m_3 = 676$ (Lot), $x_1 = 31$ (Quent/16 Lot), $x_2 = 34$ (Quent/16 Lot), $x_3 = 51$ (Quent/16 Lot)

Die Rechenanweisung von Ries entspricht unserer Formel.

Ries gibt eine Alternative an, zu der der bei ihm weiter oben an falscher Stelle stehende Satz gehört: »Berechne zuerst, welches Feingewicht jeder einzelne Posten hat.« Mithilfe des Dreisatzes können die Feingewichte der drei Silberstücke berechnet werden – beide Diagramme liefern die hierzu nötigen Dreisatzschemata. Der erste Silberposten hat demnach ein Feingewicht von $12\frac{45}{128}$ Mark, der zweite ein Feingewicht von $25\frac{115}{128}$ Mark und der dritte ein Feingewicht von $33\frac{171}{256}$ Mark. Die Summe dieser Feingewichte ($71\frac{235}{256}$ Mark), dividiert durch die Summe der Raugewichte ($116\frac{1}{2}$ Mark), ergibt den gesuchten Feingehalt (Feingewicht von 1 Mark).

165) Eine typische Aufgabe aus der Mischungsrechnung: Der Feingehalt einer Silberlegierung soll erhöht werden, und es stellt sich daher die Frage, wie viel Feinsilber zuzusetzen ist.

Ist m_1 das Gewicht der Silberlegierung (Einheit: Mark) und x_1 ihr Feingehalt (Einheit: Lot pro Mark), so hat nach Zugabe von m_2 Mark Feinsilber die Legierung – nunmehr mit dem Gewicht $(m_1 + m_2)$ Mark – den Feingehalt

$$x = \frac{m_1 x_1 + m_2 \cdot 16}{m_1 + m_2} \quad \text{Lot Pro Mark.}$$

Daraus folgt:

$$m_2 = \frac{m_1(x - x_1)}{16 - x} \quad \text{Mark}$$

(Die Zahl 16 hat in den Formeln die Einheit Lot pro Mark.) In der vorliegenden Aufgabe sind $m_1 = 1$ (Mark), $x = 11$ (Lot pro Mark) und $x_1 = 9$ (Lot pro Mark) gegeben, und m_2 ist gesucht.

Riesens Mischungsdiagramm hätte allgemein folgende Gestalt:

$16 - x$ $\qquad\qquad$ $x - x_1$

x_1 $\qquad\qquad$ 16

x

Die Terme der obersten Zeile entstehen, wie auch Ries beschreibt, durch Subtraktionen über Kreuz aus den unteren Zahlen: Es begegnet uns hier also das aus der Mischungsrechnung bekannte Mischungskreuz.

Riesens Dreisatz zur Berechnung von m_2 lautet nun allgemein so:

$16 - x$ (Lot pro Mark) erfordern für den höheren Feingehalt $x - x_1$ (Lot pro Mark) Feinsilber (vgl. die oberste Zeile des Mischungsdiagramms). Wie viel erfordern m_1 Mark Legierung? Wegen $(16 - x) : (x - x_1) = m_1 : m_2$ führt dieser Dreisatz zur gesuchten Feinsilberzugabe m_2.

166) In dieser Aufgabe ist mit den obigen Bezeichnungen $m_1 = 38\frac{55}{64}$ (Mark) $x_1 = 6\frac{3}{4}$ (Lot pro Mark), $x = 9\frac{1}{4}$ (Lot pro Mark) gegeben, und m_2 ist wieder gesucht.

Im Mischungsdiagramm fehlen die Differenzen $16 - x$ und $x - x_1$ also die Werte der oberen Zeile; es wäre hier – mit den gemischten Einheiten Lot/Quent oder nur mit Quent geschrieben – in folgender Weise zu ergänzen:

6.3	2.2		27	10
6.3	16	bzw.	27	64
9.1			37	

Die weitere Rechnung verläuft analog zur vorigen Aufgabe.

167) Nun will ein Münzmeister den Feingehalt eines Silberstücks verringern. Dazu verwendet er Kupfer, das den Feingehalt 0 (Lot pro Mark) hat.

Ist m_1 das Gewicht der Silberlegierung (Einheit: Mark) und x_1 ihr Feingehalt (Einheit: Lot pro Mark), so hat nach Zugabe von m_2 Mark Kupfer die Legierung – nunmehr mit dem Gewicht $(m_1 + m_2)$ Mark – den Feingehalt

$$x = \frac{m_1 x_1}{m_1 + m_2} \quad \text{Lot pro Mark.}$$

Daraus folgt:

$$m_2 = \frac{m_1(x_1 - x)}{x} \quad \text{Mark}$$

Der Zusatz von Kupfer anstelle von Feinsilber verändert die Formeln von Nr. 165 nur insoweit, als der Feinheitsgrad 16 (Lot pro Mark) durch den Feinheitsgrad 0 (Lot pro Mark) ersetzt werden muss.

Das allgemeine Mischungsdiagramm hat nun die folgende Gestalt:

x		$x_1 - x$
x_1		0
	x	

In der vorliegenden Aufgabe sind $m_1 = 20\frac{9}{16}$ (Mark), $x_1 = 12\frac{1}{4}$ (Lot pro Mark), $x = 6\frac{3}{4}$ (Lot pro Mark) gegeben, und m_2 ist gesucht. Im Mischungsdiagramm bei Ries sind die Maßzahlen in Quent angegeben. Im Begleittext zur Berechnung von m_2 mithilfe des Dreisatzes wäre es daher nahe liegender gewesen, von 27 Quent und 22 Quent anstatt von 27 Lot bzw. 22 Lot zu sprechen.

168) Sind m_1, m_2, m_3, m_4 die Raugewichte der Silberstücke (Einheit: Mark), x_1, x_2, x_3, x_4 die zugehörigen Feingehalte (Einheit: Lot pro Mark) und m das Gewicht des zuzusetzenden Feinsilbers (Einheit: Mark), so hat die Legierung den Feingehalt

$$x = \frac{m_1 x_1 + m_2 x_2 + m_3 x_3 + m_4 x_4 + m \cdot 16}{m_1 + m_2 + m_3 + m_4 + m} \text{ Lot pro Mark.}$$

Daraus folgt:

$$m = \frac{x \cdot (m_1 + m_2 + m_3 + m_4) - (m_1 x_1 + m_2 x_2 + m_3 x_3 + m_4 x_4)}{16 - x} \text{ Mark}$$

$$= \tfrac{x}{16-x} \cdot (16(m_1 + ... + m_4) - (m_1 x_1 + ... + m_4 x_4)) - (m_1 x_1 + ... + m_4 x_4) \text{ Lot}$$

Dabei sind $\sum m_i$ und $\sum 16 m_i$ ($i = 1, \ldots, 4$) die Summe der Raugewichte (Einheit: Mark bzw. Lot), $\sum m_i x_i$ ($i = 1, \ldots, 4$) ist die Summe der Feingewichte (Einheit: Lot), $\sum 16 m_i - \sum m_i x_i$ ($i = 1, \ldots, 4$) ist das gesamte Kupfergewicht (Einheit: Lot), $16 - x$ ist der Kupfergehalt (Einheit: Lot pro Mark), und x ist wieder der Feingehalt an Silber (Einheit: Lot pro Mark). In der vorliegenden Aufgabe treten die Werte $m_1 = 11$, $m_2 = 15$, $m_3 = 24$, $m_4 = 136$ (Einheit: jeweils Mark), $x_1 = 9$, $x_2 = 7$, $x_3 = 10$, $x_4 = 14$ und $x = 15$ (Einheit: jeweils Lot pro Mark) auf, und m ist gesucht. Ries rechnet gemäß der 2. Identität für m, doch ist sein Lösungsweg mit Dreisatz auch ohne Kenntnis der Formeln gut verständlich.

Vom Münzschlag (S. 116):

Die folgenden sieben Aufgaben zur Prägung von Münzen lassen sich mithilfe des Dreisatzes leicht lösen, bereiten aber zunächst merkwürdige Verständnisschwierigkeiten, da Silberpreis, Feingehalt und Währungssystem miteinander in Beziehung gebracht werden.

169) Aus Silber zum Preis von 1 Gulden mit dem Feingehalt 9 Lot pro Mark sollen 21 Groschen geprägt werden, und zwar 6 Stück pro Lot. Die letzte Angabe bezieht sich natürlich auf die Silberlegierung und nicht auf das Feinsilber; üblicherweise enthielten Silbergroschen nicht nur reines Silber. Gesucht ist der Preis für 1 Mark Feinsilber.
Zunächst berechnet Ries, wie viel Groschen 1 Mark Silber(legierung) ergibt (96 Groschen). Diese Groschen haben das Feingewicht 9 Lot, sodass sich die Anzahl der Groschen für 16 Lot (= 1 Mark) Feinsilber bestimmen lässt. Die Umrechnung in Gulden ergibt den Feinsilberpreis von 1 Mark.

170) Derselbe Aufgabentyp mit anderen Werten

171) Eine Umkehraufgabe: Hier ist der Preis für 1 Mark Feinsilber gegeben, gefragt ist nach der Anzahl der Groschen, die man aus Silber im Wert von 1 Gulden prägen kann.
Zunächst wird die Anzahl der Groschen pro Mark (16 Lot) bestimmt (96 Groschen). Diese Groschen haben das Feingewicht 10 Lot, sodass sich die Anzahl der Groschen für 1 Mark Feingewicht berechnen lässt ($153\frac{3}{5}$ Groschen). Hierfür ist der Preis in Gulden bekannt – es folgt abschließend die Umrechnung von 1 Gulden in Groschen.

172) Derselbe Aufgabentyp mit anderen Werten: Das Feingewicht ist hier in den gemischten Einheiten Lot/Quent gegeben.

173) Eine Aufgabe mit anderer Umkehrung: Jetzt sind die Umrechnung von Gulden in Groschen und der Preis für 1 Mark Feinsilber gegeben, aber der Feingehalt der Münzen ist gesucht.
Aus 1 Lot Silber sollen 16 Groschen geschlagen werden. Daraus ergibt sich sofort, wie viel Groschen aus 16 Lot (= 1 Mark) Silber geschlagen werden können (256). Mithilfe der Preisangabe für 1 Mark Feinsilber und der bekannten Um-

rechnung zwischen Gulden und Groschen ist es nun möglich, die Menge Feinsilber zu berechnen, die dem Wert von 256 Groschen entspricht.

174) Derselbe Aufgabentyp mit anderen Werten: Ries verweist deshalb auch auf die vorige Aufgabe.

175) Wie die vorliegende Aufgabe zeigt, war die Münzprägung für den »Münzherrn«, d.h. den Landesherrn mit Münzhoheit, ein sehr einträgliches Geschäft. Auch der für die Münzprägung technisch verantwortliche »Münzmeister« bekam einen Anteil.

Wieder wird nach dem Feingehalt der Münzen gefragt; aber im Unterschied zu Nr. 173 und 174 ist die Umrechnung nun zwischen Gulden, Groschen und Pfennigen gegeben, und der Gewinn für den Münzmeister und den Münzherrn ist zu berücksichtigen.

Aus 1 Mark Silber ergeben sich also – nach Abzug von 10 Groschen Gewinn – nur 78 Groschen. Der Preis für 1 Mark Feinsilber ist bekannt, sodass sich die Menge Feinsilber berechnen lässt, die 78 Groschen kostet. Diese Menge stellt das für 1 Mark erforderliche Feingewicht dar. Man kann das Ergebnis folgendermaßen kontrollieren:

Ohne den Gewinn, also mit 88 Groschen pro Mark, hätte man ein Feingewicht von $9\frac{29}{75}$ Lot erhalten, wie sich leicht nachrechnen lässt. Die Differenz zu dem gemäß der Aufgabe geringeren Feingewicht beträgt $1\frac{1}{15}$ Lot. Diese Menge Feinsilber kostet gerade $\frac{1}{2}$ Gulden, wird also als Gewinn von 1 Mark einbehalten.

Von Handelsgesellschaften (S. 120):

Die folgenden zehn Aufgaben werden mithilfe der Verhältnisrechnung und Dreisatz gelöst. Es geht um Kapitaleinlagen und Gewinnverteilung bei Handelsgesellschaften, die Teilung einer

Erbschaft und eine besonders originelle Aufgabe der Unterhaltungsmathematik.

176) Eine einfache Aufgabe der Gesellschaftsrechnung: Der Gewinn wird proportional nach den Kapitaleinlagen verteilt. Sind $k_1, \ldots, k_n$ die Kapitaleinlagen von n Gesellschaftern und s der Gewinn, so gilt für die Gewinnanteile $s_1, \ldots, s_n$ der Gesellschafter:

$$s_i = s \cdot \frac{k_i}{k_1 + \ldots + k_n}, \; i = 1, \ldots, n$$

Das Dreisatzschema bei Ries lautet allgemein:

$$k_1 + \ldots + k_n \qquad s \qquad \begin{array}{c} k_1 \\ \vdots \\ k_n \end{array}$$

Die einzelnen Gewinnanteile rechnet er nun – in Entsprechung zu obiger Formel – mit Dreisatz aus.

177) Hier spielt zusätzlich die Zeit, während der die Kapitaleinlagen der einzelnen Gesellschafter zur Verfügung standen, eine Rolle. Im Fall der einfachen Verzinsung lässt sich folgende Formel aufstellen.

Sind $k_1, \ldots, k_n$ die Kapitaleinlagen von n Gesellschaftern, $t_1, \ldots, t_n$ die jeweiligen Anlagezeiten und s der Gewinn, so gilt für die Gewinnanteile $s_{1, \ldots,}$ s_n der Gesellschafter:

$$s_i = s \cdot \frac{k_i \cdot t_i}{k_1 t_1 + \ldots + k_n t_n}, \; i = 1, \ldots, n$$

Das Dreisatzschema bei Ries lautet allgemein:

$$k_1 t_1 + \ldots + k_n t_1 \qquad s \qquad \begin{array}{c} k_1 t_1 \\ \vdots \\ k_n t_\mathrm{n} \end{array}$$

Die einzelnen Gewinnanteile rechnet er nun – in Entsprechung zu obiger Formel – mit Dreisatz aus.

178) Die Anteile $\frac{1}{3}$, $\frac{1}{4}$ und $\frac{1}{7}$ beziehen sich nicht direkt auf die 1300 Heringe – die Summe ist kleiner als 1 –, sondern sind im Verhältnis zueinander zu betrachten. Erweitert man nach Ries die Brüche mit 84, dem Produkt der Nenner, so erhält man eine Verteilung der Heringe von 28 : 21 : 12.
Die jeweiligen Anteile, die auf die drei Käufer entfallen, werden nun genauso wie in Nr. 176 berechnet. Die jeweiligen Kosten ergeben sich, nachdem man in der Mitte des Dreisatzschemas anstelle der Stückzahl den Gesamtpreis für die Heringe eingesetzt hat.

In diesem Zusammenhang ist ein Teilungsproblem zu nennen, das in der mathematischen Rätselliteratur unter der Bezeichnung »Ali Baba und die 17 Kamele« sehr bekannt geworden ist:
Ali Baba hinterließ seinen drei Söhnen 17 Kamele. Nach dem letzten Willen des Vaters sollte der älteste Sohn die Hälfte, der zweite ein Drittel und der jüngste ein Neuntel der Tiere erhalten.
Die Söhne waren sehr bekümmert, denn sie glaubten, einzelne Kamele schlachten zu müssen. Doch ein hilfreicher Nachbar stellte sein eigenes Kamel dazu, und siehe da – die Teilung ging nun auf: Der älteste Sohn erhielt 9, der zweite 6 und der dritte 2 Kamele. Zu ihrem Erstaunen blieb noch ein Kamel übrig, das sie dem freundlichen Nachbarn zurückgaben, und alle waren zufrieden.
Was war geschehen?
Zunächst fällt auf, dass die Erbanteile zusammen nur $\frac{17}{18}$ ausmachen. Erst auf 18 Kamele bezogen, werden 17 Kamele verteilt. Setzt man andererseits, wie in der vorliegenden Rechenbuchaufgabe, die Anteile ins Verhältnis zueinander, so erhält man nach Erweiterung mit 18 die Verteilung 9 : 6 : 2. Da die Summe der Glieder dieser Proportion 17 beträgt, war die Erbaufteilung mithilfe des zusätzlichen Kamels korrekt.

179) Eine komplizierte Aufgabe, bei der Ries eine Gesellschaftsrechnung nach Art von Nr. 178 mit einem Warentransport kombiniert, bei dem Tara, Fuhrlohn, unterschiedliche Währungs- und unterschiedliche Gewichtssysteme zu berücksichtigen sind – die Bedingungen des Warentransports ähneln auffallend Nr. 124.

Die einzelnen Lösungsschritte sehen wie folgt aus:

- Preis von $201\frac{1}{2}$ Pfund (Nettogewicht) Pfeffer: 68 Gulden $1\frac{1}{2}$ Heller
- Addition des Fuhrlohns ergibt 70 Gulden 10 Schilling $1\frac{1}{2}$ Heller.
- Umrechnung in Silberwährung: 70 Gulden bleiben stehen, 10 Schilling $1\frac{1}{2}$ Heller werden gemäß der Parität 20 Schilling = 240 Heller (Goldwährung) $\triangleq$ 21 Groschen = 252 Pfennig = 504 Heller (Silberwährung) umgerechnet: 10 Schilling $1\frac{1}{2}$ Heller = $10\frac{1}{2}$ Groschen + $1\frac{23}{40}$ Pfennig = 10 Groschen $7\frac{23}{40}$ Pfennig
- Umrechnung des Nürnberger (Netto-)Gewichts in Leipziger Gewicht: $221\frac{13}{20}$ Pfund
- Die Anteile $\frac{1}{3}$, $\frac{1}{5}$ und $\frac{1}{9}$ sind wieder im Verhältnis zueinander zu betrachten. Ries begründet, warum er nicht mit dem Nennerprodukt, sondern mit dem Hauptnenner 45 erweitert. Der Pfeffer wird also im Verhältnis 15 : 9 : 5 verteilt.
- Die jeweiligen Anteile und Kosten, die auf die drei Händler entfallen, werden nun mithilfe zweier Dreisatzschemata nach dem Vorbild der vorigen Aufgabe berechnet. Ries gibt nur diese Schemata und schon weiter oben die Ergebnisse an, führt die Rechnungen aber nicht mehr durch.

180) Diese originelle Aufgabe der Unterhaltungsmathematik hat Ries zweifellos selbst erfunden.

Die gegebenen Bruchanteile müssen wieder ins Verhältnis zueinander gesetzt werden. Ries begründet wieder, warum er nicht mit dem Nennerprodukt erweitert, aber er verfehlt den Hauptnenner (24) um den Faktor 2. Die einzelnen Personengruppen – Junggesellen, Bürger, Edelleute, Bauern und Jungfrauen – verteilen sich also im Verhältnis 16 : 12 : 8 : 6 : 36 auf die 546 Teilnehmer der Tanzveranstaltung. Daraus lässt sich die Anzahl der Teilnehmer jeder Personengruppe berechnen.

Ries hat es aber nun so eingerichtet, dass zu wenig Mädchen als Tänzerinnen zur Verfügung stehen: es fehlen 42 Mädchen. Daher müssen stets 42 Männer beim Tanzen pausieren (»feiern« – wie es Ries im Originaltext ausdrückt), die sich, damit es gerecht zugeht, im Verhältnis 16 : 12 : 8 : 6 auf die männlichen Personengruppen verteilen. Dies gibt Anlass zu einer zweiten Verhältnisrechnung: Die letzte Zahl in der rechten Spalte des zweiten Dreisatzschemas lautet 0, da natürlich kein Mädchen pausieren muss. Als erstes Glied des Dreisatzes erhält man 16 + 12 + 8 + 6 = 42.

181) Hier ist die Summe der Anteile größer als 1. Nach Erweiterung mit 105 ergibt sich ein Verhältnis von 70 : 63 : 30. Darüber hinaus bietet die Aufgabe nichts Neues. Auffallend ist, dass Ries die Guldenbruchteile nicht wie sonst auf kleinere Einheiten umrechnet.

182) Diese leichte Erbschaftsaufgabe behandelt Ries sehr kurz. Die Erbschaftsanteile für den Sohn, die Ehefrau und die beiden Töchter stehen im Verhältnis 4 : 2 : 1 : 1 zueinander.

183) Hier geht es wieder um eine Handelsgesellschaft mit unterschiedlichen Kapitaleinlagen und Anlagezeiten (vgl. Nr. 177), aber jetzt sind die einzelnen Gewinnkapitalien $k_i + s_i$, die Anlagezeiten t_i ($i = 1, 2, 3$) und das Einlagekapital k_1 gegeben, und die eingelegten Kapitalien k_2 und k_3 sind gesucht. Dieses Umkehrproblem löst Ries wie folgt:

Er ermittelt zunächst den Reingewinn des ersten Gesellschafters für dessen Anlagezeit von 9 Monaten (40 Gulden), danach rechnet er diesen Gewinn mit Dreisatz auf die Anlagezeit des zweiten Gesellschafters (12 Monate) proportional um ($53\frac{1}{3}$ Gulden). Damit hat er auch das Kapital zuzüglich Gewinn des ersten Gesellschafters für 12 Monate ($133\frac{1}{3}$ Gulden). Nun ist das Verhältnis von Gewinnkapital und Anlagekapital bei gleichen Zeiträumen für alle Gesellschafter konstant, sodass sich aus dem bekannten Gewinnkapital des zweiten Gesellschafters (570 Gulden) dessen Anlagekapital berechnen lässt. Hierzu setzt Ries wieder den Dreisatz an und nennt noch das Ergebnis (342 Gulden).

Ries kann jetzt davon ausgehen, dass das Verfahren völlig klar geworden ist: So überlässt er dem Leser die Berechnung des dritten Anlagekapitals und gibt zur Kontrolle nur noch das Ergebnis an. Die entsprechenden Überlegungen wären: 9 Monate bringen 40 Gulden Gewinn (vgl. den ersten Gesellschafter). Dann ergeben 7 Monate $31\frac{1}{9}$ Gulden Gewinn, also zuzüglich Anlagekapital (80 Gulden) ein Gewinnkapital von $111\frac{1}{9}$ Gulden. Nun ist das auf 7 Monate bezogene konstante Verhältnis von Gewinnkapital und Anlagekapital wieder bekannt, sodass sich aus dem Gewinnkapital des dritten Gesellschafters (590 Gulden) das Anlagekapital berechnen lässt.

184) Diese Aufgabe zeigt, dass man in eine Handelsgesellschaft auch Waren einbringen konnte. Der zweite und der dritte Gesellschafter legen Silber bzw. Wein anstatt eines Geldbetrages ein, ansonsten handelt es sich um eine ähnliche Problemstellung wie in der vorigen Aufgabe. Allerdings sind, wie das Lösungsverfahren zeigt, nicht die einzelnen Gewinnkapitalien, sondern die jeweiligen Reingewinne gegeben.

Ries rechnet nun mit dem Produkt »Anlagekapital mal Anlagezeit« im Dreisatz – sein Verfahren wird mit Blick auf dic Formel zu Nr. 177 einsichtig: Aus dieser Identität folgt, dass das Verhältnis von s_i und $k_i \cdot t_i$ für $i = 1, 2, 3$ konstant ist. k_2 und k_3 sind in dieser Aufgabe natürlich keine Kapitalien, sondern die Geldwerte für das Silber bzw. den Wein. Gegeben sind hier k_1, t_i und s_i ($i = 1, 2, 3$), und k_2, k_3 sind gesucht. Ries berechnet k_1t_1, daraus mit Dreisatz k_2t_2 und k_2. Mit Dreisatz kann man ebenso k_3t_3 und k_3 berechnen, worauf Ries aber verzichtet; weiter oben im Text hatte er das Ergebnis schon mitgeteilt. Die nahe liegende Frage nach dem Wert von 1 Mark Silber und 1 Fuder Wein greift er nicht auf.

185) Auch bei dieser Aufgabe sind die Einlagen des zweiten und des dritten Gesellschafters nicht bekannt, aber der Zeitfaktor spielt hier keine Rolle. Gegeben ist der Reingewinn und der Verteilungsschlüssel $\frac{1}{3} : \frac{1}{4} : \frac{1}{5}$, den Ries auf 20 : 15 : 12 erweitert. Daraus berechnet er die jeweiligen Einzelgewinne. Da das Verhältnis von Gewinn und Kapital bei allen Gesellschaftern konstant und beim ersten bekannt ist – vgl. die Formel zu Nr. 176 – kann nun auch auf das Kapital des zweiten und den Wert der »Weineinlage« des dritten geschlossen werden. Ries führt keine Rechnungen mehr vor.

Vom Warentausch (S. 127):

Bis ins ausgehende Mittelalter hinein, zumal in Zeiten verminderten Geldumlaufs oder der Geldentwertung, spielte der Warentausch noch eine gewisse Rolle. Dabei hatte sich seit dem 13. Jahrhundert, vor allem in Italien, die Gepflogenheit herausgebildet, den Preis einer Ware beim Tausch (»Stich«) höher anzusetzen als bei Barzahlung. (Vgl. hierzu auch [98, S. 519–527].)

Sind b_1, b_2 die Barpreise und s_1, s_2 die Tauschpreise pro Wareneinheit für die Waren beider Partner, so ist das Tauschgeschäft korrekt, wenn $s_1 : s_2 = b_1 : b_2$ gilt. Die Maßzahlen w_1, w_2 der einzutauschenden Warenmengen, bezogen auf die jeweilige Wareneinheit, müssen natürlich im umgekehrten Verhältnis dazu stehen. Insgesamt gilt also:

$$\frac{s_1}{s_2} = \frac{b_1}{b_2} = \frac{w_2}{w_1}$$

186) In dieser Aufgabe sind $b_1 = 1\frac{7}{8}$ Gulden, $s_1 = 2\frac{1}{4}$ Gulden, $b_2 = 8\frac{1}{4}$ Gulden und $w_1 = 258\frac{2}{3}$ gegeben, und die Werte s_2 und w_2 sind gesucht. Ries berechnet sie mithilfe zweier Dreisatzrechnungen (1 Stein = 22 Pfund).

187) Hier gibt es jeweils nur einen Preis für Seide und Samt, und zwar b_1 = 2 Gulden 8 Groschen und b_2 = 18 Gulden 11 Groschen, und außerdem ist $w_2 = 23\frac{1}{2}$ gegeben. Ries setzt zweimal den Dreisatz an – nach der obigen Formel dagegen kann der gesuchte Wert w_1 sofort als Quotient von w_2b_2 durch b_1 ermittelt werden. (1 Pfund = 32 Lot)

188) In der vorliegenden Aufgabe sind b_1 (= 8 Gulden), s_1 (= 11 Gulden), $s_2 - b_2$ (= 4 Gulden) gegeben, und b_2 ist gesucht. Aufgrund der obigen Formel gilt $(s_1 - b_1) : b_1 = (s_2 - b_2) : b_2$, und dementsprechend berechnet Ries b_2 mit dem Dreisatz.

189) Bei dieser Aufgabe sind alle 4 Preise (b_1 = 17 Gulden, s_1 = 20 Gulden, b_2 = 3 Gulden, s_2 = 4 Gulden) gegeben, aber das Tauschgeschäft ist nicht korrekt, denn es gilt

$$\frac{s_1}{b_1} = \frac{s_2}{b_2 + \frac{2}{5}}$$

anstatt $s_1 : b_1 = s_2 : b_2$, wie Ries mithilfe des ersten Dreisatzes ermittelt. Der zweite Tauschpartner (Bleiverkäufer) übervorteilt also den ersten um $\frac{2}{5}$ Gulden pro 4 Gulden. Das ergibt bei einem Tauschpreis von insgesamt 100 Gulden einen Barverlust von 10 Gulden.

Ries schlägt eine Probe vor: Es sollen die Barwerte verglichen werden, die die beiden Partner bei einem Warentausch im Wert von 100 Gulden einbringen.

Der erste gibt Ware im Barwert von $(100 \cdot b_1) : s_1$ Gulden = 85 Gulden, der zweite nur im Barwert von $(100 \cdot b_2) : s_2$ Gulden = 75 Gulden. Also hat der erste einen Barverlust von 10 Gulden.

Zusätzlich könnte man noch fragen, wie viel der Zentner Blei beim Tausch hätte kosten dürfen ($3\frac{9}{17}$ Gulden). Eine andere Frage ist, wie sich der Zinnverkäufer bei unveränderten Bar- und Tauschpreisen vor Übervorteilung schützen kann: Eine Möglichkeit besteht darin, Zinn im Tauschwert von nur $88\frac{4}{17}$ Gulden zu übergeben, wenn der Bleiverkäufer Ware im Tauschwert von 100 Gulden abgibt. In diesem Fall stimmen nämlich die Barwerte (75 Gulden) überein.

190) Komplizierter werden die Verhältnisse, wenn der eine Partner für einen bestimmten Bruchteil $\frac{1}{n}$ seiner Ware vom anderen Partner bares Geld verlangt.

Angenommen, Partner A setzt 1 Wareneinheit beim Tausch für s_1 Gulden an und verlangt s_1/n Gulden in bar, akzeptiert also nur $s_1 - s_1/n$ Gulden in Warenform. Partner B gibt Ware für diesen Wert, und zwar $(s_1 - s_1/n) / s_2$ Wareneinheiten. B muss für w_1 Wareneinheiten von A also $w_1 \cdot (s_1 - s_1/n) / s_2$ Wareneinheiten zurückgeben, d. h. für die Maßzahlen w_1, w_2 der einzutauschenden Warenmengen, bezogen auf die jeweilige Wareneinheit, gilt:

$$w_2 = \frac{w_1}{s_2} \cdot (s_1 - \frac{s_1}{n})$$

Des Weiteren muss der Barwert der von A übergebenen Ware so groß sein wie die Summe aus dem Barwert der von B übergebenen Ware und dem Barpreis, den B anteilig bezahlt:

$$w_1 b_1 = w_2 b_2 + w_1 \cdot \frac{s_1}{n}$$

Setzt man den obigen Wert für w_2 in diese Formel ein, so erhält man

$$b_1 = \frac{b_2}{s_2} \cdot (s_1 - \frac{s_1}{n}) + \frac{s_1}{n},$$

woraus

$$(b_1 - \frac{s_1}{n}) : (s_1 - \frac{s_1}{n}) = b_2 : s_2$$

folgt. Dabei muss $s_1/n < b_1$ sein, denn sonst würde A mehr bares Geld verlangen, als seine Ware wert ist.
In der vorliegenden Aufgabe sind $b_1 = 1$ Gulden, $s_1 = 1\frac{1}{4}$ Gulden, $w_1 = \frac{126}{3}$ (bezogen auf 3 Ellen Tuch), $b_2 = 7$ Gulden (bezogen auf 1 Zentner Wolle) und $n = 3$ gegeben. Gesucht sind s_2 und w_2.
Ries berechnet zunächst die Terme $b_1 - s_1/n$ und $s_1 - s_1/n$, um dann mithilfe des Dreisatzes gemäß der 4. Formel s_2 (= 10 Gulden) bestimmen zu können.
Danach ermittelt er schrittweise – in Entsprechung zur ersten Formel – w_2 : $w_1 s_1 = 52\frac{1}{2}$ Gulden, $w_1 s_1 \cdot (1 - 1/n) = 35$ Gulden, dies durch s_2 dividiert ergibt $w_2 = 3\frac{1}{2}$ ($3\frac{1}{2}$ Zentner Wolle).
Im Rahmen einer Probe überzeugt sich Ries davon, dass die in der zweiten Formel gegebene Identität mit den ermittelten Werten erfüllt ist:
$w_1 b_1 = 42$ Gulden, $w_2 b_2 = 24\frac{1}{2}$ Gulden, $w_1 s_1/n = 17\frac{1}{2}$ Gulden

Die Regel der falschen Zahlen oder der Falsche Ansatz (S. 131):

Die zweite zentrale Methode des Rechenbuchs ist der sog. doppelte falsche Ansatz (»Regula falsi«), mit dem die folgenden 34 Aufgaben dieses Kapitels gelöst werden. Dieses Verfahren, das bereits im 1. Jahrhundert v. Chr. in der chinesischen Mathematik verwendet wurde und später bei mittelalterlichen Autoren der islamischen Welt wiederzufinden ist, erlaubte es, solche Probleme zu bewältigen, die – algebraisch betrachtet – auf lineare Gleichungen oder einfache lineare Gleichungssysteme führen, ohne dass algebraische Kenntnisse erforderlich gewesen wären. Am Beispiel des einfachsten Typs einer linearen Gleichung, $ax = b$ ($a > 0$), soll das Verfahren in moderner Schreibweise erläutert werden.

Man wählt zwei Versuchszahlen (falsche Ansatzwerte) x_1 und x_2 mit $ax_1 = b_1$ und $ax_2 = b_2$. Dafür gibt es folgende Möglichkeiten:

I) Beide Versuchszahlen sind zu groß gewählt. Es gelte $x_1 > x_2$, also auch $b_1 > b_2$, und $f_1 = b_1 - b$, $f_2 = b_2 - b$ seien die positiven Fehlbeträge. Dann liefert der Term

$$\frac{x_2 f_1 - x_1 f_2}{f_1 - f_2}$$

die Lösung x, wie sich leicht nachrechnen lässt.

II) Beide Versuchszahlen sind zu klein gewählt. Es gelte $x_2 > x_1$, also auch $b_2 > b_1$, und $f_1 = b - b_1$, $f_2 = b - b_2$ seien die positiven Fehlbeträge. Dann liefert der Term

$$\frac{x_2 f_1 - x_1 f_2}{f_1 - f_2}$$

ebenfalls die Lösung x, wie sich leicht nachrechnen lässt.

III) Die eine Versuchszahl, etwa x_1, ist zu klein, die andere (x_2) ist zu groß gewählt, d. h. $b_1 < b < b_2$. Sind $f_1 = b - b_1$ und $f_2 = b_2 - b$ die positiven Fehlbeträge, so liefert der Term

$$\frac{x_2 f_1 + x_1 f_2}{f_1 + f_2}$$

die Lösung x, wie sich leicht nachrechnen lässt.

Der byzantinisch-arabische Mathematiker Quosṭā ben Lūquā (8./9. Jahrhundert) hat geometrische Beweise für die drei Formeln geliefert – vgl. [97]:

I)

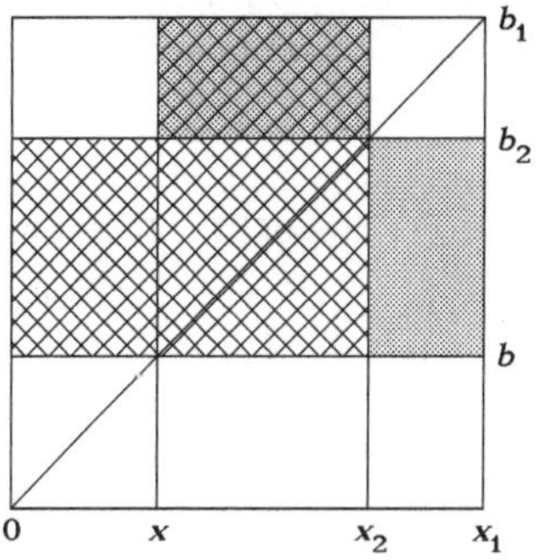

II)

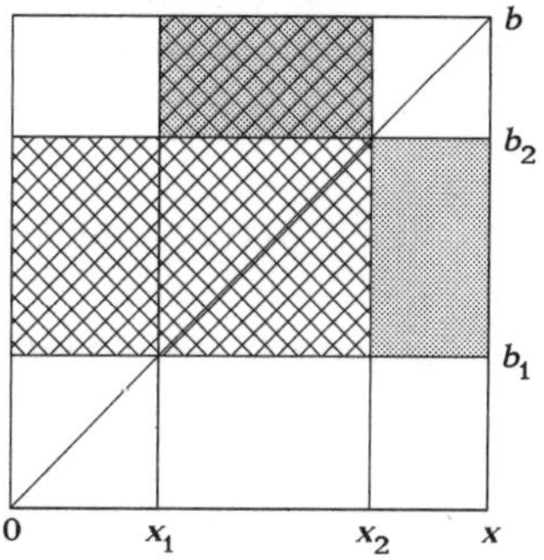

III)

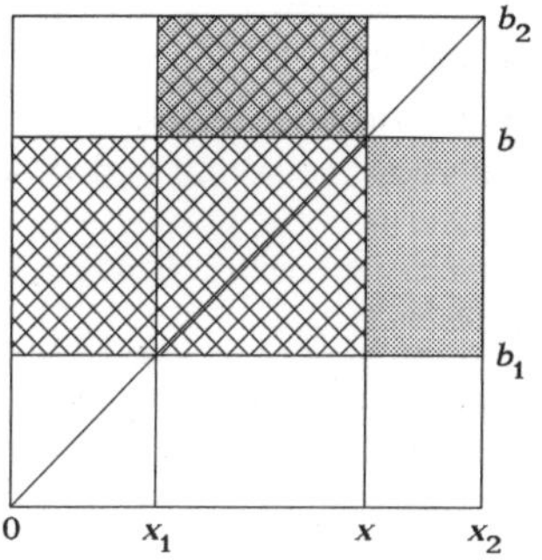

Zu I) Die beiden punktierten Rechtecke sind ergänzungsgleich und somit flächeninhaltsgleich. Daher hat das karierte Winkelstück (Gnomon) den Flächeninhalt des mittleren waagerechten Streifens, nämlich $x_1\,(b_2 - b) = x_1 f_2$.

Andererseits kann der Gnomon mit dem linken oberen Rechteck (Inhalt: $x\,(b_1 - b_2) = x\,(f_1 - f_2)$) zu einem Rechteck mit dem Inhalt $x_2\,(b_1 - b) = x_2 f_1$ ergänzt werden.

Es folgt $x_1 f_2 = x_2 f_1 - x\,(f_1 - f_2)$ und daraus die Formel von I.

Dieselben Überlegungen führen bei den beiden anderen Figuren zu den Formeln von II bzw. III.

Im Grunde liefern diese »Beweise« allerdings nur den (geometrischen) Übergang von den Proportionen

$$\frac{f_1}{x_1 - x} = \frac{f_2}{x_2 - x} \text{ (vgl. I),}$$

$$\frac{f_1}{x - x_1} = \frac{f_2}{x - x_2} \text{ (vgl. II) und}$$

$$\frac{f_1}{x - x_1} = \frac{f_2}{x_2 - x} \text{ (vgl. III)}$$

zu den Formeln in I, II bzw. III.

Riesens allgemeine Erläuterung des doppelten falschen Ansatzes zu Anfang des Kapitels – in seiner Terminologie sind die Versuchszahlen »falsche Zahlen« und die Fehlbeträge »Lügen« – fällt ziemlich knapp aus. Erst die Beispiele lassen das Verfahren deutlich werden.

In den Aufgaben 1–4, 20 und 33 tritt der Fall I, in den Aufgaben 5–7, 9, 11, 14, 15, 21–25, 28 und 30 der Fall II und in den Aufgaben 8, 10, 12, 13, 16–19, 26, 27, 29, 31 und 32 der Fall III auf.

Zur Erleichterung der Rechnung gibt Ries jeweils ein Schema an, das je nachdem, welcher der drei Fälle vorliegt, mit den obigen Bezeichnungen allgemein folgende Gestalt hat:

$$\text{I)}\quad \begin{array}{ll} x_1 & \text{plus } f_1 \\ & \\ x_2 & \text{plus } f_2 \end{array} \quad f_1 - f_2 \quad \text{oder} \quad \begin{array}{ll} x_2 & \text{plus } f_2 \\ & \\ x_1 & \text{plus } f_1 \end{array} \quad f_1 - f_2$$

$$\text{II)}\quad \begin{array}{ll} x_1 & \text{minus } f_1 \\ & \\ x_2 & \text{minus } f_2 \end{array} \quad f_1 - f_2 \quad \text{oder} \quad \begin{array}{ll} x_2 & \text{minus } f_2 \\ & \\ x_1 & \text{minus } f_1 \end{array} \quad f_1 - f_2$$

$$\text{III)}\quad \begin{array}{ll} x_1 & \text{minus } f_1 \\ & \\ x_2 & \text{plus } f_2 \end{array} \quad f_1 + f_2 \quad \text{oder} \quad \begin{array}{ll} x_2 & \text{plus } f_2 \\ & \\ x_1 & \text{minus } f_1 \end{array} \quad f_1 + f_2$$

1) Eine »Gott Grüß Euch«-Aufgabe
   Dieser Aufgabentyp gehört zu einer Tradition der Unterhaltungsmathematik, die sich bis in die griechische Antike zurückverfolgen lässt – vgl. [98, S. 574 f.].
   Ist x die Anzahl der Gesellen, so erhalten wir die Gleichung
   $x + x + \frac{x}{2} = 30$ bzw. $2\frac{1}{2} \cdot x = 30$
   mit der Lösung $x = 12$.
   In der vorliegenden Aufgabe ist nach den obigen Bezeichnungen $a = 2\frac{1}{2}$ und $b = 30$. Ries wählt deshalb gerade Versuchszahlen ($x_1 = 16$ und $x_2 = 14$), um die Rechnung so einfach wie möglich zu gestalten. Er erhält $b_1 = 40$, $b_2 = 35$ und damit $f_1 = 10$, $f_2 = 5$. Den weiteren Rechengang beschreibt Ries gemäß der obigen Formel I.
2) Die Frage nach dem Alter
   Auch diese Aufgabe der Unterhaltungsmathematik hat eine in der griechischen Antike wurzelnde Tradition – vgl. [98, S. 575 f.].
   Für das Alter x des Sohnes gilt:
   $x + x + \frac{1}{2}x + \frac{1}{4}x + 1 = 100$ ($x = 36$)
   Mit den Versuchszahlen $x_2 = 40$ und $x_1 = 48$, durch die bei der weiteren Rechnung Brüche vermieden werden, erhält man $b_2 = 111$, $b_1 = 133$ und wegen $b = 100$ die Fehlbeträge $f_2 = 11$, $f_1 = 33$. Die Rechnung erfolgt wieder gemäß der Formel I.
3) Eine offene Rechnung
   Diese Aufgabe, in der nach dem Münzsystem gefragt wird, kann ebenso wie Nr. 145 allein mit Dreisatz gelöst werden: Einerseits ergeben 21 Ellen $\frac{5 \cdot 21}{4}$ Gulden, andererseits 26 Gulden $6\frac{3}{4}$ Groschen, also sind 105 Gulden so viel wie 104 Gulden 27 Groschen. Es folgt unmittelbar das Ergebnis.
   Ries stilisiert die Aufgabe zu einem Regula-falsi-Problem hoch, wobei auch der Dreisatz zur Anwendung kommt. Die algebraische Formulierung würde lauten:
   Ist x die Anzahl der Groschen eines Guldens, so muss

$26 + \frac{x}{4} = 26 + 6\frac{9}{12}$
erfüllt sein ($x = 27$).
Vielleicht will Ries aufzeigen, dass auch solche Aufgaben prinzipiell mit doppeltem falschen Ansatz gelöst werden können.

4–9) Die Schachtelaufgaben des vorliegenden Typs hatten ihren festen Platz in der traditionellen Unterhaltungsmathematik – vgl. [98, S. 582 ff.].

4) Ein erfolgreicher Kapitalanleger
Ist x der gesuchte Anfangsbetrag in Gulden, so gilt:
$((2x - 1) \cdot 2 - 2) \cdot 2 - 3 = 10 \quad (x = 2\frac{5}{8})$
Die verschachtelten Aggregate sind in dieser algebraischen Formulierung gut zu erkennen.

5) Ein leichtsinniger Händler
Ist x der gesuchte Anfangsbetrag in Gulden, so gilt:
$(x - \frac{1}{3}x - 4) - \frac{1}{4} \cdot (x - \frac{1}{3}x - 4) = 20 \quad (x = 46)$
Hier tritt erstmals Fall II auf: $x_1 = 12$ führt zu $f_1 = 17$, $x_2 = 24$ zu $f_2 = 11$. Durch die Wahl der beiden Ansatzwerte x_1, x_2 vermeidet Ries eine Bruchrechnung.

6) Noch ein erfolgreicher Kapitalanleger
Ist x der gesuchte Anfangsbetrag in Gulden, so gilt:
$(x + \frac{1}{3}x) + \frac{1}{4} \cdot (x + \frac{1}{3}x) = 30 \quad (x = 18)$
Ries weist auf die zur Vermeidung von Brüchen vorteilhafte Wahl der beiden Ansatzwerte $x_1 = 6$, $x_2 = 12$ hin.

7) Eine erfolgreiche Geschäftsreise
Ist x der gesuchte Anfangsbetrag in Gulden, so gilt:
$(x + \frac{1}{3}x + 4) + \frac{1}{4} \cdot (x + \frac{1}{3}x + 4) = 40 \quad (x = 21)$

8) Der glücklose Fischhändler
Offenbar verdirbt dem Händler ein Teil der Fische beim Transport. Ist x der Einkaufspreis für die Fische in Gulden, so gilt:
$x - \frac{1}{3}x - \frac{1}{4}x = 8 \quad (x = 19\frac{1}{5})$
Hier tritt erstmals Fall III auf: $x_1 = 12$ führt zu $f_1 = 3$, $x_2 = 24$ zu $f_2 = 2$.

9) Noch einmal: die Frage nach dem Alter
   Für das Alter x gilt:
   $(x + x) + \frac{1}{2} \cdot (x + x) + \frac{1}{4} \cdot ((x + x) + \frac{1}{2} \cdot (x + x)) = 100 \quad (x = 26\frac{2}{3})$

10) Der faule Arbeiter
   Dies ist ebenfalls eine traditionell bekannte Aufgabe der Unterhaltungsmathematik – vgl. [98, S. 603]. Moderne arbeitsrechtliche Bestimmungen verhindern, dass ein solcher Arbeiter auch heute leer ausgeht. Ist x die Anzahl der Arbeitstage, so gilt: $7x - 5 \cdot (30 - x) = 0$ ($x = 12\frac{1}{2}$)
   Wenn der Arbeiter 15 Tage arbeitet ($x_2 = 15$), dann erhält er gegenüber der Aufgabenstellung 30 Gulden zu viel ($f_2 = 30$), bei 10 Arbeitstagen ($x_1 = 10$) hingegen erhält er 30 Gulden zu wenig ($f_1 = 30$), d. h. er muss 30 Gulden an seinen Dienstherrn zahlen. Daher erwartet man – in Übereinstimmung mit der zweiten Möglichkeit von Fall III – ein Schema, bei dem oben »minus« und unten »plus« steht. Ries beurteilt die Situation aber offenbar aus der Sicht des Dienstherrn, dem bei 15 Arbeitstagen 30 Gulden zu wenig, bei 10 Arbeitstagen 30 Gulden zu viel bleiben. Auf die weitere Ausrechnung hat dies natürlich keinen Einfluss.

11) Ein weiterer erfolgreicher Kapitalanleger – die Aufgabe gehört wieder zu den Schachtelaufgaben (vgl. Nr. 4–9).
   Ist x der gesuchte Anfangsbetrag in Gulden, so gilt:
   $(x + 4) + \frac{1}{2} \cdot (x + 4) + 5 + \frac{1}{4} \cdot ((x + 4) + \frac{1}{2} \cdot (x + 4) + 5) = 70$
   $(x = 30)$
   Die Wahl von $x_2 = 12$ führt zu $f_2 = 33\frac{3}{4}$, also zu einer gemischten Zahl. Ries multipliziert daher beide Fehlbeträge f_1 und f_2 mit 4 und bildet erst dann die Differenz $f_1 - f_2$ (vgl. das zweite Schema); diese Operation ist zulässig, da sie lediglich einer Erweiterung des Lösungsterms für x mit 4 entspricht.
   Mit einer anderen Wahl, etwa $x_2 = 14$, hätte Ries für f_2 von vornherein eine natürliche Zahl erhalten.

12) Ein Zahlenrätsel

Das Erraten von Zahlen gehört zu den von alters her beliebten Denksportaufgaben – vgl. [98, S. 642 f.].

Ist x die gesuchte Zahl, so gilt:

$x - \frac{5}{6}x + \frac{1}{4}x = 7 \;\; (x = 16\frac{4}{5})$

13) Einer allein kann nicht kaufen – Pferdekauf

Sehr verbreitet war auch dieser Aufgabentyp: Keiner hat genügend Geld, ein Pferd o. Ä. zu kaufen, und muss sich deshalb einen Geldanteil vom anderen erbitten – vgl. [98, S. 608 f.].

Die Problemstellung führt aus algebraischer Sicht auf zwei lineare Gleichungen mit zwei Variablen.

Sind x und y die Geldbeträge in Gulden, die A bzw. B zur Verfügung stehen, so gilt:

$x + \frac{1}{3}y = 15, y + \frac{1}{4}x = 15 \;\; (x = 10\frac{10}{11}, y = 12\frac{3}{11})$

Solche einfachen linearen Gleichungssysteme mit zwei oder mehreren Variablen lassen sich ebenfalls mit der Methode des doppelten falschen Ansatzes lösen: $x_2 = 12$ führt nach der ersten Gleichung zu $y_2 = 9$. Die linke Seite der zweiten Gleichung hat dann den Wert 12, das sind also 3 zu wenig. (Ries empfiehlt eine Überprüfung dieser Werte x_2, y_2: Die erste Gleichung ist erfüllt, die zweite nicht.) Die Versuchszahl $x_1 = 8$ führt nach der ersten Gleichung zu $y_1 = 21$. Die linke Seite der zweiten Gleichung hat diesmal den Wert 23, das sind 8 zu viel. Gegenüber den bisherigen Schemata ist das Schema dieser Aufgabe um eine zweite Spalte erweitert, in der die Werte y_2, y_1 notiert sind. Zur Berechnung von x zieht man die Zahlen der ersten Spalte, zur Berechnung von y die der zweiten Spalte heran und verfährt gemäß Formel III, also:

$x = (12 \cdot 8 + 8 \cdot 3) / 11 = 10\frac{10}{11}, y = (9 \cdot 8 + 21 \cdot 3) / 11 = 12\frac{3}{11}$

Die Methode zur Lösung des Gleichungssystems mit doppeltem falschen Ansatz entspricht unserer als »Einsetzungsverfahren« bekannten algebraischen Methode: Das Einsetzungsverfahren führt zu einer Gleichung, in der nur noch eine Variable vorkommt, also zu

$$3 \cdot (15 - x) + \tfrac{1}{4}x = 15 \text{ oder } y + \tfrac{1}{4} \cdot (15 - \tfrac{1}{3}y) = 15.$$

Jede dieser Gleichungen wird nun mit doppeltem falschen Ansatz anstatt durch algebraische Äquivalenzumformungen gelöst. Ist die eine Variable erst einmal bestimmt, so erhält man die andere natürlich viel schneller ohne erneuten Falschen Ansatz. Auf diesen Rechenvorteil geht Ries hier aber nicht ein.

14) Eine Aufgabe aus derselben Gruppe: Diesmal geht es um einen Hauskauf. Sind x und y die Geldbeträge in Gulden, die A bzw. B zur Verfügung stehen, so gilt:
$x + \tfrac{2}{3}y = 39, y + \tfrac{3}{4}x = 39 \quad (x = 26, y = 19\tfrac{1}{2})$
Mit der Ansatzzahl $x_2 = 36$ ist die Zahl y_2 aus $\tfrac{2}{3}y_2 = 3$ zu bestimmen; Ries wendet hierzu den Dreisatz an ($y_2 = 4\tfrac{1}{2}$) und überprüft, ob die erste Gleichung mit diesem Wert erfüllt ist. Anschließendes Einsetzen in die zweite Gleichung ergibt einen Fehlbetrag $f_2 = 7\tfrac{1}{2}$. Mit der anderen Versuchszahl $x_1 = 32$ erhält Ries $y_1 = 10\tfrac{1}{2}$ und $f_1 = 4\tfrac{1}{2}$. Es folgt ein Schema wie in der vorigen Aufgabe.
Zur Berechnung von x löst Ries nun das betreffende Teildiagramm heraus und multipliziert die Fehlbeträge mit 2, was wieder nur einer Erweiterung des Lösungsterms entspricht.
Danach greift er den Rechenvorteil zur schnelleren Bestimmung von y auf, den er in der vorigen Aufgabe versäumt hat: Mithilfe des Dreisatzes ermittelt er y aus der ersten Gleichung. Alternativ dazu nimmt er sich das Teildiagramm mit den falschen Ansatzwerten für y vor und multipliziert diese und die Fehlbeträge jeweils mit 2. Da dadurch der Zähler des Lösungsterms mit 4 multipliziert wird, muss auch die Differenz der Fehlbeträge mit 4 multipliziert werden – vgl. die Zahl 12 rechts im Schema.

15) Diese Aufgabe gehört zur Problemgruppe »Geben und Nehmen« – vgl. [98, S. 609 ff.].
Sind x und y die Geldbeträge in Pfennigen, die A bzw. B besitzen, so gilt:
$x + 1 = y - 1, y + 1 = 3 \cdot (x - 1) \qquad (x = 3, y = 5)$

Das Lösungsverfahren wurde bei den beiden vorigen Aufgaben ausführlich besprochen; auch Ries fasst sich kürzer.

16) Drei Gesellen wollen ein Haus kaufen.
Diese Aufgabe ist eine Variante zu Nr. 1 und 2.
Ist x der Geldbetrag in Gulden, den der dritte besitzt, so gilt:
$12x + 4x + x = 200 \quad (x = 11\frac{13}{17})$
Entsprechend erhält der zweite $47\frac{1}{17}$ Gulden, der erste $141\frac{3}{17}$ Gulden.

17) Diese Aufgabe des Typs »Zu viel – zu wenig« (vgl. [98, S. 601 f.]) führt algebraisch betrachtet auf die Gleichung
$7x + 30 = 9x - 30. \quad (x = 30)$
Dabei ist x die Anzahl der Arbeiter.

18) Eine Aufgabe der Gruppe »Einer allein kann nicht kaufen« (Weiherkauf)
Das Problem führt aus algebraischer Sicht auf ein einfaches System von drei Gleichungen mit drei Variablen.
Sind x, y und z die Geldbeträge in Gulden, die A, B bzw. C besitzen, so gilt:
$x + \frac{1}{2}y = 100, y + \frac{1}{3}z = 100, z + \frac{1}{4}x = 100$
$(x = 64, y = 72, z = 84)$
Auch in diesem Fall verhilft der doppelte falsche Ansatz zur Lösung: Die Versuchszahl $x_1 = 60$ führt nach der ersten Gleichung zu $y_1 = 80$, was aufgrund der zweiten Gleichung $z_1 = 60$ nach sich zieht. Die linke Seite der dritten Gleichung beträgt nun 75 anstatt 100: Das sind 25 (Gulden) zu wenig ($f_1 = 25$). Entsprechend führt die Versuchszahl $x_2 = 68$ zu $y_2 = 64$ und $z_2 = 108$, woraus sich diesmal ein Überschuss von 25 Gulden ($f_2 = 25$) ergibt.
Gegenüber den Schemata der Aufgaben 13–15 ist das Schema dieser Aufgabe um eine dritte Spalte erweitert, in der die Werte z_1, z_2 notiert sind. Zur Berechnung von x zieht man die Zahlen der ersten Spalte, zur Berechnung von y die der zweiten Spalte und zur Berechnung von z die der dritten Spalte heran und verfährt gemäß Formel III, also:

$x = (68 \cdot 25 + 60 \cdot 25) / 50 = 64,$
$y = (64 \cdot 25 + 80 \cdot 25) / 50 = 72,$
$z = (108 \cdot 25 + 60 \cdot 25) / 50 = 84$

Die Methode zur Lösung des Gleichungssystems mit doppeltem falschen Ansatz entspricht wieder unserer als »Einsetzungsverfahren« bekannten algebraischen Methode: Das Einsetzungsverfahren führt zu einer Gleichung, in der nur noch eine Variable vorkommt, also zu

$2 \cdot (100 - x) + \frac{1}{3} \cdot (100 - \frac{1}{4}x) = 100$
oder $3 \cdot (100 - y) + \frac{1}{4} \cdot (100 - \frac{1}{2}y) = 100$
oder $z + \frac{1}{4} \cdot (50 + \frac{1}{6}z) = 100.$

Jede dieser Gleichungen wird nun mit doppeltem falschen Ansatz anstatt durch algebraische Äquivalenzumformungen gelöst. Ist die eine Variable erst einmal bestimmt, so erhält man die anderen natürlich viel schneller ohne erneuten Falschen Ansatz. Auf diesen Rechenvorteil geht Ries aber hier nicht ein – vgl. Nr. 13.

19) Diese Aufgabe weist Ähnlichkeit zu den Zahlenrätseln auf (vgl. Nr. 12).
Für den Geldbetrag x (in Gulden) gilt:
$x + x + \frac{1}{3}x + \frac{1}{4}x - 100 = 100 - x \qquad (x = 55\frac{35}{43})$

20) Ein merkwürdiger Eierkauf
Für 5 Pfennig und 1 Ei erhält der Käufer 7 Eier und hat noch 2 Pfennig Schulden; 6 Eier kosten also 7 Pfennig, der Preis für 1 Ei beträgt demnach $1\frac{1}{6}$ Pfennig.
Anstatt diese einfache Überlegung anzustellen, rechnet Ries umständlich mit dem doppelten falschen Ansatz. Die algebraische Gleichung würde lauten:
$7x - 2 = 5 + x$ (x: Preis für 1 Ei in Pfennigen)

21) Eine Mischungsrechnung, die mit doppeltem falschen Ansatz gelöst wird: Es handelt sich um eine Aufgabe, die zweifellos nicht der Unterhaltungsmathematik zuzurechnen ist.
Für x Pfund Safran und $(20 - x)$ Pfund Ingwer gilt:
$3x + \frac{1}{2} \cdot (20 - x) = 45 \qquad (x = 14, 20 - x = 6)$

22) 2 Becher und 1 Deckel

Dieser Aufgabentyp der Unterhaltungsmathematik ist erst seit dem 15. Jahrhundert bekannt – vgl. [98, S. 612 f.].

Sind x und y die gesuchten Gewichte der beiden Becher und p das Deckelgewicht, so gilt:

$x + p = k \cdot y, y + p = l \cdot x \ (k \cdot l > 1)$

Die Lösungen dieses Gleichungssystems sind $x = \frac{(k+1) \cdot p}{k \cdot l - 1}$, $y = \frac{(l+1) \cdot p}{k \cdot l - 1}$. In der vorliegenden Aufgabe sind $k = 4$, $l = 3$ und $p = 16$ (Lot) gegeben: Es ergibt sich $x = 7\frac{3}{11}$ (Lot), $y = 5\frac{9}{11}$ (Lot).

Zur Berechnung mit dem doppelten falschen Ansatz gibt Ries ein gegenüber früheren vergleichbaren Aufgaben (13, 14, 15) verkürztes Schema an: Es fehlt hier die zweite Spalte mit den Ansatzwerten für den zweiten Becher ($y_1 = 7$, $y_2 = 6$).

Ries erwähnt zwei Möglichkeiten zur Bestimmung von y: die direkte Berechnung, nachdem x bestimmt ist (gemäß $x + p = k \cdot y$), oder die Berechnung durch erneuten Falschen Ansatz, etwa mit den obigen Werten für y_1, y_2.

23) Es handelt sich um dieselbe Problemstellung wie bei Nr. 108, nur mit anderen Zahlen. Am einfachsten wäre es wieder, so zu rechnen:

Mit 1 Elle Tuch erzielt der Händler $(\frac{3}{4} - \frac{2}{3})$ Gulden Gewinn. Bei einem Gewinn von 10 Gulden hat er demnach mit $10 / (\frac{3}{4} - \frac{2}{3})$ Ellen = 120 Ellen gehandelt.

Entsprechend würde die algebraische Formulierung lauten:

$x \cdot (\frac{3}{4} - \frac{2}{3}) = 10 \ (x = 120)$

Ries hingegen rechnet umständlich mit dem doppelten falschen Ansatz. Dabei muss er auch noch auf den Dreisatz zurückgreifen. Das Lösungsschema entsteht nach Erweiterung mit 2 – vgl. Nr. 11.

24) An der Zollschranke

Der Zöllner erhebt Zoll für den Wein, wobei er jeweils 1 Fuder in Zahlung nimmt. Für 60 Fuder erhebt er x – 30

Gulden, für 200 Fuder erhebt er $x + 20$ Gulden Zoll, wobei x den Wert eines Fuders in Gulden bezeichnet. Auf jeweils 1 Fuder umgerechnet, erhält man die Identität
$(x - 30)/60 = (x + 20)/200$. ($x = 51\frac{3}{7}$)
Ries rechnet mit doppeltem falschen Ansatz und nimmt auch den Dreisatz zu Hilfe. Die Aufgabenstellung erfordert, dass die kleinere Versuchszahl den Wert 30 nicht unterschreitet. Das Lösungsschema entsteht nach Erweiterung mit 3 – vgl. Nr. 11.
Auf die Frage nach der Zollgebühr pro Fuder Wein geht Ries nicht mehr ein: Es sind nach der obigen Gleichung $\frac{5}{14}$ Gulden. Die Weinhändler müssen demnach $\frac{25}{36}$% Zoll bezahlen.

25) 2 Sorten von Gulden – eine einfache Mischungsrechnung
In dieser Aufgabe kommt erstmals die Münzeinheit »Dickpfennig« vor – vgl. den metrologischen Anhang.
Wenn x Gulden den Wert von je 4 Dickpfennigen haben, dann gibt es $160 - x$ Gulden zu je 3 Dickpfennigen, und es gilt:
$4x + 3 \cdot (160 - x) = 560$ ($x = 80$)
Von beiden Sorten hat der Verkäufer also jeweils 80 Gulden.

26) Eine merkwürdige Gewinnausschüttung
Im Unterschied zu früheren Aufgaben des Kapitels »Von Handelsgesellschaften« (Nr. 178–181, 185) sind die Gewinnanteile hier absolut zu nehmen, obwohl ihre Summe die Zahl 1 überschreitet. Dies führt zu dem kuriosen Ergebnis, dass sich die Gesellschafter einen Betrag auszahlen, der höher als der Gewinn ist. Die Aufgabe ist also inhaltlich sinnlos, wird rechnerisch aber korrekt gelöst.
Ist x der Gewinn in Gulden, so gilt:
$(\frac{1}{2} + \frac{1}{3} + \frac{1}{4}) \cdot x = 50$ ($x = 46\frac{2}{13}$)

27) Silberkauf
Ist x der Preis (in Groschen) für die erste Mark Silber, so kostet die zweite Mark $2x + 5$ (Groschen), die dritte Mark $3 \cdot (x + 2x + 5) + 11$ (Groschen), und es gilt:
$x + (2x + 5) + 3 \cdot (x + (2x + 5)) + 11 = 907$ ($x = 73$)

Die erste Mark kostet also 2 Dukaten 13 Groschen, die zweite 5 Dukaten 1 Groschen und die dritte 22 Dukaten 23 Groschen (1 Dukaten = 30 Groschen).
Mit dem doppelten falschen Ansatz rechnet Ries nur den Preis für die erste Mark aus. Daraus leitet er dann die beiden anderen Preise her. Im Lösungstext des Originals hat sich eine kleine Ungenauigkeit eingeschlichen: Es fehlt die in Klammern stehende Ergänzung »und noch 11 Groschen mehr«.

28) Eine Aufgabe zur Silberlegierung (Mischungsrechnung)
Dieser Aufgabentyp fehlt im Kapitel »Beschickung des Schmelztiegels«. Einer Silberlegierung bestimmten Feingehalts wird anstatt Feinsilbers (wie in Nr. 165) eine Silberlegierung anderen Feingehalts zugesetzt. Ziel ist, eine bestimmte Menge Silberlegierung zu erhalten, deren Feingehalt vorgegeben ist. Es stellt sich daher die Frage, wie viel Silber von den ursprünglichen Sorten genommen werden muss.
Ist m_1 das Gewicht der ersten Sorte Silber (Einheit: Mark) und k_1 ihr Feingehalt (Einheit: Lot pro Mark), so hat nach Zugabe von m_2 Mark der zweiten Sorte Silber mit dem Feingehalt k_2 die Legierung – nunmehr mit dem Gewicht $(m_1 + m_2)$ Mark – den Feingehalt

$$k = \frac{m_1 k_1 + m_2 k_2}{m_1 + m_2} \text{ Lot pro Mark}$$

Daraus folgt nach geschickter Rechnung:

$$\frac{m_1}{m_2} = \frac{k_2 - k}{k - k_1}$$

Auch hier erkennt man wieder das Mischungskreuz: Die Gewichte verhalten sich umgekehrt wie die Abweichungen vom »mittleren« Feingehalt (oder – in anderem Sachzusammenhang – von der »mittleren« Konzentration).

In Verbindung mit $m = m_1 + m_2$ liegt nun ein Gleichungssystem vor, aus dem sich m_1 und m_2 ermitteln lassen, wenn k_1, k_2, k und m gegeben sind. In unserem Fall sind die Werte $k_1 = 10$, $k_2 = 15$, $k = 13\frac{1}{2}$ (jeweils Lot pro Mark) und $m = 1$ (Mark) gegeben, und m_1, m_2 sind gesucht. Aus der zweiten Formel folgt $m_1/m_2 = 3/7$, und wegen $1 = m_1 + m_2$ ergibt sich $m_2 = \frac{7}{10}$ (Mark) und $m_1 = \frac{3}{10}$ (Mark).

Ries löst das Gleichungssystem $m_1 \cdot 10/16 + m_2 \cdot 15/16 = 1 \cdot 13\frac{1}{2}$, $m_1 + m_2 = 16$ (Einheit: Lot) – vgl. die erste Formel – mit den falschen Ansatzwerten $x_1 = 8$, $y_1 = 8$ und $x_2 = 6$, $y_2 = 10$ für m_1 bzw. m_2. Dazu bestimmt er zunächst die Summanden $x_1 \cdot 10/16$ und $y_1 \cdot 15/16$ mit Dreisatz (siehe Schema). Das Schema zum doppelten falschen Ansatz entsteht nach Erweiterung mit 8 – vgl. Nr. 11. Natürlich kann nach der Berechnung von $m_1 = 4\frac{4}{5}$ (Lot) m_2 direkt angegeben werden ($11\frac{1}{5}$ Lot).

29) Eine einfache Mischungsrechnung

Diese Aufgabe weist eine Ähnlichkeit zu Nr. 25 auf.

Von dem einen Gulden sei x der Anteil der ersten Groschensorte ($0 \leq x \leq 1$). Dann ist $1 - x$ der Anteil der zweiten Groschensorte, und es gilt:

$20x + 30 \cdot (1 - x) = 27 \qquad (x = \frac{3}{10})$

$\frac{3}{10}$ Gulden stammen also von der ersten Sorte, $\frac{7}{10}$ Gulden von der zweiten Sorte, das sind 6 Groschen von der ersten und 21 Groschen von der zweiten Sorte.

Ries führt den Falschen Ansatz mit den Versuchszahlen $x_1 = \frac{1}{2}$, $y_1 = 1 - x_1 = \frac{1}{2}$ und $x_2 = \frac{1}{4}$, $y_2 = 1 - x_2 = \frac{3}{4}$ durch; sein erstes Schema enthält daher Brüche. Der Übergang zum zweiten Schema mit ausschließlich ganzzahligen Werten entspricht der Erweiterung des Lösungsterms III mit 8.

30) Ein weiteres Zahlenrätsel

Im Unterschied zu den vorherigen Zahlenrätseln (Nr. 12 und 19) ließe sich diese Aufgabe einigermaßen bequem durch Rückwärtsrechnen lösen:

$(((20 + 4) \cdot 4 \cdot 2 - 8) : 4) : \frac{5}{3} = 27\frac{3}{5}$

Ist x die gesuchte Zahl, so lautet der algebraische Ansatz

$((x + \frac{2}{3}x) \cdot 4 + 8) : 2 : 4 - 4 = 20.$ $(x = 27\frac{3}{5})$

Ries rechnet dementsprechend mit der »Regula falsi«.

Nur in dieser Aufgabe benutzt Ries das Fremdwort »Produkt«, das auch schon in Widmanns Rechenbuch [37] von 1489 vorkommt. Dies ist bemerkenswert, da er außer »Summe« die zu seiner Zeit bereits eingeführten Begriffe »Differenz« und »Quotient« nicht verwendet.

31) Eine Bewegungsaufgabe

Bewegungsaufgaben gehören auch heute noch zu den Standardthemen des Mathematikunterrichts. Die hier vorliegende Aufgabe gehört zur Gruppe der »Begegnungsaufgaben«: 2 Personen laufen von verschiedenen Orten mit verschiedenen Geschwindigkeiten aufeinander zu. (Heute sind es meistens Autos oder Züge, die aufeinander zufahren.) Gefragt ist nach dem Zeitpunkt der Begegnung und der jeweils zurückgelegten Strecke.

Angenommen, die beiden Fuhrmänner träfen sich nach t Tagen $(0 < t < 6)$. Dann hat der erste Fuhrmann $\frac{t}{6}$, der zweite Fuhrmann $\frac{t}{8}$ der Strecke zurückgelegt. Da die Summe der Streckenanteile gleich 1 ist, gilt:

$\frac{t}{6} + \frac{t}{8} = 1$ $(t = 3\frac{3}{7})$

Ries rechnet wieder mit doppeltem falschen Ansatz. Das Lösungsschema entsteht durch Erweiterung der Fehlbeträge mit 8. Auf die Frage, welche Streckenanteile s_1, s_2 die beiden Fuhrleute bis zum Treffpunkt zurückgelegt haben, geht Ries nicht mehr ein ($s_1 = \frac{4}{7}$, $s_2 = \frac{3}{7}$).

32) Ein Zahlenrätsel mit kriegerischem Hintergrund (vgl. auch Nr. 12, 19 und 30)

Die Einkleidung dieser zur Gruppe der Zahlenrätsel gehörenden Aufgabe lässt an die Wirren der Bauernkriege denken, die in den Zwanzigerjahren des 16. Jahrhunderts im Umkreis der Wirkungsstätte von Ries ihren Höhepunkt erreichten.

Ist x die Anzahl der Landsknechte, so ist $400 - x$ die Anzahl der Bauern, und es gilt:
$\frac{1}{2}x + \frac{1}{4} \cdot (400 - x) = x \quad (x = 133\frac{1}{3},\ 400 - x = 266\frac{2}{3})$
Ries berechnet mithilfe des Falschen Ansatzes die Anzahl der Landsknechte, woraus er die Anzahl der Bauern direkt bestimmt.
Natürlich ist das Ergebnis mit Bruchteilen von Personen kurios. In seinem dritten Rechenbuch [29, S. 175^v] präsentiert Ries dieselbe Aufgabe, wobei er nur die Gesamtzahl der Personen geändert hat: Mit 1200 Menschen erhält er nun 400 Landsknechte und 800 Bauern.

33) Eine weitere Aufgabe aus der Gruppe »Einkauf gleicher Mengen«
Wie die zur gleichen Gruppe gehörenden Nummern 137, 152 und 153 lässt sich auch diese Aufgabe sehr einfach mit Dreisatz lösen:
Für $(\frac{1}{8} + \frac{1}{5})$ Gulden erhält man zusammen 1 Pfund Feigen und 1 Pfund Rosinen. Deshalb erhält man für 2 Gulden zusammen $2/(\frac{1}{8} + \frac{1}{5})$ Pfund Feigen und $2/(\frac{1}{8} + \frac{1}{5})$ Pfund Rosinen. Die Maßzahlen vereinfachen sich zu $6\frac{2}{13}$.
Ist x die Anzahl der Pfunde beider Waren, so gilt die Gleichung $\frac{x}{8} + \frac{x}{5} = 2$. $(x = 6\frac{2}{13})$
Dementsprechend löst Ries die Aufgabe mit doppeltem falschen Ansatz. Das Lösungsschema entsteht nach Erweiterung mit 5.
Bei der Aufgabenformulierung unterläuft dem Rechenmeister wieder ein Personenwechsel (von »ich« zu »er«).

34) Wie viel Uhr ist es?
Dieser Aufgabentyp der Unterhaltungsmathematik lässt sich bereits in der griechischen Antike nachweisen [98, S. 604]. Mit den 15 Stunden ist offenbar die Zeit der Tageshelligkeit gemeint.
Ries führt den Lösungsweg nicht mehr durch und nennt nur noch das Ergebnis.

Ist x die Anzahl der vergangenen Stunden, so gilt:
$\frac{2}{3}x + \frac{1}{7} \cdot (15 - x) = x \quad (x = 4\frac{1}{2})$

Nach den Kapiteln »Beschickung des Schmelztiegels«, »Von Handelsgesellschaften« und »Vom Warentausch« weist Ries auf weitere Aufgaben hin, auf die er aus Zeitgründen oder um der Kürze des Buches willen verzichten müsse. Auch zum Abschluss dieses Kapitels erklärt er, dass »noch andere Fragen mehr vorhanden waren«, und wie bei den Gesellschaftsrechnungen deutet er an, dass er bei nächster Gelegenheit weitere Aufgaben vorstellen wolle. (Dieses Vorhaben hat er in seinem umfangreichen dritten Rechenbuch [29] realisiert.) Als geschickter Pädagoge gibt er hier aber noch einen weiteren Grund für die Beschränkung des Stoffs an: Er will vermeiden, dass die »Anfänger« mit Problemen von höherem Schwierigkeitsgrad überfordert werden.

Zech- oder Jungfrauenrechnung (S. 154):

Wie aus der Formulierung zum Ausklang des Kapitels »Vom Warentausch« hervorgeht, hatte Ries wohl ursprünglich vor, das Buch mit dem vorigen Kapitel enden zu lassen. Doch er sah sich noch veranlasst, ein damals sehr beliebtes Problem der Unterhaltungsmathematik aufzugreifen, über das »unter den Laien und des Rechnens Unkundigen« offenbar viel Falsches in Umlauf war.

Die »Zechenaufgaben« stehen in engem Zusammenhang mit den Mischungsaufgaben. (Ein Spezialfall ist das sog. Problem der 100 Vögel [98, S. 613–616].)

In einem Wirtshaus sitzen d Personen, die sich aus n Personengruppen (Männer, Frauen, Jungfrauen etc.) zusammensetzen. Es wird eine bestimmte Geldsumme e vertrunken, für die die Angehörigen der verschiedenen Personengruppen unterschiedliche Beiträge $k_1, \ldots, k_n$ leisten. Gefragt ist, wie viele Personen jeder Gruppe angehören.

Algebraisch gesehen geht es um die Bestimmung der positiven ganzzahligen Lösungen $x_1, \ldots, x_n$ des Gleichungssystems

$$\begin{aligned} x_1 + \quad x_2 + \ldots + \quad x_n &= d \\ k_1x_1 + k_2x_2 + \ldots + k_nx_n &= e \qquad (n \geq 2,\, k_1, \ldots, k_n \in \mathbb{N}). \end{aligned}$$

Im Fall $n = 2$ existiert höchstens 1 Lösungspaar (x_1, x_2), im Fall $n \geq 3$ können mehrere Lösungs-n-tupel $(x_1, \ldots, x_n)$ auftreten.

Der theoretische Lehrtext von Ries wird uns besser verständlich, wenn wir die allgemeinen Bezeichnungen benutzen.

Zunächst empfiehlt er folgendes Schema:

$$d \qquad \begin{matrix} k_1 \\ \vdots \\ k_n \end{matrix} \qquad e$$

Dabei sollen die Geldbeträge $k_1, \ldots, k_n$ auf die kleinste vorkommende Münzeinheit umgerechnet werden, und es soll $k_1 > k_2 > \ldots > k_n$ gelten, wie aus dem weiteren Text hervorgeht.

Nun werden ein Dividend a aus dem Term $e - k_nd$ und $n - 1$ Teiler $t_1, \ldots, t_{n-1}$ mithilfe von $k_1 - k_n, \ldots, k_{n-1} - k_n$ bestimmt. Deshalb sagt Ries, dass es »stets einen Teiler weniger gibt, als Personengruppen vorhanden sind«. Er trifft die folgende Fallunterscheidung:

$n = 2$: Es gibt nur 1 Teiler $t_1 = k_1 - k_2$.

$x_1 = \frac{a}{t_1} = \frac{e-k_2d}{k_1-k_2}$ ist die Anzahl der Personen mit der höchsten Zeche.

$x_2 = d - x_1$ ist die Anzahl der Personen mit der kleinsten Zeche.

$n = 3$: Es gibt 2 Teiler $t_1 = k_1 - k_3$, $t_2 = k_2 - k_3$.

Der Dividend $a = e - k_3 d$ ist so in zwei Summanden a_1, a_2 aufzuspalten, dass gilt: t_1 ist Teiler von a_1, t_2 ist Teiler von a_2. Dann erhält man

$$x_1 = \frac{a_1}{t_1},\ x_2 = \frac{a_2}{t_2} \text{ und } x_3 = d - (x_1 + x_2).$$

$n \geq 4$: Auf diese Fälle geht Ries nicht mehr ein, da sie »ebenso« zu behandeln seien.

Für $n = 4$ zum Beispiel gibt es die 3 Teiler $t_1 = k_1 - k_4$, $t_2 = k_2 - k_4$ und $t_3 = k_3 - k_4$.

Der Dividend $a = e - k_4 d$ ist so in drei Summanden a_1, a_2, a_3 aufzuspalten, dass gilt: t_1 ist Teiler von a_1, t_2 ist Teiler von a_2, t_3 ist Teiler von a_3. Dann erhält man

$$x_1 = \frac{a_1}{t_1},\ x_2 = \frac{a_2}{t_2},\ x_3 = \frac{a_3}{t_3} \text{ und } x_4 = d - (x_1 + x_2 + x_3).$$

Die Frage nach der jeweiligen Anzahl der Lösungen diskutiert Ries nicht.

Das von Ries skizzierte Verfahren zur Lösung von linearen Gleichungssystemen wird heute als »Gaußscher Algorithmus« bezeichnet und hat seinen festen Platz im Mathematikunterricht der gymnasialen Oberstufe. Wir greifen noch einmal die Fälle $n = 2$ und $n = 3$ auf.

$n = 2$:

$$\begin{aligned} x_1 + \quad x_2 &= d \\ k_1 x_1 + k_2 x_2 &= e \end{aligned}$$

Man kann die Variable x_2 eliminieren, indem man die beiden Seiten der ersten Gleichung mit k_2 multipliziert und anschließend von den Seiten der zweiten Gleichung subtrahiert. Dadurch entsteht die Gleichung

$$(k_1 - k_2)\, x_1 = e - k_2 d,$$

aus der sich x_1 bestimmen lässt. Aus der ersten Gleichung erhält man dann x_2.

$n = 3$: $$\begin{aligned} x_1 + \quad x_2 + \quad x_3 &= d \\ k_1 x_1 + k_2 x_2 + k_3 x_3 &= e \end{aligned}$$

Man kann die Variable x_3 eliminieren, indem man die beiden Seiten der ersten Gleichung mit k_3 multipliziert und anschließend von den Seiten der zweiten Gleichung subtrahiert. Dadurch entsteht die Gleichung

$$(k_1 - k_3)\, x_1 + (k_2 - k_3)\, x_2 = e - k_3 d.$$

Wenn man nun $e - k_3 d$ so in zwei Summanden a_1, a_2 zerlegen kann, dass a_1 durch $k_1 - k_3$ und a_2 durch $k_2 - k_3$ teilbar ist, dann hat man mit $x_1 = a_1 / (k_1 - k_3)$ und $x_2 = a_2 / (k_2 - k_3)$ zwei ganzzahlige Lösungen gefunden. x_3 berechnet sich wieder aus $d - (x_1 + x_2)$.

1) Männer und Frauen im Wirtshaus
   Mit den obigen Bezeichnungen gilt: $n = 2$, $d = 21$, $e = 81$ (Pfennig), $k_1 = 5$ (Pfennig), $k_2 = 3$ (Pfennig); ($t_1 = 2$, $e - k_2 d = 18$, $x_1 = 9$, $x_2 = 12$)
   Das Schema in dieser Aufgabe ist so angelegt, wie Ries es vorher beschrieben hat.
2) Männer, Frauen und Jungfrauen im Wirtshaus
   Mit den obigen Bezeichnungen gilt: $n = 3$, $d = 20$, $e = 40$ (Heller), $k_1 = 6$ (Heller), $k_2 = 4$ (Heller), $k_3 = 1$ (Heller); (»Teiler für die Männer« $t_1 = 5$, »Teiler für die Frauen« $t_2 = 3$, $e - k_3 d = 20$, $a_1 = 5$, $a_2 = 15$, $x_1 = 1$, $x_2 = 5$, $x_3 = 14$)
   Die Zerlegung $20 = 5 + 15$ ist die einzige, die die Teilbarkeit des ersten Summanden durch 5 und die des zweiten durch 3 sicherstellt. Daher ist die Lösung des Problems eindeutig.
   Ries führt zu dieser Aufgabe 2 Schemata an: Im zweiten hat er die Werte e, k_1, k_2, k_3 zu Hellern vereinheitlicht und außerdem in der Mitte eine zweite Spalte für die Teiler t_1, t_2 hinzugefügt. Allgemein hätte dieses Schema folgende Gestalt:

$$\begin{array}{ccccc} & k_1 & k_1 - k_n & \\ d & \vdots & \vdots & e \\ & k_{n-1} & k_{n-1} - k_n & \\ & k_n & & \end{array}$$

3) Viehkauf

Eine völlig andere Einkleidung hat diese Aufgabe, die aber zur selben Gruppe wie die Zechrechnungen, speziell zum oben erwähnten Typ »Problem der 100 Vögel«, gehört.

Mit den obigen Bezeichnungen gilt: $n = 4$, $d = 100$, $e = 400$ (Örter), $k_1 = 16$ (Örter), $k_2 = 6$ (Örter), $k_3 = 2$ (Örter), $k_4 = 1$ (Ort); (Teiler für die Ochsen $t_1 = 15$, Teiler für die Schweine $t_2 = 5$, Teiler für die Kälber $t_3 = 1$, $e - k_4 d = 300$, $a_1 = 180$, $a_2 = 100$, $a_3 = 20$, $x_1 = 12$, $x_2 = 20$, $x_3 = 20$, $x_4 = 48$)

In dieser Aufgabe findet sich nur noch das zweite, erweiterte Lösungsschema – vgl. Nr. 2. Zum Abschluss legt Ries dem Leser noch eine Proberechnung nahe.

Die Zerlegung $300 = 180 + 100 + 20$ ist allerdings keineswegs die einzige, die die Teilbarkeit des ersten Summanden durch 15 und die des zweiten durch 5 sicherstellt. (Wegen $t_3 = 1$ ist mit dem dritten Summanden zunächst keine weitere Bedingung verknüpft.) Daher ist das Problem unbestimmt, worauf Ries aber nicht hinweist.

Wie viele Lösungen gibt es nun?

Zur Beantwortung dieser Frage ist ein wenig Zahlentheorie erforderlich. Die Summanden a_1, a_2 der Zerlegung $300 = a_1 + a_2 + a_3$ sind durch 15 bzw. 5 teilbar, und zwar gilt

$$300 = 15x_1 + 5x_2 + x_3.$$

Man sieht sofort ein, dass auch x_3 (= a_3) durch 5 teilbar sein muss. Mit $x_3 = 5m$ folgt

$$300 = 15x_1 + 5x_2 + 5m$$

und, nach Division durch 5,

$$60 = 3x_1 + x_2 + m.$$

$x_2 + m$ ist offenbar durch 3 teilbar, und es sei $x_2 + m = 3c$.

Es folgt

$$x_1 = 20 - c, x_2 = 3c - m.$$

Beachtet man noch $x_4 = 100 - (x_1 + x_2 + x_3)$, so müssen die Lösungen x_1, x_2, x_3, x_4 des Gleichungssystems insgesamt folgenden Bedingungen genügen:

$$x_1 = 20 - c, x_2 = 3c - m, x_3 = 5m, x_4 = 80 - 2c - 4m$$

Die Parameter c und m sind natürliche Zahlen in den Schranken

$$0 < c < 20, c + 2m < 40, 0 < m < 3c.$$

Daraus ergibt sich folgende Tabelle für mögliche m und c:

m	1, 2	3, 4, 5	6, 7, 8	9, 10	11	12
c	1, …,19	2, …,19	3, …,19	4, …,19	4, …,17	5, …,15

m	13	14	15	16	17	18	19
c	5, …,13	5, …,11	6, 7, 8, 9	6, 7	–	–	–

Jedes m kann mit jedem c kombiniert werden, sodass es insgesamt 222 Kombinationen gibt. Da jeweils zwei verschiedene Paare (m, c) auch zu verschiedenen Quadrupeln (x_1, x_2, x_3, x_4) führen, kann der Viehkauf auf 222 verschiedene Weisen stattfinden.

Die Riessche Lösung erhält man für $m = 4$, $c = 8$.

Ohne weitere Kapitelüberschrift präsentiert Ries anschließend vier Aufgaben zu magischen Quadraten. Dieser Abschnitt ist in zweifacher Hinsicht bemerkenswert: Riesens Bemühungen, Konstruktionsverfahren zu finden, dürften originell sein. Andererseits erscheinen die magischen Quadrate bei ihm (1522) erstmals überhaupt im Druck [57].

Zur Bildung 9-zelliger magischer Quadrate mit vorgegebener Zeilen-, Spalten- und Diagonalensumme s unter der Bedingung, dass nur aufeinanderfolgende Zahlen eingetragen werden dürfen, geht Ries allgemein so vor:

In die Mitte setzt er den Wert , den er unnötigerweise mit Dreisatz berechnet (»15 gibt 5. Was gibt …?«). Dann trägt er die Zahlen $\frac{s}{3}-4$, $\frac{s}{3}-3$, $\frac{s}{3}-2$, $\frac{s}{3}-1$, $\frac{s}{3}+1$, $\frac{s}{3}+2$, $\frac{s}{3}+3$, $\frac{s}{3}+4$ auf der folgenden Zickzacklinie in das Quadrat ein und tauscht anschließend noch die Eckzahlen links unten und rechts oben gegeneinander aus:

$\frac{s}{3}+1$	→	$\frac{s}{3}+2$	→	$\frac{s}{3}+\mathbf{3}$		$\frac{s}{3}+1$	$\frac{s}{3}+2$	$\frac{s}{3}-\mathbf{3}$
	↖			↓				
$\frac{s}{3}-4$		$\frac{s}{3}$		$\frac{s}{3}+4$	→	$\frac{s}{3}-4$	$\frac{s}{3}$	$\frac{s}{3}+4$
↓			↖					
$\frac{s}{3}-\mathbf{3}$	→	$\frac{s}{3}-2$	→	$\frac{s}{3}-1$		$\frac{s}{3}+\mathbf{3}$	$\frac{s}{3}-2$	$\frac{s}{3}-1$

Zu bemerken ist noch, dass die Zahl in der Mitte stets das arithmetische Mittel aus der kleinsten und der größten vorkommenden Zahl sein muss.

4) Beispiel für $s = 15$
5) Beispiel für $s = 24$
6) Beispiel für $s = 7$: Hier ergibt sich als Mittelzahl $\frac{s}{3} = 2\frac{5}{15}$. Man kann leicht erkennen, wie Ries zu den anderen einzutragenden Zahlen gekommen ist: Mit 15 multipliziert, ergäbe sich für $\frac{s}{3}$ der Wert 35. Dann müssten die neun Zahlen 31 bis 39 eingetragen werden, deren arithmetisches Mittel 35 ist. Dividiert man diese wieder durch 15, so erhält man die Zahlen bei Ries, die in Fünfzehntelschritten aufeinanderfolgen.
7) Ein 16-zelliges magisches Quadrat
Das von Ries beschriebene Konstruktionsverfahren ist ohne Weiteres verständlich.
Weitere vierzeilige magische Quadrate erhält man, indem man einfach zu den hier vorliegenden natürlichen Zahlen eine konstante natürliche Zahl, etwa $a - 1$, addiert. Die Zeilen-, Spalten- und Diagonalensumme beträgt dann $4a + 30$.

8) Die Schnecke im Brunnen – eine reizvolle Abschlussaufgabe
Das vorliegende Problem, das zu den komplizierteren Bewegungsaufgaben zählt (vgl. Falscher Ansatz Nr. 31 und [98, S. 588 ff., S. 595]), ist ein unverwüstliches Stück der Unterhaltungsmathematik: Mit einfacheren Werten tritt es heute noch in nahezu jedem Unterrichtswerk für die Grundschule auf.
Der Reiz dieser Aufgabe, bei der eine Schnecke mithilfe einer Vorwärts- und einer Rückwärtsbewegung den Rand eines Brunnens erreicht und nach der dafür benötigten Zeit gefragt ist, liegt darin, dass die nahe liegende Rechnung versagt: Um die Anzahl der Tage zu gewinnen, darf man nicht einfach die Tiefe des Brunnens durch die tägliche Steigungsrate dividieren, denn am letzten Tag braucht die Schnecke ja nicht mehr zurückzukriechen, wenn sie den Brunnenrand bereits erreicht hat.
Wir können die Aufgabe folgendermaßen lösen:
Pro Tag schafft die Schnecke einen Anstieg von $(4\frac{2}{3} - 3\frac{3}{4})$ Ellen = $\frac{11}{12}$ Ellen. Am letzten Tag von insgesamt n Tagen braucht sie nur noch hochzukriechen und nicht mehr zurückzufallen. Deshalb ist n die kleinste natürliche Zahl, die die Ungleichung

$$\tfrac{11}{12}(n-1) + 4\tfrac{2}{3} \geq 32$$

erfüllt: Es ergibt sich $n = 31$.
Die Schnecke erreicht den Brunnenrand also am 31. Tag während ihrer Steigungsperiode. Setzt man nun $n = 31$ in die linke Seite der obigen Ungleichung ein, so erhält man $32\frac{1}{6}$, d. h. die Schnecke braucht am letzten Tag nur noch $(4\frac{2}{3} - \frac{1}{6})$ Ellen = $4\frac{1}{2}$ Ellen hochzukriechen: das sind $4\frac{1}{2} / 4\frac{2}{3}$ = $\frac{27}{28}$ des letzten Tages.
Insgesamt benötigt sie also $30\frac{27}{28}$ Tage.
Ries rechnet mit 56 als dem Maß für das Steigen und mit 45 als dem Maß für das Fallen der Schnecke. Die passende Ein-

heit dazu ist Zwölftelellen. Als Maß für die tägliche Steigungsleistung hat er deshalb 11 (Zwölftelellen). Seine weitere Rechnung führt zu dem falschen Ergebnis $30\frac{9}{11}$ Tage.
Bei der Lösung beruft er sich auf seinen langjährigen Freund Hans Conrad, mit dem er in dessen Annaberger Zeit (1515) Algebra-Aufgaben gerechnet hat, wie wir aus einer Textstelle der Coss [25] wissen. Die Bekräftigung, es handele sich um die richtige Lösung, setzt beim Leser das Erstaunen darüber voraus, dass die weiter oben genannte nahe liegende Rechnung falsch ist. (Es trifft aber historisch nicht zu, dass erst Conrad darauf aufmerksam wurde und die richtige Lösung erbracht hat.)
Natürlich hat Ries diesen simplen Fehler vermieden, denn er zieht zum Schluss ja noch »das Fallen« ab; sein Fehler bezieht sich nur auf den Bruchteil des letzten Tages. Studieren wir hierzu seine Rechnung genauer, so erkennen wir, dass sich, algebraisch gesehen, sein Wert $30\frac{9}{11}$ als Lösung der Gleichung

$$\tfrac{11}{12}(x-1) + 4\tfrac{2}{3} = 32$$

ergibt. Dieser Ansatz ist falsch, da die tägliche Steigungsleistung von $\frac{11}{12}$ Ellen nur für volle Tage (mit Tag- und Nachtanteil) gilt und die Schnecke am letzten Tag weniger als $4\frac{2}{3}$ Ellen vom Brunnenrand entfernt ist.
Ries hat seinen versteckten Fehler bereits in der 2. Auflage des Buchs von 1525 korrigiert. Dort [22, I[8r]] schreibt er (modernisierte Fassung): »... es bleiben 339. Die teile durch 11. Dann werden es 30 Tage, und 9 bleiben übrig. Dazu addiere das Fallen, d. h. 45: es werden 54. Teile durch 56. Dann werden es $\frac{27}{28}$. Nach so langer Zeit kommt die Schnecke heraus.« Ries rechnet also jetzt mit dem Rest 9 noch weiter: Der Term $(9 + 45)/56$ hat denselben Wert wie $(32 - \frac{11}{12} \cdot 30) / 4\frac{2}{3}$, und der Zähler des letzten Terms gibt

korrekt (in Ellen) an, wie hoch die Schnecke am letzten Tag noch steigen muss.
Zu diesem kleinen Missgeschick finden wir in der Coss [25] eine kurze Bemerkung.
Die beiden Proben werden ausdrücklich dem unverständigen Leser empfohlen.

I) Eine Probe mit zwei Zirkeln
Eine lange Linie, die die Tiefe des Brunnens darstellen soll, wird in $32 \cdot 12$ Teile (= 384 Teile) geteilt. Jeder Teil entspricht also $\frac{1}{12}$ Ellen, und mit zwei Zirkeln, deren Öffnung auf 56 bzw. 45 Teile fixiert ist, kann die Bewegung der Schnecke simuliert werden.

II) Eine Probe durch Rechnung
Diese Probe besteht darin, dass die Zirkelprobe nun rechnerisch nachvollzogen wird. Die Bewegungen der Schnecke werden vom oberen Brunnenrand aus rückgängig gemacht, bis sie den Boden des Brunnens wieder erreicht hat. Ries bezieht sich auf den folgenden Algorithmus, der dementsprechend mit der Zahl 384 beginnt und die jeweils erreichte Position der Schnecke im Rückblick simuliert:
$384 = \underline{6} \cdot 56 + 48,\ 6 \cdot 45 + 48 = 318$
Vor 6 Tagen war die Schnecke 318/12 Ellen vom Brunnenboden entfernt.
$318 = \underline{5} \cdot 56 + 38,\ 5 \cdot 45 + 38 = 263$
Weitere 5 Tage zuvor war sie 263/12 Ellen vom Boden entfernt usw.

$$
\begin{aligned}
263 &= \underline{4} \cdot 56 + 39, & 4 \cdot 45 + 39 &= 219\\
219 &= \underline{3} \cdot 56 + 51, & 3 \cdot 45 + 51 &= 186\\
186 &= \underline{3} \cdot 56 + 18, & 3 \cdot 45 + 18 &= 153\\
153 &= \underline{2} \cdot 56 + 41, & 2 \cdot 45 + 41 &= 131\\
131 &= \underline{2} \cdot 56 + 19, & 2 \cdot 45 + 19 &= 109
\end{aligned}
$$

$$
\begin{aligned}
109 &= \underline{1} \cdot 56 + 53, & 1 \cdot 45 + 53 &= 98\\
98 &= \underline{1} \cdot 56 + 42, & 1 \cdot 45 + 42 &= 87\\
87 &= \underline{1} \cdot 56 + 31, & 1 \cdot 45 + 31 &= 76\\
76 &= \underline{1} \cdot 56 + 20, & 1 \cdot 45 + 20 &= 65\\
65 &= \underline{1} \cdot 56 + 9, & 1 \cdot 45 + 9 &= 54\\
54 &= \tfrac{27}{28} \cdot 56 + 0
\end{aligned}
$$

Der Brunnenboden ist erreicht.

Die Summe der unterstrichenen natürlichen Zahlen liefert zusammen mit dem Bruch das richtige Ergebnis: $30\frac{27}{28}$ Tage

Im Abschlusstext räumt Ries mögliche Versehen ein, die er zu entschuldigen bittet. Neben dem Fehler in dieser letzten Aufgabe hatte sich noch in Nr. 129 eine Ungenauigkeit eingeschlichen, der Lösungstext zu Nr. 117 war teilweise korrupt, und auch die Fehldeutung der Neunerprobe ist hier noch zu nennen. Ansonsten ist nicht einmal eine Zahl verdruckt. Bereits in der 2. Auflage von 1525 [22] hat Ries alle Fehler – bis auf den im Zusammenhang mit der Neunerprobe – korrigiert.

Die geplante Darstellung über die Inhaltsbestimmung von Fässern hat Ries im Rahmen seines dritten Rechenbuchs [29] realisieren können. Seine Algebra blieb unveröffentlicht, und über Buchhaltung ist uns nichts von ihm überliefert.

Am Freitag, dem 3. Oktober 1522 (»Freitag nach Michaelis«), hat das zweite Rechenbuch von Adam Ries, eines der bedeutendsten und erfolgreichsten Werke wissensvermittelnder Literatur in deutscher Sprache, die Druckerpresse von Mathes Maler in Erfurt erstmals verlassen.

Metrologischer Anhang

Die Belegstellen werden nach Aufgabennummern (fett) zitiert. Vgl. auch die Titel [82], [96], [100] und [101] des Literaturverzeichnisses.

1. Geldwerte

Rheinischer Gulden: *Der Rheinische Gulden setzte sich seit 1386 als recht stabiles Handelsgeld in Deutschland durch. Er galt als Wertmaßstab für die verschiedenen örtlich gebundenen Landesmünzen (Pfennige oder Heller). Bei den unterstrichenen Belegstellen ist im Text explizit von Rh. Gulden die Rede.*
1./2. Beispiel zur Addition beim Linienrechnen, Beispiel zur Subtraktion beim Linienrechnen, 1, 2, 3, 4, 5, 6, 7, 8, 9, 10, 11, 13, 14, 15, 16, 17, 18, 19, 20, 21, 22, 23, 24, 25, 26, 27, 28, 29, 30, 31, Text vor 32; 32, 33, 34, 35, 36, 37, 38, 39, 40, 41, 42, 44, 45, 46, 47, 48, 49, 50, 51, 52, 53, 54, 55, 56, 57, 58, 59, 60, 61, 62, 63, 64, 65, 66, 67, 68, 69, 70, 71, 72, 73, 74, 75, 76, 77, 78, Text vor 79; 79, 80, 81, 82, 83, 84, 85, 86, 87, 88, 89, 90, 91, 92, 93, 94, 95, 96, 97, 98, 99, 100, 101, 102, 103, 104, 105, 106, 107, 108, 109, 110, 111, 112, 113, 114, 115, 116, 117, 118, 119, 120, 121, 122, 123, 124, 125, 126, 127, 128, 129, 130, 131, 132, 133, 137, 138, 139, 140, 144, 148, 149, 150, 151, 152, 153, 154, 155, 156, 157, 158, 159, 160, 161, 162, 163, 169, 170, 171, 172, 175, 176, 177, 178, 179, 181, 182, 183, 184, 185, 186, 187, 188, 189, 190, Falscher Ansatz 4, 5, 6, 7, 8, 11, 13, 14, 16, 18, 19, 21, 23, 24, 25, 26, 29, 33, Zechrechnung 3

Groschen: *seit Anfang des 14. Jahrhunderts gebräuchliche Silbermünze, Untereinheit von Gulden – mit Ausnahme der unterstrichenen Belegstellen*
1./2. Beispiel zur Addition beim Linienrechnen, Beispiel zur Subtraktion beim Linienrechnen, 1, 2, 3, Text vor 4; 8, 9, 10, 11, 12, 13, 14, 15, 16, 17, 18, 19, 20, 21, 22, 23, 24, 25, 26, 28, 29, 30, 31, Text vor 32; 32, 33, 34, 35, 36, 37, 38, 39, 40, 41, 42, 43, 44, 45, 46, 47, 48, 49, 50, 51, 52, 53, 54, 55, 56, 57, 58, 59, 60, 61, 62, 63, 64, 65, 66, 69, 70, 71, 73, 74, 75, 76, 77, 78, 102, 109, 124,

128, 136, 142, 151, 153, 154, 169, 170, 171, 175, 179, 187, Falscher Ansatz 27, 29

Pfennig: *Silberwährung, Untereinheit von Groschen – mit Ausnahme der unterstrichenen Belegstellen*
1./2. Beispiel zur Addition beim Linienrechnen, Beispiel zur Subtraktion beim Linienrechnen, 1, 2, 3, Text vor 4; 11, 12, 14, 15, 16, 17, 18, 19, 20, 21, 23, 24, 25, 26, 27, 28, 29, 30, 31, Text vor 32; 32, 33, 34, 35, 36, 37, 38, 39, 40, 41, 42, 43, 44, 45, 46, 47, 48, 49, 50, 51, 52, 53, 55, 56, 57, 58, 60, 61, 62, 63, 64, 65, 66, 71, 72, 73, 74, 75, 77, 78, 102, 109, 124, 128, 131, 132, 133, 136, 139, 140, 142, 148, 151, 154, 172, 175, 179, Falscher Ansatz 10, 15, 17, 20, Zechrechnung 1, 2

Heller: *ursprünglich mit dem Haller Pfennig identisch, ab 1385 Untereinheit von Pfennig*
15, 21, 29, 32, 36, 38, 39, 40, 41, 42, 43, 44, 45, 46, 47, 48, 49, 50, 51, 52, 53, 55, 56, 57, 58, 59, 60, 61, 62, 63, 64, 65, 66, 71, 72, 75, 77, 78, 154, 179, Zechrechnung 2

1 Gulden = 21 Groschen:
8, 9, 10, 13, 22, 54, 69, 70, 76, 153, 169, 187

1 Groschen = 12 Pfennig:
12

1 Pfennig = 2 Heller:
Zechrechnung 2

1 Gulden = 252 Pfennig:
27, 172

1 Gulden = 252 Pfennig, 1 Pfennig = 2 Heller:
72

1 Gulden = 21 Groschen, 1 Groschen = 12 Pfennig:
1./2. Beispiel zur Addition beim Linienrechnen, Beispiel zur Subtraktion beim Linienrechnen, 1, 2, 3, 11, 14, 16, 17, 18, 19, 20, 23, 24, 25, 26, 27, 28, 30, 31, 33, 34, 35, 37, 73, 74, 102, 109, 124, 128, 151

1 Groschen = 12 Pfennig, 1 Pfennig = 2 Heller:
43

1 Gulden = 21 Groschen, 1 Groschen = 12 Pfennig, 1 Pfennig = 2 Heller:
15, 21, 29, 32, 36, 38, 39, 40, 41, 42, 44, 45, 46, 47, 48, 49, 50, 51, 52, 53, 55, 56, 57, 58, 59, 60, 61, 62, 63, 64, 65, 66, 71, 75, 77, 78, 154, 179

1 Gulden = 7 Groschen:
153, 170

1 Gulden = 18 Groschen:
153

1 Gulden = $18\frac{34}{55}$ Groschen:
171

1 Gulden = 20 Groschen:
Falscher Ansatz 29

1 Gulden = 20 Groschen, 1 Groschen = 8 Pfennig:
175

1 Gulden = 28 Groschen:
153

1 Gulden = 30 Groschen:
Falscher Ansatz 29

Pfund: *Untereinheit von Gulden*
131, 133, 139, 140, 148

1 Gulden = 5 Pfund 28 Pfennig, 1 Pfund = 30 Pfennig:
133, 140

1 Gulden = 7 Pfund, 1 Pfund = 30 Pfennig:
148

1 Gulden = 8 Pfund 11 Pfennig, 1 Pfund = 30 Pfennig:
131

1 Gulden = 8 Pfund 12 Pfennig, 1 Pfund = 30 Pfennig:
139

Mark: *in Skandinavien und England verbreitete Währungseinheit*
136

1 Mark = 48 Groschen, 1 Groschen = 7 Pfennig:
136

Dickpfennig: *Böhmischer Silbergroschen*
Falscher Ansatz 25

1 Gulden = 3 Dickpfennig:
Falscher Ansatz 25

1 Gulden = 4 Dickpfennig:
Falscher Ansatz 25

Schilling: *Goldwährung, nur als Rechnungsgeld, Untereinheit von Gulden. Bei der unterstrichenen Belegstelle ist im Text explizit von Rheinischen Schillingen die Rede.*
Text vor 79; 79, 80, 81, 82, 83, 84, 85, 86, 87, 88, 89, 90, 91, 92, 93, 94, 95, 96, 97, 98, 99, 100, 101, 104, 105, 106, 107, 108, 109, 110, 111, 112, <u>Text vor 114</u>; 114, 115, 116, 117, 118, 120, 121, 122, 123, 124, 125, 126, 127, 129, 130, 132, 137, 144, 152, 155, 156, 157, 158, 159, 160, 161, 162, 163, 176, 177, 178, 179, 186

Heller: *Goldwährung, nur als Rechnungsgeld, Untereinheit von Schilling*
Text vor 79; 79, 81, 82, 83, 84, 85, 86, 88, 89, 90, 91, 92, 93, 94, 95, 96, 97, 98, 99, 100, 101, 104, 105, 106, 107, 109, 110, 111, 112, 115, 116, 117, 120, 121, 122, 123, 125, 126, 127, 129, 130, 144, 152, 155, 156, 157, 158, 161, 162, 163, 176, 177, 178, 179

1 Gulden = 20 Schilling:
80, 87, 108, 114, 118, 124, 137, 159, 160, 186

1 Gulden = 20 Schilling, 1 Schilling = 12 Heller:
Text vor 79; 79, 81, 82, 83, 84, 85, 86, 88, 89, 90, 91, 92, 93, 94, 95, 96, 97, 98, 99, 100, 101, 104, 105, 106, 107, 109, 110, 111, 112, 115, 116, 117, 120, 121, 122, 123, 125, 126, 127, 129, 130, 144, 152, 155, 156, 157, 158, 161, 162, 163, 176, 177, 178, 179

1 Gulden = 7 Schilling 24 Pfennig, 1 Schilling = 30 Pfennig:
132

Ungarischer Gulden: *an böhmischen, polnischen und großungarischen Handelsplätzen verwendete Goldmünze; bei den unterstrichenen Belegstellen ist im Text explizit von Ung. Gulden die Rede.*
<u>110</u>, <u>111</u>, <u>112</u>, <u>113</u>, <u>114</u>, <u>115</u>, <u>116</u>, <u>118</u>, <u>119</u>, <u>120</u>, <u>125</u>, <u>126</u>, 134, 135, 141, 145, <u>147</u>, 173, 174, Falscher Ansatz 3

Groschen: *Untereinheit von Ung. Gulden*
113, 126, 134, 135, 141, 145, 173, 174, Falscher Ansatz 3

Pfennig: *Untereinheit von Ung. Groschen*
113, 141, 145, Falscher Ansatz 3

Heller: *Untereinheit von Ung. Groschen*
126, 134, 135

100 Ungarische Gulden ≙ $136\frac{1}{4}$ Rheinische Gulden:
120

100 Ungarische Gulden = $138\frac{8}{9}$ Rheinische Gulden:
118

100 Ungarische Gulden = $141\frac{7}{20}$ Rheinische Gulden:
116

Dukaten: *Goldwährung, meistens nur andere Bezeichnung für den Ungarischen Gulden*
117, 118, 122, Falscher Ansatz 27

1 Dukaten = 30 Groschen:
Falscher Ansatz 27

100 Dukaten = 124 Rheinische Gulden:
118

100 Dukaten = 134 Rheinische Gulden:
122

100 Dukaten = $138\frac{7}{10}$ Rheinische Gulden:
117

100 Dukaten = $89\frac{7}{25}$ Ungarische Gulden *(! – s. o.)*
118

Ort: *vierter Teil einer Münzeinheit*
42, Text vor 44; 44, 45, 46, 47, 55, 58, 59, 62, 63, 66, 68, 69, 72, 77, 78, 92, 93, 95, 98, 99, 100, 103, 105, 120, 123, 125, 127, 134, 135, 136, 139, 141, 156, 158, 160, 171, 174, 178, 186, 190, Zechrechnung 3

1 Ort = $\frac{1}{4}$ Gulden: *Bei der unterstrichenen Belegstelle ist im Text explizit von Rh. Gulden die Rede.*
42, Text vor 44; 44, 45, 46, 47, 55, 58, 59, 62, 63, 66, 68, 69, 72, 77, 78, 92, 93, 95, 98, 99, 100, 103, 105, <u>120</u>, 123, 127, 139, 156, 158, 160, 171, 178, 186, 190, Zechrechnung 3

1 Ort = $\frac{1}{4}$ Ungarische Gulden:
120, 125, 134, 135, 141, 174

1 Ort = $\frac{1}{4}$ Mark:
136

2. *Gewichte (ggf. mit Warenangaben)*

Zentner:
4 Wachs, **5** Zinn, **Text vor 16; 16, 17, 18, 19, 20, 21, Text vor 34; 36, 42** rote Farbe, **44, 45, 47** Wachs, **48, 49, 52, 67** Zwiebelsamen, **68, 77** Wachs, **Text vor 79; 87** Pfeffer, **92** Mandeln, **93** Baumwolle, **94** Schafwolle, **95** Lorbeer, **96** Weinstein, **97** Alaun, **98** Feigen, **99** Unschlitt, **100** Öl, **101** Honig, **102** Seife, **103** Wachs, **128** Wolle, **131** Messing, **132** Draht, **133** Unschlitt, **138** Wolle, Wachs, **139** Wachs, **140** Schweinefett, **141** Seife, **144** Reis, **145** Schwefel, **147, 148, 189** Zinn, Blei, **190** Wolle

Stein: *Untereinheit von Zentner und / oder Obereinheit von Pfund*
20, 21, 43 Unschlitt, **46, 71, 77** Wachs, **141** Seife, **186** Wachs, Ingwer

Pfund: *Das karolingische Pfund (libra) wog ca. 367,2 g.*
3, 8 Wachs, **9** Zinn, **11** Feigen, **15** Wolle, **Text vor 16; 16, 17, 18, 19, 20, 21, Text vor 34; 36, 37** Safran, **42** rote Farbe, **43** Unschlitt, **44, 45, 46, 47** Wachs, **48, 49, 52, 67** Zwiebelsamen, **68, 71, 72, 77** Wachs, **Text vor 79; 79, 80, 81, 82, 83, 84, 85, 86, 87** Pfeffer, **88** Ingwer, **89** Safran, **90** Safran, **91** Kalmus, **92** Mandeln, **93** Baumwolle, **94** Schafwolle, **95** Lorbeer, **96** Weinstein, **97** Alaun, **98** Feigen, **99** Unschlitt, **100** Öl, **101** Honig, **102** Seife, **103** Wachs, **104** Ingwer, **105** Safran, **129** Safran, Nelken, Ingwer, **130** Pfeffer, Ingwer, Safran, **131** Messing, **132** Draht, **133** Unschlitt, **137** Safran, Nelken, Ingwer, **139** Wachs, **140** Schweinefett, **141** Seife, **144** Reis, **145** Schwefel, **154** Butter, **186** Ingwer, **187** Seide, **Falscher Ansatz 21** Safran, Ingwer, **33** Feigen, Rosinen

Mark: *Gewichtseinheit für Edelmetalle und Kupfer; die Mark ist eine aus den nordischen Ländern stammende Gewichtseinheit und gewann vor allem für die Münzprägung Bedeutung. Die karolingische Mark wog 244,75 g.*
Text vor 155 Silber, Gold; **155** Silber, **156** Silber, **157** Silber, **158** Silber, **159** Gold, **160** Gold, **161** Gold, **162** Gold, **163** vergoldetes Silber, Silber, Gold, **164** Silber, **165** Silber, **166** Silber, **167** Silber, Kupfer, **168** Silber, **169** Silber, **170** Silber, **171** Silber, **172** Silber, **173** Silber, **174** Silber, **175** Silber, **184** Silber, **Falscher Ansatz 27** Silber, **28** Silber

Lot: *Untereinheit von Pfund oder Mark*
Text vor 34; 37 Safran, **67** Zwiebelsamen, **68, 72, Text vor 79; 88** Ingwer, **89** Safran, **90** Safran, **91** Kalmus, **103** Wachs, **137** Safran, Nelken, Ingwer, **142** Pfennigbrot, **Text vor 155** Silber; **155** Silber, **156** Silber, **157** Silber, **158** Silber, **160** Gold, **161** Gold, **162** Gold,

163 vergoldetes Silber, Gold, Silber, **164** Silber, **165** Silber, **166** Silber, **167** Silber, Kupfer, **168** Silber, Kupfer, **169** Silber, **170** Silber, **171** Silber, **172** Silber, **173** Silber, **174** Silber, **175** Silber, **187** Seide, **Falscher Ansatz 22** silberne Becher, Deckel, **28** Silber

Karat: *Gewichtseinheit für Edelmetalle, Untereinheit von Mark*
Text vor 155 Gold; **159** Gold, **160** Gold, **161** Gold, **162** Gold, **163** Gold

Quent: *Untereinheit von Lot*
Text vor 79; 89 Safran, **103** Wachs, **Text vor 155** Silber; **155** Silber, **156** Silber, **157** Silber, **158** Silber, **161** Gold, **162** Gold, **163** vergoldetes Silber, Gold, Silber, **164** Silber, **165** Silber, **166** Silber, **167** Silber, **172** Silber, **174** Silber, **187** Seide

Gran: *Gewichtseinheit für Edelmetalle, Untereinheit von Karat*
Text vor 155 Gold; **161** Gold, **162** Gold, **163** Gold

Pfenniggewicht: *Untereinheit von Quent*
Text vor 79; 103 Wachs, **Text vor 155** Silber; **157** Silber, **158** Silber, **162** Gold, **163** Gold, Silber, **164** Silber, **165** Silber, **174** Silber

Grän: *Gewichtseinheit für Edelmetalle, Untereinheit von Gran*
Text vor 155 Gold

Hellergewicht: *Untereinheit von Pfenniggewicht*
Text vor 79; 103 Wachs, **Text vor 155** Silber; **162** Gold, **165** Silber, **174** Silber

1 Zentner = 100 Pfund: *entsprechend dem karolingischen centenarius librarum*
87 Pfeffer, **92** Mandeln, **93** Baumwolle, **94** Schafwolle, **95** Lorbeer, **96** Weinstein, **97** Alaun, **98** Feigen, **99** Unschlitt, **100** Öl, **101** Honig, **102** Seife, **131** Messing, **132** Draht, **133** Unschlitt, **139** Wachs, **140** Schweinefett, **144** Reis, **145** Schwefel

1 Zentner = 100 Pfund, 1 Pfund = 32 Lot, 1 Lot = 4 Quent, 1 Quent = 4 Pfenniggewicht, 1 Pfenniggewicht = 2 Hellergewicht: *Die Gewichtseinheit »Unze« (= 2 Lot) kommt bei Ries nicht vor.*
1 Quent oder Quint war, wie die Bezeichnung verrät, ursprünglich wohl der 5. Teil eines Lots.
Text vor 79; 103 Wachs

1 Zentner = 102 Pfund:
19

1 Zentner = 110 Pfund:
17, 18, 44, 45, 47 Wachs, **48, 49, 52**

1 Zentner = 5 Stein, 1 Stein = 22 Pfund:
20, 77 Wachs

1 Zentner = 110 Pfund, 1 Pfund = 32 Lot:
67 Zwiebelsamen, **68**

1 Zentner = 112 Pfund:
16, 36, 42 rote Farbe

1 Zentner = 5 Stein 7 Pfund, 1 Stein = 21 Pfund:
21

1 Zentner = 6 Stein, 1 Stein = 20 Pfund:
141 Seife

1 Stein = 22 Pfund:
43 Unschlitt, **46, 71, 186** Ingwer

1 Pfund = 32 Lot:
37 Safran, **72, 88** Ingwer, **90** Safran, **91** Kalmus, **137** Safran, Nelken, Ingwer

1 Pfund = 32 Lot, 1 Lot = 4 Quent:
89 Safran, **187** Seide

1 Mark = 16 Lot:
160 Gold, **167** Kupfer, **168** Silber, **169** Silber, **170** Silber, **171** Silber, **173** Silber, **175** Silber, **Falscher Ansatz 28** Silber

1 Mark = 16 Lot, 1 Lot = 4 Quent:
155 Silber, **156** Silber, **161** Gold, **163** vergoldetes Silber, **166** Silber, **167** Silber, **172** Silber

1 Mark = 16 Lot, 1 Lot = 4 Quent, 1 Quent = 4 Pfenniggewicht:
157 Silber, **158** Silber, **163** Silber, **164** Silber

1 Mark = 16 Lot, 1 Lot = 4 Quent, 1 Quent = 4 Pfenniggewicht, 1 Pfenniggewicht = 2 Hellergewicht:
Text vor 155 Silber; **162** Gold, **165** Silber, **174** Silber

1 Mark = 24 Karat:
160 Gold

1 Mark = 24 Karat, 1 Karat = 4 Gran:
162 Gold, **163** Gold

1 Mark = 24 Karat, 1 Karat = 4 Gran, 1 Gran = 3 Grän: *Das alte französische Probiergewicht für Silber hatte noch die Einteilung 1 marc = 288 grains.*
Text vor 155 Gold

1 Lot = $1\frac{1}{2}$ Karat = 4 Quent, 1 Quent = 4 Pfenniggewicht:
163 Gold

1 Karat = 4 Gran:
161 Gold

Nürnberger Zentner:
121 Nelken, **123** Zinn, **124** Pfeffer, **125** Wachs, **126** Pfeffer

Pfund: *Untereinheit von Nürnberger Zentner*
121 Nelken, **122** Safran, **124** Pfeffer, **125** Wachs, **126** Pfeffer, **146, 179** Pfeffer, Tara

1 Nürnberger Zentner = 100 Pfund:
121 Nelken, **124** Pfeffer, **125** Wachs, **126** Pfeffer

Krakauer Zentner:
134 Wachs

Stein: *Untereinheit von Krakauer Zentner*
134 Wachs

Pfund: *Untereinheit von Stein*
134 Wachs

1 Krakauer Zentner = 5 Stein, 1 Stein = 26 Pfund:
134 Wachs

Breslauer Zentner:
125 Wachs, **135** Wachs, **136** Öl

Stein: *Untereinheit von Breslauer Zentner*
125 Wachs, **126** Pfeffer, **135** Wachs, **136** Öl

Pfund: *Untereinheit von Stein*
125 Wachs, **126** Pfeffer, **135** Wachs, **136** Öl

1 Breslauer Zentner = $5\frac{1}{2}$ Stein, 1 Stein = 24 Pfund:
125 Wachs, **135** Wachs, **136** Öl

1 Stein = 24 Pfund:
126 Pfeffer

Egerer Zentner:
123 Zinn

Leipziger Pfund:
124 Pfeffer, **179** Pfeffer

Lot: *Untereinheit von Leipziger Pfund*
179 Pfeffer

1 Leipziger Pfund = 32 Lot:
179 Pfeffer

Kölner Pfund:
146

Pfund von Padua:
146

Venezianisches Pfund:
121 Nelken, **122** Safran, **146**

1 Nürnberger Zentner = $\frac{3}{4}$ Egerer Zentner:
123 Zinn

100 Nürnberger Pfund = 73 Kölner Pfund:
146

100 Nürnberger Pfund = 110 Leipziger Pfund:
124 Pfeffer, **179** Pfeffer

100 Nürnberger Pfund = 128 Breslauer Pfund:
125 Wachs, **126** Pfeffer

100 Nürnberger Pfund = $166\frac{2}{3}$ Venezianische Pfund:
121 Nelken, **122** Safran, **146**

100 Nürnberger Pfund = $233\frac{1}{3}$ Pfund von Padua:
146

3. Feingewichte

Feinsilber hat 16 Lot, Feingold hat 24 Karat.

1 Mark = 2 Quent $1\frac{13}{48}$ Pfenniggewicht:
163 Gold

1 Mark = 4 Lot 2 Quent:
172 Silber

1 Mark = 6 Lot 3 Quent:
166 Silber, **167** Silber

1 Mark = 7 Lot:
168 Silber

1 Mark = 7 Lot 3 Quent:
164 Silber

1 Mark = 7 Lot 3 Quent 1 Pfenniggewicht:
158 Silber

1 Mark = 7 Lot 3 Quent 3 Pfenniggewicht $1\frac{129}{385}$ Hellergewicht:
174 Silber

1 Mark = $8\frac{8}{25}$ Lot:
175 Silber

1 Mark = 8 Lot 2 Quent:
164 Silber

1 Mark = $8\frac{72}{119}$ Lot:
173 Silber

1 Mark = 9 Lot:
165 Silber, **168** Silber, **169** Silber

1 Mark = 9 Lot 1 Quent:
166 Silber

1 Mark = 9 Lot 3 Quent:
157 Silber

1 Mark = 9 Lot 3 Quent $2\frac{8}{233}$ Pfenniggewicht:
164 Silber

1 Mark = 10 Lot:
168 Silber, **171** Silber, **Falscher Ansatz 28** Silber

1 Mark = 10 Lot 3 Quent $2\frac{35}{48}$ Pfenniggewicht:
163 Silber

1 Mark = 11 Lot:
165 Silber

1 Mark = 12 Lot 1 Quent:
167 Silber

1 Mark = $12\frac{1}{2}$ Lot:
Falscher Ansatz 28 Silber

1 Mark = 12 Lot 3 Quent:
164 Silber

$\frac{1}{8}$

1 Mark = 13 Lot:
Falscher Ansatz 28 Silber

1 Mark = $13\frac{1}{2}$ Lot:
Falscher Ansatz 28 Silber

1 Mark = 14 Lot:
168 Silber, **170** Silber

1 Mark = 15 Lot:
Falscher Ansatz 28 Silber

1 Mark = 16 Karat:
160 Gold

1 Mark = 17 Karat:
159 Gold

1 Mark = 18 Karat 3 Gran:
161 Gold

1 Mark = 22 Karat 1 Gran:
163 Gold

1 Mark = 22 Karat 3 Gran:
162 Gold

4. Längenmaße (ggf. mit Warenangaben)

Die Begriffe »Tuch«, »Damast«, »Barchent« (aus Leinen und Baumwolle dicht gewirkter starker Stoff), »Harrass« (ein leichtes Wollgewebe), »Satin« (feiner Woll- oder Seidenstoff) und »Zwillich« (grobes Leinentuch) dienen auch als Längenmaße mit der Untereinheit »Elle«.

Meile:
147, 148

Harrass:
65

Tuch:
Text vor 16; 22, 23, 34, 35, 53, 54, 61, 69

Zwillich:
63

Satin:
64

Barchent:
62

Damast:
66

Elle:
1 Tuch, **2, 12** Leinwand, **14** Tuch, **Text vor 16; 22, 23, 34, 35, 50** Tuch, **51** Tuch, **53, 54, 55** Leinwand, **61, 62, 63, 64, 65, 66, 69, 106** Samt, **107** Samt, **108** Tuch, **143** Tuch, Futtertuch, **152** rotes Tuch, schwarzes Tuch, grünes Tuch, **190** Tuch, **Falscher Ansatz 3** Tuch, **23** Tuch, **Schneckenaufgabe 8**

Viertelelle:
69, 143 Tuch, Futtertuch

1 Harrass = 48 Ellen:
65

1 Tuch = 39 Ellen:
23

1 Tuch = 36 Ellen:
22, 34, 35, 53, 54, 61, 69

1 Zwillich = 32 Ellen:
63

1 Satin = 24 Ellen:
64

1 Barchent = 22 Ellen:
62

1 Damast = $16\frac{1}{2}$ Ellen:
66

5. Hohlmaße (ggf. mit Warenangaben)

Fuder:
6 Wein, **Text vor 16; 27** Wein, **184** Wein, **185** Wein, **Falscher Ansatz 24** Wein

Eimer:
10 Wein, **Text vor 16; 24** Wein, **25, 26** Wein, **27** Wein, **40** Wein, **41, 70** Wein

Viertel:
24 Wein, **25, 26** Wein, **27** Wein, **40** Wein, **41, 70** Wein

1 Fuder = 12 Eimer, 1 Eimer = 64 Viertel:
27 Wein

1 Eimer = 64 Viertel:
26 Wein, **41, 70** Wein

1 Eimer = 72 Viertel:
24 Wein, **25, 40** Wein

Malter:
28 Korn, **29, 30, 31**

Scheffel:
28 Korn, **29, 30, 31, 76** Hafer

1 Malter = 16 Scheffel:
28 Korn, **29, 30, 31**

6. Handelsübliche Lieferformen für bestimmte Waren (ggf. mit Angaben über die Taren)

(N: Der Prozentsatz der Tara bezieht sich auf das Nettogewicht.)

Posten:
164 Silber

Stumpf:
89 Safran; **90** Safran: Tara 9 Lot pro 38 Pfund 16 Lot $\triangleq \frac{225}{308}\%$ $\approx 0{,}73\%$

Bund:
76 Heu, Stroh

Korb:
98 Feigen: Tara 14 Pfund pro Korb

Kübel:
7 Waid, **13** Waid; **154** Butter: Tara $29\frac{1}{3}$ Pfund bei 3 Kübeln

Sack:

91 Kalmus: Tara 2 Pfund 16 Lot pro 48 Pfund 24 Lot ≙ 5 % ≈ 5,13%; **92** Mandeln; **93** Baumwolle: Tara 37 Pfund pro 9 Zentner 40 Pfund ≙ $3\frac{44}{47}$% ≈ 3,94%; **94** Schafwolle: Tara 21 Pfund pro 7 Zentner 44 Pfund ≙ $2\frac{51}{62}$% ≈ 2,82%; **95** Lorbeer, **121** Nelken; **124** Pfeffer: Tara $12\frac{1}{2}$ Pfund pro 4 Zentner 48 Pfund ≙ $2\frac{177}{224}$% ≈ 2,79%; **179** Pfeffer: Tara $2\frac{1}{2}$ Pfund pro 204 Pfund ≙ $1\frac{23}{102}$% ≈ 1,23%

Scheibe:

77 Wachs, **134** Wachs, **135** Wachs, **139** Wachs

Fässchen:

100 Öl: Tara (N) 11 Pfund pro Zentner ≙ 11%; **136** Öl: Tara (N) 12 Pfund pro 1 Zentner (= 132 Pfund) ≙ $9\frac{1}{11}$% ≈ 9,09%; **102** Seife: Tara (N) 10 Pfund pro Zentner ≙ 10%

Fass:

96 Weinstein: Tara 21 Pfund pro 3 Zentner 68 Pfund ≙ $5\frac{65}{92}$% ≈ 5,71%; **97** Alaun: Tara 23 Pfund pro 3 Zentner $75\frac{1}{2}$ Pfund ≙ $6\frac{94}{751}$% ≈ 6,13%; **99** Unschlitt: Tara 21 Pfund pro Fass; **140** Schweinefett, **141** Seife

Tonne:

38 Hering, **178** Hering, **101** Honig: Tara (N) 12 Pfund pro Zentner ≙ 12%

Auch der Scheidelohn in Nr. 163 wird im Originaltext als Tara bezeichnet:

163 vergoldetes Silber: Tara 6 Schilling pro 8 Gulden 18 Schilling $7\frac{159}{512}$ Heller ≙ $3\frac{15771}{43895}$% ≈ 3,36%

7. Stückmaße mit Warenangaben

Stück:

55 Leinwand, **158** Silber, **160** Gold, **161** Gold, **168** Silber, **187** Samt, **Zechrechnung 3** Vieh

Decher (= 10 Stück):

60 Messer

12 (Stück):

58 Leder

Zimmer (= 40 Stück):

127 Zobel

Schock (= 60 Stück):
38 Heringe, **56** Hühner

100 (Stück):
59 Kalbfell, **78** Ochsen, **127** Wieselfell, Hermelinfell

1000 (Stück):
127 feine Lederarbeiten

Saum (= 22 Tuch):
120 Gewand

8. Zeitspannen mit Bezugsangaben

Jahr:
57 Knechtslohn, **76** Pferdefutter, **149** Zinsen, **151** Zinsen, **Falscher Ansatz 2** Alter, **9** Alter

Vierteljahr:
Text vor 151 Zinsen

Monat:
150 Zinsen, **177** Geschäftsbeteiligung, **183** Geschäftsbeteiligung, **184** Geschäftsbeteiligung

Woche:
57 Knechtslohn, **74** Arbeiterlohn, **76** Pferdefutter, **151** Zinsen

Tag:
73 Arbeiterlohn, **74** Arbeiterlohn, **Falscher Ansatz 10** Arbeiterlohn, **31** Kaufmannsreise, **34** Uhrzeit, **Schneckenaufgabe 8** Schneckengang

Stunde:
Falscher Ansatz 34 Uhrzeit

1 Jahr = 12 Monate:
150 Zinsen

1 Jahr = 52 Wochen:
57 Knechtslohn, **76** Pferdefutter, **151** Zinsen

1 Woche = 7 Tage:
74 Arbeiterlohn

1 Tag = 15 Stunden (*Arbeitstag*):
Falscher Ansatz 34 Uhrzeit

9. Waren und Preise

Die Preise werden zu allen Größeneinheiten angegeben, die in der betreffenden Aufgabe vorkommen. In vielen Fällen ergeben sich die Preise erst indirekt durch Rechnung.

9.1 Preise von Inlandswaren

(Lebensmittel, landwirtschaftliche Produkte, Vieh, Fisch, Hilfsmittel für pharmazeutische und technische Zwecke)

Wein: *offenbar von sehr unterschiedlicher Qualität*

6, 10, 24, 25, 26, 27, 40, 41, 70, 184, 185, Falscher Ansatz 24

6: 1 Fuder – 29 Gulden; **10:** 1 Eimer – 17 Groschen; **24:** 1 Eimer – 2 Gulden 6 Groschen, 1 Viertel – 8 Pfennig; **25:** 1 Eimer – 2 Gulden 12 Groschen, 1 Viertel – 9 Pfennig; **26:** 1 Eimer – 4 Gulden 1 Groschen 4 Pfennig, 1 Viertel – 1 Groschen 4 Pfennig; **27:** 1 Fuder – 67 Gulden 1 Groschen, 1 Eimer – 5 Gulden 12 Groschen 4 Pfennig, 1 Viertel – 1 Groschen 10 Pfennig; **40:** 1 Eimer – 2 Gulden 7 Groschen, 1 Viertel – 8 Pfennig $\frac{1}{3}$ Heller; **41:** 1 Eimer – 3 Gulden 7 Groschen, 1 Viertel – 1 Groschen 1 Pfennig $\frac{1}{4}$ Heller; **70:** 1 Eimer – 3 Gulden 16 Groschen, 1 Viertel – 1 $\frac{15}{64}$ Groschen; **184:** 1 Fuder – 11 $\frac{11}{34}$ Gulden; **185:** 1 Fuder – 25 $\frac{4}{5}$ Gulden; **Falscher Ansatz 24:** 1 Fuder – 51 $\frac{3}{7}$ Gulden

Öl:

100, 136

100: 1 Zentner – 7 Gulden 7 Schilling 6 Heller, 1 Pfund – 1 Schilling 5 $\frac{7}{10}$ Heller; **136:** 1 Zentner – 9 Mark 12 Groschen, 1 Stein – 1 Mark 32 Groschen 5 $\frac{1}{11}$ Pfennig, 1 Pfund – 3 Groschen 2 $\frac{6}{11}$ Pfennig

Unschlitt: *Rindertalg, verwendet in der Gerberei, zur Kerzen- und zur Seifenproduktion*

43, 99, 133

43: 1 Stein – 17 Groschen 9 Pfennig, 1 Pfund – 9 Pfennig 1 $\frac{4}{11}$ Heller;

99: 1 Zentner – 2 Gulden 12 Schilling 6 Heller, 1 Pfund – 6 $\frac{3}{10}$ Heller;

133: 1 Zentner – 3 Gulden 5 Pfund 27 Pfennig, 1 Pfund – 7 $\frac{11}{100}$ Pfennig

Schweinefett:

140

140: 1 Zentner – 3 Gulden 5 Pfund 27 Pfennig, 1 Pfund – 7 $\frac{11}{100}$ Pfennig

Seife:

102, 141

102: 1 Zentner – 6 Gulden 11 Groschen 6 Pfennig, 1 Pfund – $16\frac{1}{2}$ Pfennig;

141: 1 Zentner – 4 Ungarische Gulden 18 Groschen, 1 Stein – 35 Ungarische Groschen, 1 Pfund – 1 Ungarischer Groschen $5\frac{1}{4}$ Pfennig

Wachs: *Die Preise schwanken nur geringfügig.*

4, 8, 47, 77, 103, 125, 134, 135, 138, 139, 186

4: 1 Zentner – 18 Gulden; **8:** 1 Pfund – 5 Groschen; **47:** 1 Zentner – 17 Gulden 13 Groschen 1 Pfennig 1 Heller, 1 Pfund – 3 Groschen 4 Pfennig $\frac{83}{110}$ Heller; **77:** 1 Zentner – 14 Gulden 18 Groschen 4 Pfennig 1 Heller; **103:** 1 Zentner – $15\frac{3}{4}$ Gulden / $16\frac{341}{400}$ Gulden, 1 Pfund – $\frac{63}{400}$ Gulden / $\frac{6741}{40000}$ Gulden, 1 Lot – $\frac{63}{12800}$ Gulden / $\frac{6741}{1280000}$ Gulden, 1 Quent – $\frac{63}{51200}$ Gulden / $\frac{6741}{5120000}$ Gulden, 1 Pfenniggewicht – $\frac{63}{204800}$ Gulden / $\frac{6741}{20480000}$ Gulden, 1 Hellergewicht – $\frac{63}{409600}$ Gulden / $\frac{6741}{40960000}$ Gulden (Einkaufspreise / Verkaufspreise); **125:** 1 Stein – $2\frac{3}{8}$ Ungarische Gulden = 3 Rheinische Gulden 2 Schilling $11\frac{1}{4}$ Heller, 1 Pfund – $\frac{19}{192}$ Ungarische Gulden = 2 Schilling $7\frac{15}{32}$ Heller, 1 Breslauer Zentner – $13\frac{1}{16}$ Ungarische Gulden = 17 Gulden 6 Schilling $1\frac{7}{8}$ Heller, 1 Nürnberger Zentner (mit Fuhrlohn und Gewinn) – $15\frac{5}{53}$ Ungarische Gulden $4\frac{243}{275}$ Rheinische Heller = 20 Rheinische Gulden $4\frac{243}{275}$ Heller; **134:** 1 Zentner – 11 Gulden 3 Groschen $13\frac{1}{2}$ Heller, 1 Stein – 2 Gulden 6 Groschen $13\frac{1}{2}$ Heller, 1 Pfund – 2 Groschen $10\frac{11}{52}$ Heller; **135:** 1 Zentner – 18 Ungarische Gulden 33 Groschen 9 Heller, 1 Stein – 3 Ungarische Gulden 22 Groschen 6 Heller, 1 Pfund – 8 Groschen $5\frac{1}{4}$ Heller; **138:** 1 Zentner – 14 Gulden; **139:** 1 Zentner – 16 Gulden 1 Pfund $1\frac{1}{2}$ Pfennig, 1 Pfund – 1 Pfund $10\frac{127}{200}$ Pfennig; **186:** 1 Stein – $1\frac{7}{8}$ Gulden (= 1 Gulden $17\frac{1}{2}$ Schilling) / $2\frac{1}{4}$ Gulden (= 2 Gulden 5 Schilling), 1 Pfund – $\frac{15}{176}$ Gulden (= $1\frac{31}{44}$ Schilling) / $\frac{9}{88}$ Gulden (= $2\frac{1}{22}$ Schilling) (Preise in bar / beim Tausch)

Honig:

101

101: 1 Zentner – 10 Gulden 14 Schilling $3\frac{3}{7}$ Heller, 1 Pfund – 2 Schilling $1\frac{5}{7}$ Heller

Zwiebelsamen:

67

67: 1 Zentner – 16 Gulden

Ei:

Falscher Ansatz 20

Falscher Ansatz 20: 1 Ei – $1\frac{1}{6}$ Pfennig

Butter:

154

154: 1 Pfund – 7 Pfennig 1 Heller

Brot (Pfennigbrot):

142

142: 1 Lot – $\frac{1}{34}$ Pfennig vor / $\frac{1}{28}$ Pfennig nach der Teuerung

Korn: *starke Preisschwankungen, je nach Ausfall der Ernte*

28, 29, 30, 31, 142

28: 1 Malter – 1 Gulden 17 Groschen 8 Pfennig, 1 Scheffel – 2 Groschen 5 Pfennig; **29:** 1 Malter – 2 Gulden 12 Groschen, 1 Scheffel – 3 Groschen 4 Pfennig 1 Heller; **30:** 1 Malter – 2 Gulden 15 Groschen 4 Pfennig, 1 Scheffel – 3 Groschen 7 Pfennig; **31:** 1 Malter – 4 Gulden 18 Groschen 8 Pfennig, 1 Scheffel – 6 Groschen 5 Pfennig; **142:** Unbestimmte Menge – 14 Groschen vor / 17 Groschen nach der Teuerung

Hafer:

76

76: 1 Scheffel – 2 Groschen

Stroh:

76

76: 1 Bund – $\frac{1}{5}$ Groschen

Heu:

76

76: 1 Bund – $\frac{3}{40}$ Groschen

Waid: *Pflanze zum Färben – mit indigoartigem Farbstoff*

7, 13

7: 1 Kübel – 11 Gulden; **13:** 1 Kübel – 9 Gulden 17 Groschen

Rote Farbe:

42

42: 1 Zentner – 6 Gulden 5 Groschen 3 Pfennig

Huhn:

56

56: 1 Huhn – 14 Pfennig / 15 Pfennig

Schwein:
Zechrechnung 3
Zechrechnung 3: 1 Schwein – $1\frac{1}{2}$ Gulden

Ziege:
Zechrechnung 3
Zechrechnung 3: 1 Ziege – $\frac{1}{4}$ Gulden

Kalb: *(auffällig: 1 Schwein ist dreimal so teuer.)*
Zechrechnung 3
Zechrechnung 3: 1 Kalb – $\frac{1}{2}$ Gulden

Ochse:
78, Zechrechnung 3
78: 1 Ochse – 3 Gulden 18 Groschen 4 Pfennig 1 Heller;
Zechrechnung 3: 1 Ochse – 4 Gulden

Pferd:
32, Falscher Ansatz 13
32: 1 Pferd – 13 Gulden; **Falscher Ansatz 13:** 1 Pferd – 15 Gulden

Hering:
38, 178
38: 1 Hering – 2 Pfennig 1 Heller; **178:** 1 Hering – $1\frac{59}{130}$ Heller (Goldwährung)

Fisch:
Falscher Ansatz 8
Falscher Ansatz 8: Unbestimmte Menge – $19\frac{1}{5}$ Gulden

Kalmus: *Kalmusöl wird aus der Wurzel der Kalmusstaude gewonnen und dient zur Herstellung von Likören sowie zu pharmazeutischen Zwecken.*
91
91: 1 Pfund – 13 Schilling 6 Heller, 1 Lot – $5\frac{1}{16}$ Heller

Schwefel: *dient zur Schwarzpulverherstellung; wird auch für Malerfarben verwendet*
145
145: 1 Zentner – 8 Ungarische Gulden 18 Groschen, 1 Pfund – 2 Ungarische Groschen $4\frac{2}{25}$ Pfennig

Alaun: *ein Doppelsulfat: Beizmittel in der Gerberei und Färberei, Leimmittel in der Papierfabrikation*
97
97: 1 Zentner – 13 Gulden $10\frac{10}{23}$ Heller, 1 Pfund – 2 Schilling $7\frac{7}{23}$ Heller

Weinstein: *ein Salz der Weinsäure: für Backpulver und Arzneimittel*
96
96: 1 Zentner – 9 Gulden 13 Schilling, 1 Pfund – 1 Schilling 11 $\frac{4}{25}$ Heller

9.2 *Preise von Auslandswaren*
(Landwirtschaftliche Produkte, Obst, Gewürze)

Reis:
144
144: 1 Zentner – 6 Gulden 12 Schilling 6 Heller, 1 Pfund – 1 Schilling 3 $\frac{9}{10}$ Heller

Mandeln:
92
92: 1 Zentner – 7 Gulden 12 Schilling 6 Heller, 1 Pfund – 1 Schilling 6 $\frac{3}{10}$ Heller

Feigen:
11, 98, Falscher Ansatz 33
11: 1 Pfund – 8 Pfennig; **98:** 1 Zentner – 5 Gulden 15 Schilling, 1 Pfund – 1 Schilling 1 $\frac{4}{5}$ Heller; **Falscher Ansatz 33:** 1 Pfund – $\frac{1}{8}$ Gulden

Rosinen:
Falscher Ansatz 33
Falscher Ansatz 33: 1 Pfund – $\frac{1}{5}$ Gulden

Pfeffer: *Die Preise schwanken z. T. erheblich.*
87, 124, 126, 130, 179
87: 1 Zentner – 35 Gulden, 1 Pfund – 7 Schilling; **124:** 1 Nürnberger Zentner – 45 Gulden / 49 Gulden 15 $\frac{5}{21}$ Schilling = 49 Gulden 16 Groschen (Einkaufspreis / Verkaufspreis), 1 Nürnberger Pfund – 9 Schilling / 9 $\frac{20}{21}$ Schilling = 10 Groschen 5 $\frac{2}{5}$ Pfennig (Einkaufspreis / Verkaufspreis), 1 Leipziger Zentner – 45 Gulden 4 $\frac{16}{21}$ Schilling = 45 Gulden 5 Groschen, 1 Leipziger Pfund – 9 $\frac{1}{21}$ Schilling = 9 Groschen 6 Pfennig; **126:** 1 Nürnberger Zentner – 42 Gulden 1 Schilling 8 Heller, 1 Nürnberger Pfund – 8 Schilling 5 Heller, 1 Breslauer Stein – 6 Ungarische Gulden 9 Groschen 7 $\frac{61}{80}$ Heller = 8 Rheinische Gulden 3 Schilling $\frac{3}{4}$ Heller, 1 Breslauer Pfund – 21 Ungarische Groschen 4 $\frac{527}{640}$ Heller = 6 Schilling 9 $\frac{17}{32}$ Heller; **130:** 1 Pfund – 17 Schilling 4 $\frac{2}{3}$ Heller / 19 Schilling 5 $\frac{53}{75}$ Heller (Einkaufspreis / Verkaufspreis); **179:** 1 Nürnberger Pfund – 6 Schilling 9 Heller, 1 Lot – 2 $\frac{17}{32}$ Heller; Leipziger Gewicht mit Fuhrlohn: 1 Pfund – 6 Groschen 8 Pfennig $\frac{1423}{4433}$ Heller, 1 Lot – 2 Pfennig 1 $\frac{1423}{141856}$ Heller

Ingwer: *Die Preise schwanken erheblich.*

88, 104, 129, 130, 137, Falscher Ansatz 21

88: 1 Pfund – 13 Schilling, 1 Lot – $4\frac{7}{8}$ Heller; **104:** 1 Pfund – 10 Schilling $7\frac{7}{9}$ Heller / 11 Schilling 6 Heller (Einkaufspreis / Verkaufspreis); **129:** 1 Pfund – 1 Gulden 5 Schilling / 1 Gulden 6 Schilling 9 Heller (Einkaufspreis / Verkaufspreis); **130:** 1 Pfund – 17 Schilling $5\frac{3}{5}$ Heller / 19 Schilling $6\frac{94}{125}$ Heller (Einkaufspreis / Verkaufspreis); **137:** 1 Pfund – 8 Schilling, 1 Lot – $\frac{1}{4}$ Schilling; **Falscher Ansatz 21:** 1 Pfund – $\frac{1}{2}$ Gulden

Safran: *Die Preise schwanken z. T. erheblich.*

37, 89, 90, 105, 122, 129, 130, 137, Falscher Ansatz 21

37: 1 Pfund – 3 Gulden 9 Groschen, 1 Lot – 2 Groschen 3 Pfennig; **89:** 1 Pfund – 3 Gulden 9 Schilling 6 Heller, 1 Lot – 2 Schilling $2\frac{1}{16}$ Heller; **90:** 1 Pfund – 2 Gulden 7 Schilling $8\frac{8}{11}$ Heller, 1 Lot – 1 Schilling $5\frac{79}{88}$ Heller; **105:** 1 Pfund – 3 Gulden 7 Schilling 6 Heller / 2 Gulden 17 Schilling $7\frac{7}{8}$ Heller (Einkaufspreis / Verkaufspreis); **122:** 1 Venezianisches Pfund – $2\frac{1}{3}$ Dukaten = 3 Gulden 2 Schilling $6\frac{2}{5}$ Heller / $2\frac{1}{67}$ Dukaten = 2 Gulden 14 Schilling (Einkaufspreis / Verkaufspreis), 1 Nürnberger Pfund – 4 Gulden 10 Schilling = $3\frac{24}{67}$ Dukaten; **129:** 1 Pfund – 3 Gulden 10 Schilling / 3 Gulden 14 Schilling $10\frac{4}{5}$ Heller (Einkaufspreis / Verkaufspreis); **130:** 1 Pfund – 2 Gulden 12 Schilling 2 Heller / 2 Gulden 18 Schilling $5\frac{3}{25}$ Heller (Einkaufspreis / Verkaufspreis); **137:** 1 Pfund – 4 Gulden 5 Schilling, 1 Lot – $2\frac{21}{32}$ Schilling; **Falscher Ansatz 21:** 1 Pfund – 3 Gulden

Nelken: *Die Preise sind ziemlich konstant.*

121, 129, 137

121: 1 Venezianischer Zentner hochwertige Ware – 45 Gulden, 1 Venezianisches Pfund hochwertige Ware – 9 Schilling, 1 Nürnberger Zentner hochwertige Ware – 80 Gulden, 1 Nürnberger Pfund hochwertige Ware – 16 Schilling, 1 Nürnberger Zentner minderwertige Ware – 20 Gulden, 1 Nürnberger Pfund minderwertige Ware – 4 Schilling, 1 Nürnberger Zentner mit 15% minderwertiger Ware – 71 Gulden, 1 Nürnberger Pfund mit 15% minderwertiger Ware – 14 Schilling $2\frac{2}{5}$ Heller; **129:** 1 Pfund – 16 Schilling / 17 Schilling $1\frac{11}{25}$ Heller (Einkaufspreis / Verkaufspreis); **137:** 1 Pfund – 17 Schilling, 1 Lot – $\frac{17}{32}$ Schilling

Lorbeer:

95

95: 1 Zentner – 10 Gulden 7 Schilling 6 Heller, 1 Pfund – 2 Schilling $\frac{9}{10}$ Heller

9.3 Wolle, Textilien, Leder und Felle

Wolle: *Die Preise schwanken nur mäßig.*

15, 128, 138, 190

15: 1 Pfund – 1 Groschen 9 Pfennig 1 Heller; **128:** 1 Zentner – 7 Gulden, 7 Gulden 10 Groschen 6 Pfennig, 8 Gulden, 9 Gulden 10 Groschen 6 Pfennig (Einkaufspreise) / 8 Gulden 7 Groschen $11\frac{199}{295}$ Pfennig (Verkaufspreis); **138:** 1 Zentner – 7 Gulden; **190:** 1 Zentner – 7 Gulden in bar, 10 Gulden beim Tausch

Baumwolle:

93

93: 1 Zentner – 17 Gulden 17 Schilling 6 Heller, 1 Pfund – 3 Schilling $6\frac{9}{10}$ Heller

Schafwolle:

94

94: 1 Zentner – 6 Gulden 9 Schilling 8 Heller, 1 Pfund – 1 Schilling $3\frac{14}{25}$ Heller

Tuch: *von offenbar sehr unterschiedlicher Qualität*

1, 14, 50, 51, 108, 190, Falscher Ansatz 3, 23

1: 1 Elle – 18 Groschen $4\frac{1}{2}$ Pfennig; **14:** 1 Elle – 8 Groschen 7 Pfennig; **50, 51:** 1 Elle – 6 Groschen 5 Pfennig $\frac{2}{3}$ Heller; **108:** 1 Elle – 1 Gulden 5 Schilling / 1 Gulden $11\frac{3}{7}$ Schilling (Einkaufspreis / Verkaufspreis); **190:** 1 Elle – $\frac{1}{3}$ Gulden in bar, $\frac{5}{12}$ Gulden beim Tausch; **Falscher Ansatz 3:** 1 Elle – $1\frac{1}{4}$ Gulden = 1 Gulden 6 Groschen 9 Pfennig; **Falscher Ansatz 23:** 1 Elle – $\frac{2}{3}$ Gulden / $\frac{3}{4}$ Gulden (Einkaufspreis / Verkaufspreis)

Rotes Tuch:

152

152: 1 Elle – 6 Schilling 8 Heller

Schwarzes Tuch:

152

152: 1 Elle – 5 Schilling

Grünes Tuch:

152

152: 1 Elle – 4 Schilling

Gewand:

120

120: 1 Saum – 297 Rheinische Gulden = 217 Ungarische Gulden 1 Rheinischer Gulden 6 Schilling 9 Heller, 1 Tuch – 13 Rheinische Gulden 10 Schilling = 9 Ungarische Gulden 1 Rheinischer Gulden

4 Schilling 9 Heller (Einkaufspreise) / 1 Saum – 385 Rheinische Gulden 18 Schilling $6\frac{3}{4}$ Heller = 283 Ungarische Gulden 6 Schilling $9\frac{3}{4}$ Heller, 1 Tuch – 17 Rheinische Gulden 10 Schilling $10\frac{1}{8}$ Heller = 12 Ungarische Gulden 1 Rheinischer Gulden 3 Schilling $10\frac{1}{8}$ Heller (Verkaufspreise)

Leinwand: *stark schwankende Preise*
12, 55
12: 1 Elle – 9 Pfennig; **55:** 1 Elle – 1 Groschen 9 Pfennig $1\frac{5}{16}$ Heller

Zwillich: *grobes Leinentuch*
63
63: 1 Elle – 1 Groschen 2 Pfennig $1\frac{17}{32}$ Heller

Harrass: *ein leichtes Wollgewebe; die Bezeichnung leitet sich von der französischen Stadt Arras ab.*
65
65: 1 Elle – 2 Groschen 4 Pfennig $1\frac{3}{4}$ Heller

Barchent: *ein aus Leinen und Baumwolle dicht gewirkter starker Stoff*
62
62: 1 Elle – 2 Groschen 6 Pfennig $\frac{3}{22}$ Heller

Satin: *ein feiner Woll- oder Seidenstoff*
64
64: 1 Elle – 5 Groschen 8 Pfennig $\frac{1}{2}$ Heller

Damast:
66
66: 1 Elle – 1 Gulden 1 Groschen 5 Pfennig $\frac{4}{11}$ Heller

Samt:
106, 107, 187
106: 1 Elle – 3 Gulden 9 Schilling / 3 Gulden 16 Schilling $7\frac{2}{25}$ Heller (Einkaufspreis / Verkaufspreis); **107:** 1 Elle – 4 Gulden / 4 Gulden 7 Schilling $10\frac{86}{91}$ Heller (Einkaufspreis / Verkaufspreis); **187:** 1 Stück – 18 Gulden 11 Groschen

Seide:
187
187: 1 Pfund – 2 Gulden 8 Groschen, 1 Lot – 1 Groschen $6\frac{3}{4}$ Pfennig, 1 Quent – $4\frac{11}{16}$ Pfennig

Leder:
58
58: 1 Stück – 13 Groschen 4 Pfennig 1 Heller

Feine Lederarbeit:

127

127: 1000 Stück – 58 Gulden 5 Schilling, 1 Stück – 1 Schilling $1\frac{49}{50}$ Heller

Kalbfell:

59

59: 100 Stück – 8 Gulden 7 Groschen 10 Pfennig 1 Heller, 1 Stück – 1 Groschen 9 Pfennig $\frac{21}{100}$ Heller

Wieselfell: *bei Ries »Lassitz« genannt*

127

127: 100 Stück – 5 Gulden 10 Schilling, 1 Stück – 1 Schilling $1\frac{1}{5}$ Heller

Hermelinbalg:

127

127: 100 Stück – 8 Gulden 12 Schilling 6 Heller, 1 Stück – 1 Schilling $8\frac{7}{10}$ Heller

Zobel: *die weitaus wertvollste Pelzart*

127

127: 1 Zimmer – 75 Gulden 12 Schilling 6 Heller, 1 Stück – 1 Gulden 17 Schilling $9\frac{3}{4}$ Heller

9.4 Metallwaren und Metalle

Draht:

132

132: 1 Zentner – $5\frac{2}{3}$ Gulden = 5 Gulden 5 Schilling 6 Pfennig, 1 Pfund – $13\frac{13}{50}$ Pfennig

Zinn: *Die Preise schwanken stark.*

5, 9, 123, 189

5: 1 Zentner – 14 Gulden; **9:** 1 Pfund – 3 Groschen; **123:** 1 Egerer Zentner – 16 Gulden 10 Schilling / 7 Gulden 15 Schilling $7\frac{1}{2}$ Heller (Einkaufspreis / Verkaufspreis), 1 Nürnberger Zentner – 22 Gulden / 10 Gulden 7 Schilling 6 Heller (Einkaufspreis / Verkaufspreis); **189:** 1 Zentner in bar – 17 Gulden, 1 Zentner beim Tausch – 20 Gulden

Blei:

189

189: 1 Zentner in bar – 3 Gulden, 1 Zentner beim Tausch – 4 Gulden

Messing:
131
131: 1 Zentner – $13\frac{4}{5}$ Gulden = 13 Gulden 6 Pfund $20\frac{4}{5}$ Pfennig, 1 Pfund – $\frac{69}{500}$ Gulden = 1 Pfund $4\frac{319}{500}$ Pfennig

Kupfer: *als Zusatz bei Edelmetall-Legierungen, insbesondere Silberlegierungen, ohne Berechnung*
167, 168

Feinsilber: *Die Preise sind ziemlich konstant.*
155, 156, 157, 158, 163, 169, 170, 171, 172, 173, 174, 175, 184
155: 1 Mark – 8 Gulden, 1 Lot – 10 Schilling, 1 Quent – 2 Schilling 6 Heller; **156:** 1 Mark – 8 Gulden 2 Schilling 6 Heller, 1 Lot – 10 Schilling $1\frac{7}{8}$ Heller, 1 Quent – 2 Schilling $6\frac{15}{32}$ Heller; **157:** 1 Mark – 8 Gulden 3 Schilling, 1 Lot – 10 Schilling $2\frac{1}{4}$ Heller, 1 Quent – 2 Schilling $6\frac{9}{16}$ Heller, 1 Pfenniggewicht – $7\frac{41}{64}$ Heller; **158:** 1 Mark – 7 Gulden 17 Schilling 6 Heller, 1 Lot – 9 Schilling $10\frac{1}{8}$ Heller, 1 Quent – 2 Schilling $5\frac{17}{32}$ Heller, 1 Pfenniggewicht – $7\frac{49}{128}$ Heller; **163:** 1 Mark – 8 Gulden 10 Schilling, 1 Lot – 10 Schilling $7\frac{1}{2}$ Heller, 1 Quent – 2 Schilling $7\frac{7}{8}$ Heller; **169:** 1 Mark – 8 Gulden $2\frac{2}{3}$ Groschen, 1 Lot – $10\frac{2}{3}$ Groschen; **170:** 1 Mark – $9\frac{1}{7}$ Gulden, 1 Lot – $\frac{4}{7}$ Gulden; **171:** 1 Mark – $8\frac{1}{4}$ Gulden, 1 Lot – $\frac{33}{64}$ Gulden; **172:** 1 Mark – $8\frac{8}{63}$ Gulden, 1 Lot – $\frac{32}{63}$ Gulden, 1 Quent – $\frac{8}{63}$ Gulden; **173:** 1 Mark – $8\frac{1}{2}$ Ungarische Gulden, 1 Lot – $\frac{17}{32}$ Ungarische Gulden; **174:** 1 Mark – $8\frac{1}{4}$ Ungarische Gulden, 1 Lot – $\frac{33}{64}$ Ungarische Gulden, 1 Quent – $\frac{33}{256}$ Ungarische Gulden, 1 Pfenniggewicht – $\frac{33}{1024}$ Ungarische Gulden, 1 Hellergewicht – $\frac{33}{2048}$ Ungarische Gulden; **175:** 1 Mark – $7\frac{1}{2}$ Gulden, 1 Lot – $\frac{15}{32}$ Gulden; **184:** 1 Mark – $8\frac{1}{20}$ Gulden

Silber unbestimmten Feingehalts:
Falscher Ansatz 27
Falscher Ansatz 27: 1 Mark – 2 Dukaten 13 Groschen = $2\frac{13}{30}$ Dukaten, 5 Dukaten 1 Groschen = $5\frac{1}{30}$ Dukaten, 22 Dukaten 23 Groschen = $22\frac{23}{30}$ Dukaten

Feingold: *Die Preise sind ziemlich konstant.*
159, 160, 161, 162, 163
159: 1 Mark – 82 Gulden 16 Schilling, 1 Lot – 5 Gulden $3\frac{1}{2}$ Schilling, 1 Karat – 3 Gulden 9 Schilling; **160:** 1 Mark – 81 Gulden, 1 Lot – 5 Gulden $1\frac{1}{4}$ Schilling, 1 Karat – 3 Gulden $7\frac{1}{2}$ Schilling; **161:** 1 Mark – 84 Gulden 18 Schilling, 1 Lot – 5 Gulden 6 Schilling $1\frac{1}{2}$ Heller, 1 Karat – 3 Gulden 10 Schilling 9 Heller, 1 Quent – 1 Gulden 6 Schilling $6\frac{3}{8}$ Heller, 1 Gran – 17 Schilling $8\frac{1}{4}$ Heller; **162:** 1 Mark – 84 Gulden, 1 Lot – 5 Gulden 5 Schilling, 1 Karat – 3 Gulden 10 Schilling, 1 Quent – 1 Gulden 6 Schilling

3 Heller, 1 Gran – 17 Schilling 6 Heller, 1 Pfenniggewicht – 6 Schilling $6\frac{3}{4}$ Heller, 1 Hellergewicht – 3 Schilling $3\frac{3}{8}$ Heller; **163:** 1 Mark – 86 Gulden 8 Schilling, 1 Lot – 5 Gulden 8 Schilling, 1 Karat – 3 Gulden 12 Schilling, 1 Quent – 1 Gulden 7 Schilling, 1 Gran – 18 Schilling, 1 Pfenniggewicht – 6 Schilling 9 Heller

Die Preisrelation zwischen Gold und Silber schwankt etwa zwischen 9:1 und 11,5:1.

9.5 Sonstiges

Haus:
Falscher Ansatz 14, 16
Falscher Ansatz 14: 1 Haus – 39 Gulden, **Falscher Ansatz 16:** 1 Haus – 200 Gulden

Gut:
181
181: 1 Gut – 360 Gulden

Weiher:
Falscher Ansatz 18
Falscher Ansatz 18: 1 Weiher – 100 Gulden

Messer:
60
60: 1 Decher – 7 Groschen 4 Pfennig, 1 Stück – 8 Pfennig $1\frac{3}{5}$ Heller

Waren unbestimmter Art:
188, Falscher Ansatz 25
188: 8 Gulden in bar, 11 Gulden beim Tausch; $10\frac{2}{3}$ Gulden in bar, $14\frac{2}{3}$ Gulden beim Tausch; **Falscher Ansatz 25:** 160 Gulden

10. Dienstleistungen und Löhne

Knecht:
57
57: Lohn für 1 Jahr – 10 Gulden 16 Groschen, Lohn für 1 Woche – 4 Groschen 4 Pfennig $\frac{4}{13}$ Heller

Arbeiter:
73, 74, Falscher Ansatz 10
73: Lohn für 1 Tag – 15 Pfennig = 1 Groschen 3 Pfennig; **74:** Lohn für 1 Woche – 8 Groschen 2 Pfennig, Lohn für 1 Tag – 14 Pfennig

= 1 Groschen 2 Pfennig; **Falscher Ansatz 10:** Lohn für 1 Tag – 7 Pfennig

Fuhrlohn bei Warentransporten, ggf. mit Angabe der Waren und der Handelsplätze *(jeweils umgerechnet auf 1 Gewichtseinheit)*:
120, 121, 122, 123, 124, 125, 126, 147, 148, 179
120: 1 Tuch Gewand von **Brügge** nach **Pressburg**: 15 Schilling $5\frac{5}{11}$ Heller
121: 1 Pfund Nelken von **Venedig** nach **Nürnberg**: $9\frac{219}{1309}$ Heller
122: 1 Venezianisches Pfund Safran von **Venedig** nach **Nürnberg**: $\frac{5}{51}$ Dukaten = 2 Schilling $7\frac{9}{17}$ Heller
123: 1 Egerer Zentner Zinn von **Eger** nach **Nürnberg**: 5 Schilling $5\frac{25}{31}$ Heller
124: 1 Nürnberger Zentner Pfeffer mit Tara von **Nürnberg** nach **Leipzig**: $17\frac{6}{7}$ Schilling = 18 Groschen 9 Pfennig; 1 Nürnberger Pfund Pfeffer mit Tara von **Nürnberg** nach **Leipzig**: $\frac{5}{28}$ Schilling = $2\frac{1}{4}$ Pfennig
125: 1 Breslauer Zentner Wachs von **Breslau** nach **Nürnberg**: $1\frac{1}{2}$ Ungarische Gulden = 1 Rheinischer Gulden 19 Schilling 9 Heller; 1 Breslauer Pfund Wachs von **Breslau** nach **Nürnberg**: $\frac{3}{264}$ Ungarische Gulden = $3\frac{81}{132}$ Rheinische Heller
126: 1 Nürnberger Zentner Pfeffer von **Nürnberg** nach **Breslau**: 1 Gulden 8 Schilling; 1 Nürnberger Pfund Pfeffer von **Nürnberg** nach **Breslau**: $3\frac{9}{25}$ Heller
147: 1 Zentner pro Meile: $\frac{1}{72}$ Ungarische Gulden
148: 1 Zentner pro Meile: $9\frac{27}{28}$ Pfennig
179: 1 Nürnberger Pfund Pfeffer mit Tara von **Nürnberg** nach **Leipzig**: $2\frac{16}{17}$ Heller

11. Zinsen

149, 150; 151 (Zinseszins ab $\frac{1}{2}$ Jahr)
149: 1 Jahr – $19\frac{4}{9}$%; **150:** 1 Jahr – 36%, 1 Monat – 3%; **151:** 1 Jahr – $45\frac{2095}{3969}$% ≈ 45,5%, $\frac{1}{2}$ Jahr – $20\frac{40}{63}$% ≈ 20,63%, 1 Woche – $\frac{50}{63}$% ≈ 0,79%

12. Zoll

Falscher Ansatz 24
Falscher Ansatz 24: $\frac{25}{36}$% ≈ 0,69% auf Wein

13. Geschäftsgewinne und -verluste, Handelsspannen, Teuerung, Rabatte, Aufschlag beim Warentausch u. Ä.

(ausgenommen: Aufgaben der Unterhaltungsmathematik)

Wachs: **103, 125**

103: 7% Gewinn; **125:** 7% Gewinn

Butter:

154

154: $\frac{96}{463}$% ≈ 0,21% Rabatt

Korn:

142

142: 21 $\frac{3}{7}$% ≈ 21,43% Teuerung

Ochse:

78

78: 2 $\frac{94}{103}$% ≈ 2,91% Rabatt

Fisch:

Falscher Ansatz 8

Falscher Ansatz 8: 33 $\frac{1}{3}$% Verlust durch Diebstahl, 25% Verlust

Pfeffer:

124, 130

124: 8 $\frac{62168}{167979}$% ≈ 8,37% Gewinn; **130:** 12% Gewinn

Ingwer:

104, 129, 130

104: 8% Gewinn; **129:** 7% Gewinn; **130:** 12% Gewinn

Safran:

105, 122, 129, 130

105: 14 $\frac{7}{12}$% ≈ 14,58% Verlust; **122:** 17 $\frac{266}{2077}$% ≈ 17,13% Verlust; **129:** 7% Gewinn; **130:** 12% Gewinn

Nelken:

121, 129

121: Qualitätsminderung bei 15% der Ware, 12 $\frac{9460}{12781}$% ≈ 12,74% Verlust; **129:** 7% Gewinn

Wolle:

128

128: 3% Gewinn

Tuch:

108, Falscher Ansatz 23

108: 25 $\frac{5}{7}$% ≈ 25,71% Gewinn; **Falscher Ansatz 23:** 12 $\frac{1}{2}$% Gewinn

Gewand:
120
120: $22\frac{4557}{5024}$ % ≈ 22,91 % Gewinn

Samt:
106, 107
106: 11 % Gewinn; **107:** 9 % Verlust

Zinn:
123
123: $17\frac{83}{156}$ % ≈ 12,53 % Verlust

Silberwährung:
175
175: $11\frac{4}{11}$ % ≈ 11,36 % Gewinn bei der Münzprägung

Gesellschaften (Geschäftsbeteiligungen):
176, 177, 183, 184, 185
176: $16\frac{1}{4}$ % Gewinn an Geld; **177:** $52\frac{29}{48}$ % ≈ 52,60 % Gewinn an Geld pro Monat; **183:** $5\frac{5}{9}$ % ≈ 5,56% Gewinn an Geld pro Monat; **184:** $19\frac{1}{21}$ % ≈ 19,05 % Gewinn an Geld, Silber und Wein pro Monat; **185:** $59\frac{761}{2021}$ % ≈ 59,38 % Gewinn an Geld und Wein

Warentausch – Aufschlag des Tauschpreises gegenüber dem Barpreis:
186, 188, 189, 190
186: Wachs / Ingwer – 20 %; **188:** Ware / Ware – $37\frac{1}{2}$ %; **189:** Zinn – $17\frac{11}{17}$ % ≈ 17,65 % / Blei – $33\frac{1}{3}$ %; **190:** Tuch – 25 % / Wolle – $42\frac{6}{7}$ % ≈ 42,86 %

14. Sonstiges

Erbschaft:
75, 182
75: 3789 Gulden 7 Groschen; **182:** 3600 Gulden

Pferdefutter:
76
76: 2 Scheffel Hafer, 40 Bund Heu, 10 Bund Stroh pro Woche

Zechen (unbestimmter Qualität und Menge):
Zechrechnung 1, 2
Zechrechnung 1: Mann – 5 Pfennig, Frau – 3 Pfennig;
Zechrechnung 2: Mann – 3 Pfennig, Frau – 2 Pfennig, Jungfrau – 1 Heller

Personen- und Berufsgruppen

Eigennamen

Städte

Literatur

1. Quellen und Editionen

[1] ALBERT, Johann: Rechenbüchlin // Auff der Federn / Gantz // leicht / aus rechtem Grund / In // Gantzen vnd Gebrochen / Neben // angehefftem vnlangst ausgelassnem Büch-//lin / Avff den Linien / Dem einfel-// tigen gemeinen Man / vnd anhe-//benden der Arithmetica // zu gut … Wittenberg 1534

[2] APIAN, Petrus: Eyn Newe // vnnd wolgegründte // vnderweysung aller Kauffmanß Rech-//nung … Ingolstadt 1527
Es existiert ein digitalisierter Druck.

[3] Das Bamberger Rechenbuch von 1483 (Verfasser: Ulrich WAGNER). Ed. E. SCHRÖDER. Berlin 1988

[4] BÖSCHENSTEYN, Joann: Ain New geordnet Rech-//en biechlin mit den zyffern // den angenden schülern zü nutz … Augsburg 1514

[5] CARDANO, Geronimo: Opera omnia. Ed. Ch. SPON. Bd. 4. Lyon 1663. Nachdruck New York / London 1967

[6] Die erste deutsche Algebra aus dem Jahre 1481. Nach einer Handschrift C 80 Dresdensis. Ed. K. VOGEL. Bayer. Akad. d. Wiss., Math.-naturwiss. Kl., Abhandlungen. Neue Folge, Heft 160. München 1981

[7] EUKLID: Die Elemente. Buch I–XIII, hrsg. u. übersetzt v. C. THAER. Darmstadt 1980. (Buch VII, §§ 1–2, S. 142 ff.)

[8] FLAVIUS JOSEPHUS: The Jewish War. In: Josephus in nine volumes, Vol. II. Transl. by H. St. J. THACKERAY. Cambridge, Mass. / London 1966–1978

[9] ISIDOR VON SEVILLA: Isidori Hispalensis episcopi Etymologiarum sive originum libri XX. Liber III. Ed. W. M. LINDSAY. Oxford 1911. Nachdruck 1962

[10] KÖBEL, Jakob: Eynn Newe geordent // Rechēbüchlein vf den // linien mit Rechēpfeni//gen / den Jungen angenden zu // heüslichem gebrauch vnd hendeln leichtlich zu lernen … Oppenheim 1514
Es existiert ein digitalisierter Druck.

[11] KÖBEL, Jakob: Mit der Krydē od' Schreibfedern / durch die zeiferzal zu rechnē // Ein neüw Rechēpüchlein / den angenden Schulern d' rechnūg zu erē getruckt. Oppenheim 1520

[12] LAX, Gaspar: Arithmetica speculatiua magistri Gasparis Lax Aragonensis de sarinyena: duodecim libris demonstrata. Paris 1515

[13] LAX, Gaspar: Proportiones magistri Gasparis Lax aragonensis de sarinyena: duodecim libris demonstrata. Paris 1515

[14] PESCHECK, Christian: Arithmetischer Hauptschlüssel. Zittau 1741

[15] PESCHECK, Christian: Allgemeine Teutsche Rechenstunden. Zittau / Leipzig 1765

[16] PLATON: Sämtliche Dialoge. Hrsg. (in 7 Bänden) v. O. APELT. Hamburg 1988

[17] RIES, Adam: Kodex C 349 der Sächsischen Landesbibliothek – Staats- und Universitätsbibliothek (SLUB) Dresden (Algebra, um 1517/18)

[18] RIES, Adam: Rechnung auff der linihen // gemacht durch Adam Riesen vonn Staffel-//steyn / in massen man es pflegt tzu lern in allen // rechenschulen gruntlich begriffen anno 1518. // vleysigklich vberlesen / vnd zum andern mall // in trugk vorfertiget. (2. Auflage Erfurt 1525)

[19] Das 1. Rechenbuch von Adam RIES. Nachdruck der 2. Auflage Erfurt 1525 – mit einer Kurzbiographie, einer Inhaltsanalyse, bibliographischen Angaben, einer Übersicht über die Fachsprache und einem metrologischen Anhang. Ed. St. DESCHAUER. Algorismus – Studien zur Geschichte der Mathematik und der Naturwissenschaften (hrsg. v. M. Folkerts), Heft 6. München 1992

[20] Rechnung auff der linihen – gemacht durch Adam Riesen. (Bibliophile Faksimile-Ausgabe des Hamburger Fragments der 2. Auflage Erfurt 1525, ergänzt um die fehlenden Blätter aus dem vollständigen New Yorker Exemplar – mit einer Beilage »Bericht über Fund und Restaurierung«, hrsg. von der Commerzbibliothek Hamburg). Hamburg 1991

[21] RIES, Adam: Rechenung auff der linihen // vnd federn in zal / maß / vnd gewicht auff // allerley handierung / gemacht vnnd zu // samen gelesen durch Adam Riesen // vō Staffelstein Rechenmey-//ster zu Erffurdt im // 1522. Jar.

[22] RIES, Adam: … Itzt vff sant Annabergk / durch in // fleissig vbersehen / vnd alle ge- // brechen eygentlich gerecht- // fertiget / vnd zum letz- // ten eine hübsche vn- // derrichtung an- // gehengt. (2. Auflage Erfurt 1525)

[23] RIES, Adam: Adam Risen // REchenbuch / auff Linien // vnd Ziphren / in allerley Hand // thierung / Geschäfften vnnd Kauffman // schafft. Mit neuwen künstlichen Regeln vnd // Exempeln gemehret / Innhalt für // gestellten Registers. … Frankfurt/Main 1578

[24] Das 2. Rechenbuch von Adam RIES. Nachdruck der Erstausgabe Erfurt 1522 – mit einer Kurzbiographie, bibliographischen Angaben und einer Übersicht über die Fachsprache. Ed. St. DESCHAUER. Algorismus – Studien zur Geschichte der Mathematik und der Naturwissenschaften (hrsg. v. M. Folkerts), Heft 5. München 1991

Nachdrucke anderer Auflagen des zweiten Rechenbuchs:

Erfurt 1532: Erfurt 1991

Frankfurt/Main 1544: Hannover 1978

Frankfurt/Main 1574: Darmstadt 1955, Brensbach 1979, Hannover 1987

Es existieren digitalisierte Drucke der Ausgaben

Nürnberg 1527, Augsburg 1528, Erfurt 1529, 1533, Augsburg 1534, Leipzig 1545, 1548, Frankfurt/Main 1551, Wittenberg 1558, 1562, Leipzig 1562, Stettin 1570, Magdeburg 1579, Frankfurt/Main 1581, 1586, Leipzig 1598, Frankfurt/Oder, zwischen 1581 und 1615 (nicht, wie fälschlich behauptet, 1525), 1599, Frankfurt/Main 1602.

[25] RIES, Adam: Coss – Manuskript (1524, Standort: Adam-Ries-Museum Annaberg-Buchholz).

[26] Adam Ries, Coß, Faksimile, Kommentarband. Teubner-Archiv zur Mathematik, Supplement 3. Hrsg. v. KAUNZNER, Wolfgang / WUSSING, Hans. Stuttgart / Leipzig 1992

[27] RIES, Adam: Ein Gerechent Büch-//lein / auff den Schöffel / Eimer / // vnd Pfundtgewicht / zu eh-//ren einem Erbarn / Weisen // Rathe auff Sanct An-//nenbergk. // Durch Adam Riesen. // 1533 (Leipzig 1536)

[28] RIES, Adam: Handschrift VB 2, Nr. 4. Stadtarchiv Zwickau (Zwickauer Brotordnungen, 1539/1553)

[29] RIES, Adam: Rechenung nach der // lenge / auf den Linihen // vnd Feder. // Darzu forteil vnd behendigkeit durch die Proportio-//nes /

Practica genant / Mit grüntlichem // vnterricht des visierens. // Durch Adam Riesen. // im 1550. Jar. (Leipzig 1550)

2. Auflage: Wittenberg 1611 (hrsg. v. Carolus Ries)

Nachdruck der Erstausgabe: Hildesheim 1976

Es existieren mehrere digitalisierte Drucke der Erstausgabe.

[30] RIES, Adam: Kodex K 349 der SLUB (Bergrechnung, 1554)

[31] RIES, Adam: Kodex C 9 der SLUB (Visier-Rechnung, o. J.)

[32] RUDOLFF, Christoff: Behend vnnd Hübsch Rechnung durch die Kunstreichen regeln Algebre, so gemeinicklich die coss genent werden. Straßburg 1525

Es existiert ein digitalisierter Druck.

[33] RUDOLFF, Christoff: Kunstliche rech-//nung mit der ziffer vnnd mit // den zal pfenningē … Wien 1526

Es existieren digitalisierte Drucke der Ausgaben

Wien 1526, Augsburg 1574, 1580, 1601.

[34] SCHREIBER, Heinrich (GRAMMATEUS, Henricus): Eyn new künstlich be-//hend vnd gewiß Rechenbüch-//lin vff alle Kauffmanschafft. … Wien 1518 (erschienen 1521)

Es existieren digitalisierte Drucke der Ausgaben

Wien 1518 (1521), Erfurt 1523, Frankfurt/Main 1572.

[35] STIFEL, Michael: Arithmeti-//ca integra. Nürnberg 1544

Es existieren digitalisierte Drucke.

[36] STIFEL, Michael: Deutsche Arithmetica. Nürnberg 1545

Es existieren digitalisierte Drucke.

[37] WIDMANN, Johannes: Behend vnd hüpsch // Rechnung vff allen // kauffmanschafften. 3. Auflage Pforzheim 1508 (Erstausgabe: Leipzig 1489)

Es existieren digitalisierte Drucke der Ausgaben

Leipzig 1489, Pforzheim 1500.

(Referenzen für die Angabe der Digitalisate: Zentrales Verzeichnis digitalisierter Drucke (zvdd), Karlsruher Virtueller Katalog (KVK), Stand: Mai 2011)

2. Sekundärliteratur

[38] Adam-Ries-Bund e. V. / Sächsische Landesstelle für Museumswesen (Hrsg.) (2008): Schatzkammer der Rechenkunst – Historische Rechenbücher im Adam-Ries-Museum Annaberg-Buchholz. Sächsische Museen – fundus – Band 4, Schriften des Adam-Ries-Bundes, Band 20. Dößel / Annaberg-Buchholz 2008

[39] BERLET, Bruno: Adam Riese, sein Leben, seine Rechenbücher und seine Art zu rechnen. – Die Coß von Adam Riese. Leipzig / Frankfurt/Main 1892

[40] BEYRICH, Harry: Das »Gerechent Büchlein« des Rechenmeisters Adam Ries (1492–1559). In: alpha 22/2, Berlin 1988, S. 26 f.

[41] DESCHAUER, Stefan: Methoden der vorsymbolischen Algebra. In: mathematica didactica 11 (1988), Heft 3/4, S. 97–119

[42] DESCHAUER, Stefan: »Lerñ wol mit vleiß daß eyn mol eyn / Szo wirt dir alle Rechnung gemeyn« – Ein Beitrag zur Geschichte des Kopfrechnens. In: Mathematische Semesterberichte XXXVII/1990, Heft 1, S. 1–39

[43] DESCHAUER, Stefan: Adam Ries und die moderne Schulmathematik. In: Der Mathematische und Naturwissenschaftliche Unterricht 45/6, 1992, S. 348–362, und in: Adam Ries – Humanist, Rechenmeister, Bergbeamter. Schriften des Adam-Ries-Bundes, Band 1. Annaberg-Buchholz 1992, S. 29–42

[44] DESCHAUER, Stefan: Dem Rechenmeister über die Schulter geschaut: Zur Konzeption der ersten beiden Rechenbücher von Adam Ries. In: mathematik lehren 50 (1992), S. 73–76

[45] DESCHAUER, Stefan: Das Adam-Ries-Jahr 1992 – eine Nachlese. In: 100 Jahre Adam-Ries-Denkmal Annaberg-Buchholz. Schriften des Adam-Ries-Bundes, Band 2. Annaberg-Buchholz 1993, S. 221–226

[46] DESCHAUER, Stefan: Zum 500. Geburtstag von Peter Apian (* 1495). In: Praxis der Mathematik 37/5 (1995), S. 223 f.

[47] DESCHAUER, Stefan: Ein Streifzug durch das Rechenbuch des Peter Apian. In: Praxis der Mathematik 39/1 (1997), S. 17–22, und in: Mathematik im Wandel – Anregungen zu einem fächerübergreifenden Mathematikunterricht, Band 1 (hrsg. v. M. Toepell). Hildesheim / Berlin 1999, S. 127–142

[48] DESCHAUER, Stefan: Zur Durchführung der Neunerprobe in frühen deutschen Rechenbüchern. In: Sudhoffs Archiv, Band 85, Heft 2 (2001), S. 129–137

[49] DESCHAUER, Stefan: Das 2. Rechenbuch von Adam Ries – ein Bestseller für das Wirtschaftsleben des 16. Jahrhunderts. In: Akademie gemeinnütziger Wissenschaften zu Erfurt. Acta Academiae Scientiarum 8 (2003), S. 9–32

[50] DESCHAUER, Stefan: Die Adam-Ries-Handschrift C 349 – ein bedeutender algebraischer Text aus dem frühen 16. Jahrhundert. In: Wissenschaftliche Zeitschrift der Technischen Universität Dresden 55 (2006), Heft 1–2, S. 128–132

[51] DESCHAUER, Stefan: Ries-Handschriften. In: Das ABC der SLUB. Lexikon der Sächsischen Landesbibliothek – Staats- und Universitätsbibliothek Dresden (Schriftenreihe der SLUB Band 11. Hrsg. v. Th. Bürger / K. Hermann). Dresden 2006, S. 192 f.

[52] DESCHAUER, Stefan: Zur Bedeutung der Nürnberger Rechenmeister in der Zeit der Renaissance – zwischen Dominanz und fehlendem Einfluss. In: Sudhoffs Archiv, Band 94, Heft 1 (2010), S. 100–110

[53] DEUBNER, Fritz: ... nach Adam Ries. Leben und Wirken des großen Rechenmeisters. Leipzig / Jena 1959

[54] DEUBNER, Fritz: Adam Ries, der Rechenmeister des deutschen Volkes. In: NTM 1 (1961), Heft 3, S. 11–44

[55] DEUBNER, Fritz: ... nach Adam Ries. Leben und Wirken des großen Rechenmeisters. Überarbeitet und ergänzt von Wolfgang Riemer. Taucha 1992

[56] DEUBNER, Hildegard: Adam Ries und die Neunerprobe – Eine historische Studie. In: Mathematik in der Schule 8 (1970), Heft 7, S. 481–492

[57] FOLKERTS, Menso: Zur Frühgeschichte der magischen Quadrate in Westeuropa. Veröffentlichungen des Forschungsinstituts des Deutschen Museums für die Geschichte der Naturwissenschaften und der Technik. Reihe A, Nr. 235. München 1981, S. 313–338

[58] FOLKERTS, Menso: Johannes Regiomontanus – Algebraiker und Begründer der algebraischen Symbolik. In: Rechenmeister und Cossisten der frühen Neuzeit. Schriften des Adam-Ries-Bundes, Band 7. Annaberg-Buchholz 1996, S. 19–28

[59] FOLKERTS, Menso: Andreas Alexander – Leipziger Universitätslehrer und Cossist? In: Rechenmeister und Cossisten der frühen Neuzeit. Schriften des Adam-Ries-Bundes, Band 7. Annaberg-Buchholz 1996, S. 53–62

[60] FOLKERTS, Menso: Die Handschrift Dresden C 80 als Quelle der Mathematikgeschichte. In: Arithmetische und algebraische Schriften der frühen Neuzeit. Schriften des Adam-Ries-Bundes, Band 14. Annaberg-Buchholz 2002, S. 353–378

[61] FOLKERTS, Menso: Die Mathematik im sächsisch-thüringischen Raum im 15. und 16. Jahrhundert. In: Kaufmanns-Rechenbücher und mathematische Schriften der frühen Neuzeit. Schriften des Adam-Ries-Bundes, Band 22. Annaberg-Buchholz 2011, S. 1–22

[62] GÄRTNER, Barbara: Johannes Widmanns »Behende vnd hubsche Rechenung«. Tübingen 2000.

[63] GEBHARDT, Rainer (Hrsg.): Einblicke in die Coß von Adam Ries. Reihe: Einblicke in die Wissenschaft. Stuttgart / Leipzig / Zürich 1994

[64] GEBHARDT, Rainer / ROCHHAUS, Peter: Verzeichnis der Adam-Ries-Drucke. Schriften des Adam-Ries-Bundes, Band 9. Annaberg-Buchholz 1997

[65] GEBHARDT, Rainer: Die gedruckten Rechenbücher des Adam Ries. Übersicht und neue Funde. In: Akademie gemeinnütziger Wissenschaften zu Erfurt. Acta Academiae Scientiarum 8 (2003), S. 33–53

[66] GEBHARDT, Rainer (Hrsg.): Die Annaberger Brotordnung von Adam Ries. Schriften des Adam-Ries-Bundes, Band 16. Annaberg-Buchholz 2004

[67] GEBHARDT, Rainer: Zu den Brotordnungen von Adam Ries. In: Arithmetische und algebraische Schriften der frühen Neuzeit. Schriften des Adam-Ries-Bundes, Band 17. Annaberg-Buchholz 2005, S. 453–466

[68] GEBHARDT, Rainer (Hrsg.): Zur Wirkungsgeschichte der Brotordnung von Adam Ries. Schriften des Adam-Ries-Bundes, Band 18. Annaberg-Buchholz 2006

[69] GEBHARDT, Rainer: Das große Rechenbuch von Adam Ries, Practica genannt. In: Zur Wirkungsgeschichte der Brotordnung von Adam Ries. Schriften des Adam-Ries-Bundes, Band 18. Annaberg-Buchholz 2006, S. 159–208

[70] GERICKE, Helmut: Mathematik im Abendland. Von den römischen Feldmessern bis zu Descartes. Berlin / Heidelberg / New York 1990

[71] HERGENHAHN, Richard: Jacob Köbel 1460–1533. Stadtschreiber zu Oppenheim, Feldmesser, Visierer, Verleger, Druckherr, Schriftsteller und Rechenmeister. In: Rechenmeister und Cossisten der frühen Neuzeit. Schriften des Adam-Ries-Bundes, Band 7. Annaberg-Buchholz 1996, S. 63–82

[72] HERGENHAHN, Richard: Jakob Köbel, seine Bedeutung als mathematischer Schriftsteller. In: Oppenheimer Hefte, Nr. 15 (hrsg. v. Oppenheimer Geschichtsverein, Schriftltg. Dr. Martin Held). Alzey 1997, S. 2–73

[73] HERGENHAHN, Richard: Jakob Köbel – Rechnender Rechtsgelehrter. In: Schatzkammer der Rechenkunst – Historische Rechenbücher im Adam-Ries-Museum Annaberg-Buchholz. Sächsische Museen – fundus – Band 4, Schriften des Adam-Ries-Bundes, Band 20. Dößel / Annaberg-Buchholz 2008, S. 187–196

[74] KAUNZNER, Wolfgang: Über das wissenschaftliche Umfeld und die mathematischen Handschriften von Adam Ries. In: Adam Rieß vom Staffelstein. Staffelsteiner Schriften, Band 1. Staffelstein 1992, S. 157–279, S. 305–351

[75] KAUNZNER, Wolfgang: Adam Ries als Cossist. In: Adam Ries – Humanist, Rechenmeister, Bergbeamter. Schriften des Adam-Ries-Bundes, Band 1. Annaberg-Buchholz 1992, S. 9–21

[76] KAUNZNER, Wolfgang: Die algebraischen Schriften des Adam Ries. In: 100 Jahre Adam-Ries-Denkmal Annaberg-Buchholz. Schriften des Adam-Ries-Bundes, Band 2. Annaberg-Buchholz 1993, S. 81–89

[77] KAUNZNER, Wolfgang: Johannes Widmann, Cossist und Verfasser des ersten großen deutschen Rechenbuches. In: Rechenmeister und Cossisten der frühen Neuzeit. Schriften des Adam-Ries-Bundes, Band 7. Annaberg-Buchholz 1996, S. 37–52

[78] KAUNZNER, Wolfgang: Christoff Rudolff, ein bedeutender Cossist in Wien. In: Rechenmeister und Cossisten der frühen Neuzeit. Schriften des Adam-Ries-Bundes, Band 7. Annaberg-Buchholz 1996, S. 113–138

[79] KAUNZNER, Wolfgang: Neues zu Adam Ries aus Staffelstein und zu Andreas Alexander aus Regensburg. In: Sudhoffs Archiv, Band 81, Heft 2 (1997), S. 211–226

[80] KAUNZNER, Wolfgang: Adam Ries im Spiegel seiner algebraischen Handschriften. Schriften des Adam-Ries-Bundes, Band 10. Annaberg-Buchholz 1998 / Staffelsteiner Schriften, Band 8. Staffelstein 1998

[81] KAUNZNER, Wolfgang / RÖTTEL, Karl: Christoff Rudolff aus Jauer in Schlesien. Zum 500. Geburtstag eines bedeutenden Cossisten und Arithmetikers, der aus diesem seinerzeit hoheitlich zur Krone von Böhmen gehörenden Landesteil stammt. Eichstätt 2006

[82] KÖTZSCHKE, Rudolf: Allgemeine Wirtschaftsgeschichte des Mittelalters. Jena 1924

[83] LUDERER, Bernd (Hrsg. u. Übers.): Adam Ries and his 'Coss'. Reihe EAGLE-Einblicke. EAGLE 011. Leipzig 2004

[84] MÜLLER, Johannes (1880): Adam Riese. In: Vogtländischer Anzeiger und Tageblatt (Plauen), Beilage zu Nr. 199 vom 27.8.1880

[85] PADBERG, Friedhelm: Didaktik der Arithmetik: für Lehrerausbildung und Lehrerfortbildung. Heidelberg 2011 (4. Auflage)

[86] PRINZ, Ina: Deutsche Rechenmeister des 16. Jahrhunderts: Die faksimilierten Rechenbücher von Johannes Widmann, Adam Ries, Johann Albert und Christoff Rudolff. Bonn / Berlin 2008/09

[87] REICH, Ulrich: Johann Albert (1488–1558), Rechenmeister zu Wittenberg in der Reformationszeit. In: Rechenmeister und Cossisten der frühen Neuzeit. Schriften des Adam-Ries-Bundes, Band 7. Annaberg-Buchholz 1996, S. 221–237

[88] ROCH, Willy: Adam Riesens Rechenbücher. In: Zeitschrift für Bibliothekswesen und Bibliographie 6 (1959), S. 104–113

[89] ROCH, Willy: Adam Ries. Des deutschen Volkes Rechenlehrer. Sein Leben, sein Werk und seine Bedeutung. Frankfurt/Main. 1959

[90] RÜDIGER, Bernd / LORENZ, Wolfgang: Quellen zu Adam Ries. (Quellen zum Leben und Wirken Adam Ries' und seiner Söhne, Band 1). Adam-Ries-Bund Annaberg-Buchholz 2009

[91] SAEMANN, Willi: Adam Riese als Cossist. In: Mathematik in der Schule 2 (1964), Heft 1, S. 64 ff. Heft 3, S. 203–214. Heft 8, S. 632–639

[92] SCHÄCKE, Gerda / SAEMANN, Willi: Adam Riese, Rechenmeister auff Sanct Annenbergk. In: Mathematik und Physik in der Schule, Heft 2 (1956), S. 58–66

[93] SCHELLHAS, Walter: Der Rechenmeister Adam Ries (1492–1559) und der Bergbau. Veröffentlichungen des Wissenschaftlichen Informationszentrums der Bergakademie Freiberg (o. J.), 74/1 bis 74/3

[94] SCHRÖDER, Eberhard: Ulrich Wagner, Autor des ersten gedruckten deutschsprachigen kaufmännischen Rechenbuches von 1483. In: Rechenmeister und Cossisten der frühen Neuzeit. Schriften des Adam-Ries-Bundes, Band 7. Annaberg-Buchholz 1996, S. 29–36

[95] SIEMON, Helmut: Das Josephus-Problem. In: Praxis der Mathematik 27 (1985), Heft 4, S. 200–212

[96] SPUFFORD, Peter: Handbook of medieval exchange. Royal Historical Society guides and handbooks; no. 13. London 1986

[97] SUTER, Heinrich: Die Abhandlung Quosṭā ben Lūquās und zwei andere anonyme über die Rechnung mit zwei Fehlern und mit der angenommenen Zahl. In: Bibliotheca mathematica (3) 9 (1908/1909), S. 111–122

[98] TROPFKE, Johannes: Geschichte der Elementarmathematik, Band 1 – Arithmetik und Algebra (neu bearbeitet v. K. VOGEL, K. REICH, H. GERICKE). 4. Auflage Berlin / New York 1980

[99] UNGER, Friedrich: Die Methodik der praktischen Arithmetik in historischer Entwickelung. Leipzig 1888

[100] VOGEL, Kurt: Das älteste deutsche gedruckte Rechenbuch, Bamberg 1482. In: Gymnasium und Wissenschaft. Festschrift des Maximiliansgymnasiums. München 1950, S. 231–277

[101] VOGEL, Kurt: Die Practica des Algorismus Ratisbonensis. Schriftenreihe zur bayerischen Landesgeschichte, Band 50. München 1954

[102] VOGEL, Kurt: Adam Riese – der deutsche Rechenmeister. Deutsches Museum, Abhandlungen und Berichte 27 (1959), Heft 3, S. 1–37

[103] VOGEL, Kurt: Nachlese zum 400. Todestag von Adam Ries(e). In: Praxis der Mathematik 1 (1959), S. 85–88

[104] VOGEL, Kurt: Beiträge zur Geschichte der Arithmetik (hrsg. vom Forschungsinstitut des Deutschen Museums für die Geschichte der Naturwissenschaften und der Technik). München 1978

[105] WEIDAUER, Manfred: Der Erfurter Rechenmeister Adam Ries. Erfurt 1992

[106] WEIDAUER, Manfred: Adam Ries in Erfurt. In: Adam Ries – Humanist, Rechenmeister, Bergbeamter. Schriften des Adam-Ries-Bundes, Band 1. Annaberg-Buchholz 1992, S. 69–74

[107] WEIDAUER, Manfred: Heinrich Schreyber aus Erfurt, genannt Grammateus. Festschrift zum 500. Geburtstag. Algorismus – Studien zur Geschichte der Mathematik und der Naturwissenschaften (hrsg. v. M. Folkerts), Heft 20. München 1996

[108] WEIDAUER, Manfred: Über die Zeit der Rechenmeister in Erfurt. In: Visier- und Rechenbücher der frühen Neuzeit. Schriften des Adam-Ries-Bundes, Band 19. Annaberg-Buchholz 2008, S. 37–50

[109] WINTER, Heinrich: Entdeckendes Lernen im Mathematikunterricht. Einblicke in die Ideengeschichte und ihre Bedeutung für die Pädagogik (hrsg. v. E. Ch. Wittmann). Braunschweig / Wiesbaden 1989. 2. Auflage 1991

[110] WUSSING, Hans: Adam Ries und seine Rechenbücher. In: Adam Rieß vom Staffelstein. Staffelsteiner Schriften, Band 1. Staffelstein 1992, S. 143–156

[111] WUSSING, Hans: Adam Ries: Stationen seines Lebens. In: Adam Ries – Humanist, Rechenmeister, Bergbeamter. Schriften des Adam-Ries-Bundes, Band 1. Annaberg-Buchholz 1992, S. 1–8

[112] WUSSING, Hans: Adam Ries: Rechenmeister und Cossist. Zum 500. Geburtstag. In: Jahrbuch Überblicke Mathematik. Braunschweig 1992, S. 159–172

[113] WUSSING, Hans: 6000 Jahre Mathematik. Band 1, Berlin / Heidelberg 2008

[114] WUSSING, Hans: Adam Ries. Biographien hervorragender Naturwissenschaftler, Techniker und Mediziner, Band 95. Leipzig 1989, 1992. 3. Auflage (Reihe: EAGLE-Einblicke. EAGLE 033). 2009

Abbildungsnachweis